CAD效率手册

AutoCAD高效制图技巧与自动化

符 剑 宋培培 编著

清华大学出版社

北 京

内 容 简 介

本书致力于帮助读者掌握AutoCAD中的关键操作技巧，从而在制图过程中实现更高效的工作流程和更高质量的成果。书中所使用的各种操作示例是基于AutoCAD 2023的演示，但同样适用于其他AutoCAD的版本。

本书分为基础篇、精通篇和自动化篇。基础篇介绍了初学者所需的基本操作技巧，确保读者能够快速入门；精通篇深入探讨了更为复杂的命令和高级操作技巧，使读者能够更深入地理解和运用AutoCAD的功能；自动化篇介绍了如何利用自动化工具和编程技巧，进一步提升制图效率，减少重复性劳动，从而释放更多时间用于创造性的设计和分析工作。

本书通过系统的章节安排和详细的内容介绍，旨在成为广大读者使用AutoCAD的实用指南和手边的常备手册，帮助读者全面掌握AutoCAD的各种操作技巧和工作流程。无论是初学者还是有一定经验的用户，都能从本书中获益，并提高制图效率。

图书在版编目（CIP）数据

CAD效率手册-AutoCAD高效制图技巧与自动化 / 符剑，
宋培培编著. -- 北京：清华大学出版社, 2024. 9.
ISBN 978-7-302-66972-2

Ⅰ. TU311.41

中国国家版本馆CIP数据核字第2024KA9025号

责任编辑：李玉茹
封面设计：李　坤
责任校对：鲁海涛
责任印制：刘　菲

出版发行：清华大学出版社

网　　　址：https://www.tup.com.cn，https://www.wqxuetang.com
地　　　址：北京清华大学学研大厦A座　　　　　　邮　　编：100084
社 总 机：010-83470000　　　　　　　　　　　邮　　购：010-62786544
投稿与读者服务：010-62776969，c-service@tup.tsinghua.edu.cn
质量反馈：010-62772015，zhiliang@tup.tsinghua.edu.cn

印 装 者：三河市龙大印装有限公司
经　　销：全国新华书店
开　　本：200mm×260mm　　　　印　　张：22　　　　字　　数：573千字
版　　次：2024年9月第1版　　　　印　　次：2024年9月第1次印刷
定　　价：89.00 元

产品编号：107362-01

提起机械制造、工程建设等行业，AutoCAD 是一个不得不提的关键工具。1982 年，约翰·沃克（John Walker）带领一群杰出的软件工程师，创立了 Autodesk 公司，并启动了一场颠覆制造和工程行业流程的革命。AutoCAD 很快引领了工程制图领域的"甩图板"运动，极大提高了设计师们的工作效率。

今天，AutoCAD 已成为一个极为成功的开放式平台工具，提供了大量的二次开发脚本和插件，垂直产品层出不穷。它使用起来像画布一样自由，设计师、工程师和开发者可以根据自己的操作习惯，定制更高效的设计工具和平台。

AutoCAD 作为一款通用 CAD 软件，具有极高的操作可定制性。然而，这也意味着从学习到精通软件的过程可能较长，且涉及的操作技巧和使用习惯众多。对于新手来说，入门使用 AutoCAD 绘图相对容易，但要精通、习惯性设置并不断提高使用效率，则非常需要专业的学习资料和书籍。

符剑老师是欧特克社区专家精英论坛中的活跃分子，经常为设计师解答各种专业问题。在相识和交流的过程中，许多用户，包括我自己，都被符老师谦虚的态度、严谨的专业知识解答风格和平易近人的性格所折服。符老师使用欧特克软件工具已有 20 多年，长期在设计与工程一线工作，并在欧特克技术社区负责 AutoCAD、Plant 3D、Fusion 360 等板块的答疑，积累了丰富而有效的经验。

为了帮助设计师提高工作效率，符符和宋培培分享了大量关于 AutoCAD 的使用技巧。与一般 AutoCAD 书籍不同，本书不按软件模块和命令逐一介绍，而是集中于效率提升的秘诀，融合了各种技巧和自动化方案，是一本名副其实的效率手册。相信无论对 AutoCAD 入门新手还是资深设计师和工程师，本书都将大有裨益。

我个人在 Autodesk 从事产品设计工作，经常思考如何设计更好的产品、更高效的工作流程，以更好地服务行业，提高企业效率。用户的体验和反馈是我们提升产品和使用效率的最终目标。但这并非仅从 Autodesk 单方面可以解决的问题。非常感谢符老师和宋老师无私的分享，促进了我们整个 AutoCAD 客户社区形成良性循环的生态系统。

希望这本书能够帮助 AutoCAD 用户和企业提升效率，从而促进个人职业生涯和企业生产力的提升。

陈　昱

欧特克中国研究院

工程建设行业体验设计总监

2024.4.9

自发布以来，AutoCAD 已经走过了 42 年的历程，至 2024 年，它已成为机械设计师不可或缺的软件工具。AutoCAD 以其广泛的应用性和互操作性，在 CAD 行业中成为一款标志性的设计软件。

从 20 世纪 90 年代互联网开始普及，到如今 IoT（物联网）、AI（人工智能）等与信息技术相关的议题日渐增多，AutoCAD 也在这一潮流中不断进化，变得更加灵活和强大。它不再仅仅是一款图形绘制工具，更多技术信息已经融入设计图纸之中。无论是机械设计、建筑行业，还是电气电子行业，CAD 的身影无处不在。

在阅读本书之前，您可能已经听说过 AutoCAD，但是苦于如何开始学习。本书旨在消除您对 AutoCAD 的陌生感，并为您提供便捷的学习路径和方法。

本书汇集了作者多年项目管理工作经验，从机械设计人员的角度出发，在实际工作环境中系统地讲解 AutoCAD 的各种命令。

【基础篇】

第 1 章：在 AutoCAD 的初始设定中，介绍了一些我们平时可能忽视但对提高绘图效率至关重要的设置。

第 2 章：正如任何工作都需要规则和方法，绘图过程中也需要培养良好的习惯。作者根据自己的经验，从操作姿态到模板制作等方面，详细阐述了如何有效利用 AutoCAD 的优势。

第 3 章：建立坚实的基础对未来的高效操作至关重要。本章主要讲解了一些基本功能和操作，希望能为您带来新的发现和认识。

【精通篇】

第 4 章：截至 2023 版本，AutoCAD 共有 887 个命令和 1000 个系统变量。作者从这些众多命令中精选了 15 个实用命令和功能进行详细讲解，希望能帮助您在绘图工作中灵活运用。

第 5 章：虽然模型空间为大家所熟知，但 AutoCAD 的布局功能却常被忽视。本章围绕布局空间，从基本设定到如何有效利用它，通过案例分析进行了具体讲解。

第 6 章：作为 Autodesk 技术社区的专家，作者每天解答各种 AutoCAD 的相关问题。本章精选了一些常见问题及其解决方案，与大家分享。

【自动化篇】

第七章：深入探讨了 AutoLISP 这一强大的二次开发工具，它是 AutoCAD 众多二次开发环境中的佼佼者。本章从简单的一行代码开始，逐步引导读者掌握实例编程及各种实用技巧。AutoLISP 不仅易于上手，编写简单，还能显著提高绘图效率。

第八章：通过丰富的实例为读者打开编程的大门，以消除对编程的陌生感，享受编程带来的乐趣。本章通过逐步示例演示，帮助读者掌握 LISP 编程的要领，提升 AutoCAD 绘图效率。

第九章：将指导读者如何实现 AutoCAD 与外围软件的协同工作，以达成高效自动化。通过详细案例分析，展示 12 种不同的软件协同办公方法，拓宽对 AutoCAD 的认识，提高工作效率。本章将为读者展示全新的 AutoCAD 应用可能性，使工作更高效。

为帮助初学者学习和加深对命令的印象，本书在所有命令旁列出了 AutoCAD 默认的快捷键和别名。附录中总结了 AutoCAD 2023 版本所有的命令和系统变量，便于读者学习和查询。

为便于学习 AutoLISP，全书提供了 20 余个示例程序，供读者参考。附录中还提供了详尽的 LISP 程序目录，方便读者查找和下载，也可通过出版社网站获取和使用。

本书基于 AutoCAD 2023 版本编写。读者在使用本书前需安装 Autodesk 公司 AutoCAD 任何一个版本。书中介绍的 AutoCAD 软件适用于 Windows 10 以上系统。书中介绍的程序及软件在安装和使用过程中出现的异常及不便，与本书无关，敬请理解。

由于作者水平有限，书中不妥之处，敬请读者批评、指正。

【作者介绍】

符剑，Autodesk 专家组成员，20 余年来一直从事外企机械设计和工程建设项目管理工作。大学期间即运用 AutoCAD 进行绘图设计，工作后主要使用 AutoCAD Plant 3D、Autodesk Inventor、Autodesk Navisworks Manage 等二维和三维软件进行协同设计和项目管理。2021 年被评为 Autodesk Expert Elite 精英成员，参与 AutoCAD 新版本测试和 Autodesk 官方社区答疑。

宋培培，现任天津职业技术师范大学教师，Autodesk 中国教育研究中心主任，中国职业技能大赛（ChinaSkill）教练及国赛裁判，中国首位入选 Autodesk 35Under35 全球资深设计师计划的设计师，AU（Autodesk University）大师汇演讲嘉宾，天津市优秀科技特派员和技术经纪人，同时在清华大学、北京师范大学、同济大学、浙江大学和中央美术学院等高校任教。

DWG 文件

示例程序

编　者

目录

基础篇

精 通 篇

第 4 章　高效实用的命令及使用技巧

第 5 章　运用布局的工作技巧

第 6 章　AutoCAD 常见问题及对策

自 动 化 篇

第 7 章　高效率绘图必用 LISP

第 8 章　LISP 编程实例和小技巧

第 9 章　多软件协同工作实现高效自动化

基础篇

这些地方你一定要设定

这些好习惯你一定要养成

这些基础知识你一定要理解透彻

在当今这个科技迅速发展的时代，掌握有效的技术与技巧不仅是提高工作效率的关键，也是个人职业成长的重要一环。"基础篇"旨在为广大读者提供一系列实用的 AutoCAD 设置技巧，以帮助大家将其更好地应用于日常的绘图操作中。

"基础篇"共分为 3 章，从自定义工作环境，到养成良好的操作习惯，再到深入理解基础知识，本篇涵盖了一系列既具体又实用的操作技巧，无论是新手还是有经验的用户，都能从中受益。

其中，第 1 章着重介绍了工作空间的个性化设置和状态栏的高效使用，这些技巧将帮助读者在日常工作中节省宝贵的时间。第 2 章关注如何培养高效的绘图习惯和制定图形标准，这对于保持工作的连贯性和质量至关重要。第 3 章深入探讨了一些基础知识和高级设置技巧，如快捷键的使用和复杂命令的简化，帮助读者在更深层次上理解和运用这款软件。

无论您是寻求提高日常工作效率的专业人士，还是渴望深入掌握新技能的初学者，本篇都将为您提供宝贵的知识和技术指导。我们希望大家能通过这些精心挑选的操作技巧，提升技能，优化工作流程。

第1章

常 用 设 置

新安装的 AutoCAD 就像一张未经涂色的画布，等待我们将其塑造成适合个人工作流程的专业绘图工具。根据多年的实践经验，结合欧特克社区用户的探讨，我们总结出了几个鲜为人知却极为实用的设置技巧。在 AutoCAD 安装完成后，强烈建议您去尝试一下这些关键设置。

一开始，大家可能会对这些新设置感到陌生，但随着熟练度的提升，相信大家将逐渐体验到它们为高效绘图操作所带来的便利和益处。

1.1 自定义右键单击

在日常的绘图工作中，当一个命令操作完需要结束的时候，一般都是通过单击右键，然后选择"确认"命令（见图 1-1），或者按 Enter（回车）键（或空格键）来结束命令。

图 1-1

我们使用圆弧命令 Arc（快捷键 A）绘制一个圆弧，结束命令后需要再次使用这个圆弧命令来继续绘图工作，此时须再次单击圆弧图标或者输入 Arc 才能执行命令。

如果我们在选项中设置了"打开计时右键单击"功能，将会最大限度地减少用户的操作步骤，实现高效绘图。"打开计时右键单击"功能可以给用户带来如表 1-1 所示的两个便捷操作。

表 1-1 "打开计时右键单击"功能的优点

便捷操作 1	右键单击直接代替确认（Enter 键）
便捷操作 2	右键单击再次进入之前结束的命令

特别是进行长时间绘图操作的时候，这个设置将会为用户减少很多不必要的重复操作，将用户从烦琐和疲惫的工作中解放出来。

"打开计时右键单击"功能的设置方法如下。

Step 01 新建一个 DWG 文件，在空白处单击右键后，找到最下面的"选项"命令（或者输入 OPTIONS {XE "OPTIONS"\y "选项"} 命令）并按回车键（见图 1-2）。

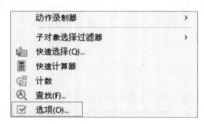

图 1-2

Step 02 打开"选项"对话框，切换到"用户系统配置"选项卡，单击"自定义右键单击"按钮（见图 1-3）。

图 1-3

Step 03 在打开的对话框中选中"打开计时右键单击"复选框（见图 1-4），再单击最下面的"应用并关闭"按钮结束设置。在这里，其他地方的设置可以保持默认。

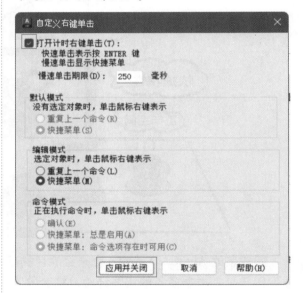

图 1-4

Step 04 返回"选项"对话框，单击最下面的"确定"按钮，设置结束。

自定义右键单击的使用方法也很简单。如使用 Line 命令（快捷键 L）任意绘制一条直线，如果没有按照前面的说明设置"打开计时右键单击"功能，首先要输入 Line {XE "LINE"} 命令，接着在画面的空白处任意单击第一点和第二点，绘制直线后，如果想结束当前命令，就需要右击空白处，然后选择"确认"命令。也就是说，两步才能结束当前命令（见图 1-5）。

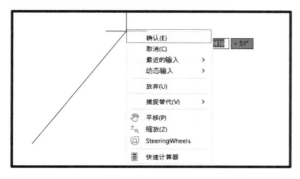

图 1-5

但设置完"打开计时右键单击"功能之后，如果想结束当前的操作，直接在空白处右击，即可结束当前的直线命令，从而可以省去右击并选择"确认"命令这步操作。另外，如果想重新启动直线命令，无须其他任何操作，只需右击就进入了直线命令。

再如，为了绘制出如图 1-6 右边所示的部分圆角四边形，一般会使用 Line 命令，打开正交模式［输入 OrthoMode {XE "ORTHOMODE"} 命令（快捷键 F8）］，先快速画出四条直线。

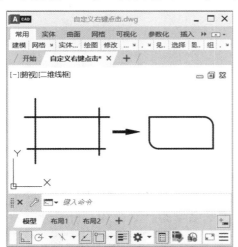

图 1-6

然后结合"打开计时右键单击"功能，一直使用右击 +Shift 键就可以很快完成修剪。这里以 Fillet 命令（快捷键 F）为例来操作一下。请扫描本页的二维码下载 DWG 文件。

（DWG 文件名称）

Step 01 在命令行窗口中输入 Fillet 命令（见图 1-7），按回车键后，先设置半径值，再按回车键。

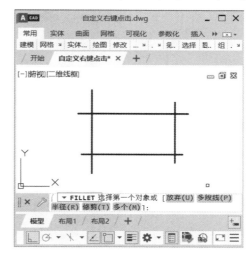

图 1-7

Step 02 从左下角开始操作。先单击一条垂直直线，再单击一条水平直线，就完成了圆角的修剪（见图 1-8）。

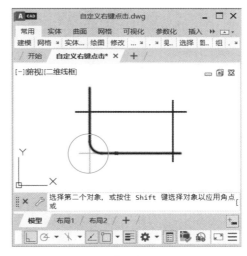

图 1-8

Step 03 上一步骤结束后，Fillet 命令结束并自动退出。如果想继续完成右上角的圆角效果，不需要再输入 F 来启动 Fillet 命令，直接右击空白处就又开始执行 Fillet 命令。

Step 04 按照 Step 02 的操作，完成右上角的圆角修剪（见图 1-9）。

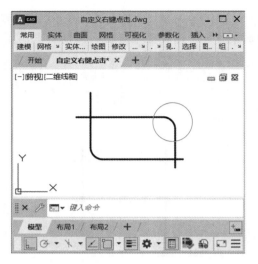

图 1-9

Step 05> 下面开始修改左上角。右击，再次执行 Fillet 命令。这时需要注意，无须将半径修改为 0，直接按住 Shift 键选择两条直线，就可以完成修剪操作（见图 1-10）。

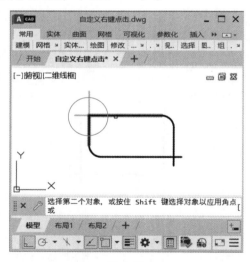

图 1-10

Step 06> 同理，按照上面的步骤完成右下角的修剪（见图 1-11）。

通过上面的操作，我们就可以高效完成修剪的工作。

另外，在设置"打开计时右键单击"功能之前，单击鼠标右键的时候，就会弹出如图 1-12

所示的右键菜单。当设置完"打开计时右键单击"功能之后，在单击鼠标右键时，按住右键不要马上松开，稍微延迟一段时间后再松开的话，这个右键菜单同样会弹出来。

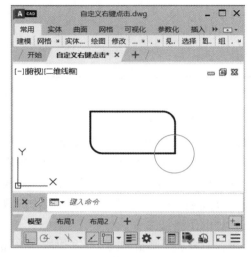

图 1-11

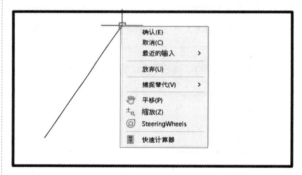

图 1-12

这是因为在图 1-4 中，已设置延迟 250 毫秒后启动右键菜单（见图 1-13）。这也就是该设置的名字为什么会叫"打开计时右键单击"的含义所在。延迟的时间可以根据需要进行修改。

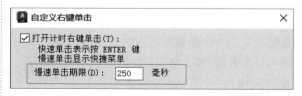

图 1-13

【进阶教程】GX-Right Click 函数

"打开计时右键单击"功能需要到"选项"对话框中设置。若要频繁切换进行设置，可以使用 AutoLISP 一键实现切换。如果您是 AutoLISP 的初学者，在阅读本小节内容之前，请先完成第 7 章的学习。

具体的切换程序如表 1-2 所示。

表 1-2　GX-Right Click.lsp

```
1    (defun c:GX-Right Click ()
       ; 新建函数 GX-Right Click 来切换打开计时右键单击
2      (setenv "Context Menus"
         ; 设置环境变量 "Context Menus"
3        (itoa
           ; 将整数转换为字符串
4        (boole 6
           ; 切换特定位的状态
5          (atoi
             ; 将字符串转换为整数
6          (getenv "Context Menus")
             ; 获取环境变量 "Context Menus" 的当前值
7          )
             ; 结束 atoi
8          16
             ; 与 16 进行异或操作，用于切换特定位
9        )
             ; 结束 boole
10       )
             ; 结束 itoa
11     )
         ; 结束 setenv
12     (princ)
       ; 清除命令行并返回 nil，常用于函数结束
13   )
       ; 结束函数定义。与第 1 行相呼应
```

将表 1-2 的内容用文本工具保存为 GX-Right Click.lsp，加载后即可使用。具体的使用方法请参阅第 7 章。

另外，通过 AutoCAD 的 CUI 命令，为自定义函数 GX-Right Click 创建一个快捷键或者捆绑到带有宏功能的鼠标上，将会真正实现操作"一键切换"，既高效又方便。

以上关于自定义右键单击的操作说明就全部结束了。当绘制一两条直线时，AutoCAD 这项设置的优势可能体现得不明显；然而，当我们投入长时间的绘图工作，频繁地在键盘和鼠标间切换以进行精确选择时，这一设置就能凸显出对工作效率的影响了——它极大地减少了我们绘图操作上的疲劳感。一旦大家适应了这种方式，就会深切感受到它在提高工作便利性和效率方面的显著影响。这正是 AutoCAD 中一个极为出色的操作特性。

1.2 动态输入的设置

动态输入功能自从 AutoCAD 2006 版本开始就成了一大亮点。该功能通过命令｛XE "DYNMODE"｝将 Dyn Mode（动态输入，快捷键 F12）激活。启用动态输入后，在十字光标附近会显示一个数值动态输入窗口（见图 1-14），这个窗口允许用户直接输入坐标、长度和角度数值，从而便捷地调整对象的尺寸。这一功能大大简化了尺寸修改过程，提高了绘图效率。

当新建一个 DWG 文件时，动态输入的默认值为 3（见表 1-3），也就是说，指针输入和标注输入都处于开启状态。

表 1-3　动态输入的默认值

数　值	含　义
0	动态输入关闭
1	指针输入开启，标注输入关闭
2	指针输入关闭，标注输入开启
3	指针输入和标注输入都处于开启状态，默认值

使用动态输入功能时，我们能直观地获取实时信息。然而，当屏幕上出现大量图形时，动态输入中的虚线会干扰视线和操作，进而影响工作效率。为了解决这个问题，下面介绍如何部分关闭动态显示。这样一来，既不会妨碍我们的操作，又能在十字光标附近清晰地看到提示信息。

首先，需要将动态输入的 ON-OFF 按钮显示到右下角的状态栏中。打开 AutoCAD 中的任意一个文件，单击右下角的 ≡ 图标（见图 1-15）。

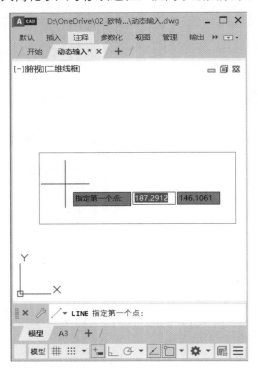

图 1-14

图 1-15

然后勾选"动态输入"选项（见图 1-16），在状态栏中就会显示相应的图标（见图 1-17）。单击这个图标就可以实现对"动态输入"的 ON-OFF 开关设定。

图 1-16

图 1-17

右击"动态输入设置"图标（见图 1-18），弹出"草图设置"对话框。

图 1-18

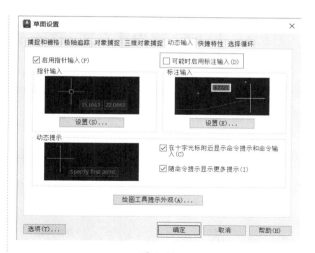

图 1-19

👍 **提示**

打开"草图设置"对话框的命令为 DSETTINGS，在命令行窗口中使用 DSETTINGS {XE "DSETTINGS"} 命令，也可以打开"草图设置"对话框。

切换到"动态输入"选项卡，取消勾选"可能时启用标注输入"复选框，再单击最下面的"确定"按钮（见图 1-19）。部分关闭动态显示功能设置完毕。

我们来比较一下设置前和设置后的画面显示状态。如果使用 AutoCAD 默认的设置画一条直线，打开"动态输入"功能，会有很多虚线自动显示在画面中（见图 1-20）。当画面中内容很多时，这些虚线必然会妨碍我们绘图。

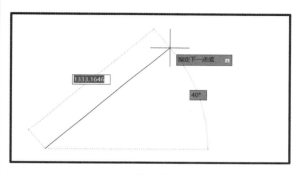

图 1-20

当我们按照本节的操作设置后，这些虚线就没有了，而且直线长度和角度的信息也集中显示在光标的右边（见图 1-21），整个画面干净整洁，使绘图更为便利。

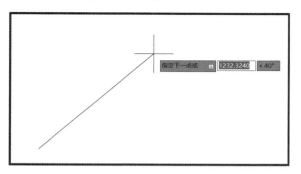

图 1-21

【进阶教程】GX-Dynamic 函数

当然，也可以借助 AutoLISP 来控制动态输入的设置。比如，若想在 1（仅开启指针输入）和 3（同时开启指针输入和标注输入）之间自由切换动态输入的显示状态，传统方法要求进入"动态输入"选项卡进行调整，这样时间久了便会觉得烦琐、乏味。使用 AutoLISP，则可以极为便捷地实现功能切换，从而大大提升工作效率。

动态输入状态的切换程序如表 1-4 所示。

表 1-4　GX-Dynamic.lsp

1	`(defun c:GX-Dynamic (/)`
	; 自定义一个名为 GX-Dynamic 的新函数
2	`(if (= (getvar "DYNMODE") 3)`
	; 检查系统变量 DYNMODE 是否等于 3
3	`(progn`
	; 如果 DYNMODE 等于 3，则执行以下操作
4	`(setvar "DYNMODE" 1)`
	;1 表示打开指针输入
5	`)`
	; progn true 结束
6	`(progn`
	; 如果 DYNMODE 不等于 3，则执行以下操作
7	`(setvar "DYNMODE" 3)`
	; 将 DYNMODE 设置为 3
8	`)`
	; progn false 结束
9	`)`
	; if 语句结束
10	`(princ)`
	; 打印一个空字符串并返回 AutoCAD
11	`)`
	; 函数结束

参阅第 7 章的介绍，我们无须再去打开动态输入的设置对话框，自定义的 GX-Dynamic.lsp 函数将会大大方便动态输入的切换。

动态输入的设置看似是一个细微的调整，在使用频率较低时，也许并不能充分感受到其优势，但在长时间作业或图纸上对象众多时，这一设置的好处便会变得非常明显。

1.3 命令行窗口宽窄的设置

命令行窗口是与 AutoCAD 进行交互的一个重要途径。因此，在绘图过程中，定制命令行窗口的展示方式，也可以显著提高绘图效率。

将命令行窗口固定到绘图区域的最下方是大多数用户的选择。刚安装好的 AutoCAD，命令行窗口是悬浮在画面中的（见图 1-22）。如果 AutoCAD 绘图区域没有显示命令行窗口，那么按 Ctrl+9 快捷键可显示或关闭该窗口。

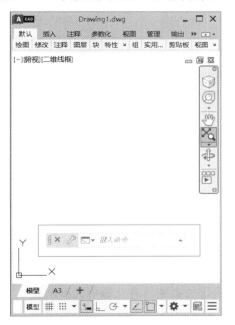

图 1-22

用鼠标左键按住命令行窗口的最左侧并向下拖动，感觉到"被吸附"时，松开鼠标，命令行窗口就被固定到了最下面的位置（见图 1-23）。

图 1-23

默认的命令行窗口只能显示一行文字。用鼠标左键按住命令行窗口的上边缘向上方拖动，就可以改变窗口显示的行数。绘图时，显示 3 ～ 5 行历史信息，对提高工作效率有很大帮助。图 1-24 所示为显示 3 行历史信息的效果。

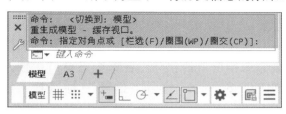

图 1-24

通过命令行窗口，我们可以轻松地查看之前输入的命令历史记录。单击图 1-25 所示红色方框内的下三角图标，之前输入的命令便会展现出来。若希望重复使用某个命令，只需直接单击该命令即可。这个功能在绘图过程中极为便捷，能显著提升工作效率。

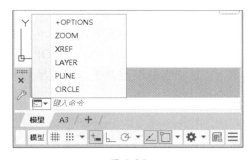

图 1-25

另外，单击图 1-26 所示中的自定义图标，也可以根据个人的喜好对命令行窗口进行设置，操作方法不再赘述。

在命令行窗口上方可以显示提示的行数，默认为 3 行。通过系统变量 CLIPROMPTLINES {XE "CLIPROMPTLINES"} 可以对提示的行数进行修改（见图 1-27）。

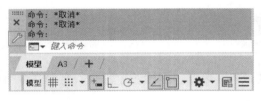

图 1-26

图 1-27

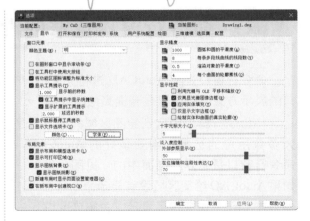

图 1-28

此外，我们也可以根据自己的喜好来设置命令行窗口的字体。在命令行窗口中输入 OPTIONS 命令，打开"选项"对话框（见图 1-28）。

在"显示"选项卡中可以看到"字体"按钮，单击该按钮后，在打开的对话框中就可以进行设置了（见图 1-29）。

图 1-29

1.4 快捷特性选项板的设置

在使用 AutoCAD 绘图的过程中，为了能随时看到图形的相关信息，很多人喜欢将"特性"面板（命令 PROPERTIES {XE "PROPERTIES"}，快捷键 Ctrl+1）一直显示在界面的左侧（见图 1-30）。这样做的缺点就是作图范围变小了。另外，我们也不是任何时候都需要显示出"特性"面板的全部内容。

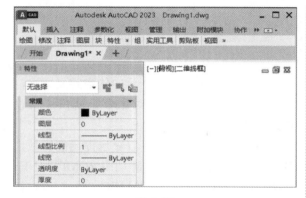

图 1-30

快捷特性选项板（快捷键 Ctrl+Shift+P）就可以很好地解决这个问题。我们通过控制画面右下角状态栏中的"快捷特性"图标（见图 1-31），能够方便地显示或隐藏快捷特性选项板，并能将自己想表示的信息添加到快捷特性选项板中。

图 1-31

比如，在图 1-32 所示中，单击圆之后，快捷特性选项板就会显示出来，并能告诉我们圆的面积和周长。

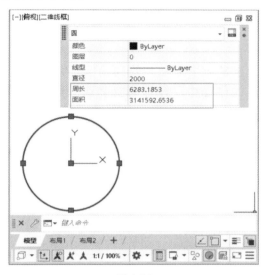

图 1-32

每次选择一个图形，快捷特性选项板都会弹出来。如果暂时不想显示快捷特性选项板，那么可以通过右下角的图标来切换其显示状态（见图 1-33）。

图 1-33

为了实现以上操作，我们需要完成下面几个步骤的设置。

Step 01 首先需要把状态栏中的"快捷特性"图标显示出来。单击状态栏右下角的三图标，勾选"快捷特性"选项，这样"快捷特性"图标就会显示在右下角的状态栏中（见图 1-34），此时可以通过这个图标来控制快捷特性选项板的显示与否。

Step 02 然后输入 OSNAP {XE "OSNAP"} 命令（快捷键 OS），启动"草图设置"对话

框，切换到"快捷特性"选项卡，勾选"选择时显示快捷特性选项板"复选框，在"选项板位置"选项组中选中"固定"单选按钮，这样可以让快捷特性选项板始终显示在画面的某个固定位置，绘图时不会妨碍我们的视线。最后单击"确定"按钮完成草图设置（见图 1-35）。

图 1-34

图 1-35

Step 03 快捷特性选项板中的内容是可以调整的。这里还是以图 1-32 所示的图形为例，若想将"线宽"显示到快捷特性选项板中，可以单击快捷特性选项板右上角的"自定义用户界面"图标（见图 1-36），然后在打开的对话框中勾选"线宽"复选框，单击"确定"按钮关闭对话框（见图 1-37）。这样"线宽"的信息就会显示在快捷特性选项板中（见图 1-38）。

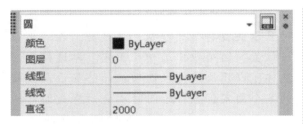

图 1-36

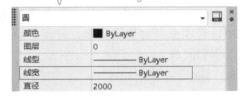

图 1-38

这是一个非常高效的设置。我们在绘制图形的过程中，经常需要确认图形的各种信息，通过这个方法，就能在第一时间获取想知道的信息，并且像图层、颜色、线型等信息也都可以直接通过快捷特性选项板进行切换和设置。

图 1-37

1.5 建立自己的工作空间

刚安装的 AutoCAD 默认状态下准备了三个工作空间，分别是"草图与注释"（见图 1-39）、"三维基础"（见图 1-40）和"三维建模"（见图 1-41）。每个工作空间都针对不同的设计需求和工作流程进行了优化，以便我们能够更高效地完成特定类型的绘图和建模工作。

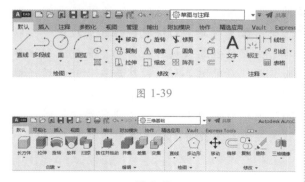

图 1-39

图 1-41

为了更好地适应个人的设计习惯和提高工作效率，建立一个定制的工作空间是非常必要的。大家可以根据自己的工作特点和喜好，调整工具栏的布局、命令设置及界面元素，创建

图 1-40

一个完全符合个人需求的工作环境，这不仅可以让您的设计工作更加顺畅，还有助于提高工作效率和减少错误。

工作空间的命令为 WORKSPACE，我们在命令行窗口中输入该命令并按回车键后，可以看到"置为当前""另存为""编辑""重命名""删除"和"设置"等选项（见图 1-42），通过这些选项我们就可以对自定义的工作空间进行设置和编辑操作。

图 1-42

大家使用 AutoCAD 绘图时，或多或少都会有一些自己喜好的设置。比如，将一些常用的命令和工具放到绘图界面的上方，这样就可以避免绘图时不停切换工作空间来寻找它们（见图 1-43）。

图 1-43

有时在绘图的过程中，这些设置好的命令不知道什么原因就消失了。虽然打开工具栏找到需要的命令后可以再去设置其显示到操作界面上，但是这样操作几次就会感到疲惫。如果在设置完自己的工具栏之后将其保存起来，建立一个自己常用的空间，这样就不用担心它们消失了。

操作方法很简单，首先将需要的图标和命令都设置好。在 AutoCAD 界面的右下角有一个齿轮形状的图标，单击该图标右边的三角形箭头，然后选择"将当前工作空间另存为"命令（见图 1-44）。

图 1-44

这里将空间命名为 EXPRESS，然后单击"保存"按钮，设置就结束了。在操作过程中，当自己设定的命令找不到的时候，只需切换到 EXPRESS 工作空间，就可以将它们复原，非常方便。

在命令行窗口中输入 CUI，打开"自定义用户界面"对话框，可以看到自定义的 EXPRESS 工作空间（见图 1-45）。

图 1-45

右击 EXPRESS 工作空间，就可以将其设定为默认或者删除（见图 1-46）。

图 1-46

我们还可以通过命令 WSSETTINGS 打开"工作空间设置"对话框来调整菜单显示的顺序（见图 1-47）。

图 1-47

1.6 状态栏的设置

打开 DWG 文件，默认的绘图区域右下角会显示状态栏（见图 1-48）。状态栏是设计流程里不可或缺的一部分，它集成了绘图过程中所需的基本工具，而且随时可用，便于快速切换。这些工具包括（但不限于）网格显示、对象捕捉、正交模式和各种视图设置等，每个工具都旨在简化特定的操作或增强绘图精度。

图 1-48

在状态栏中，所有可用工具的图标都被清晰地显示出来。我们可以根据需要开启或关闭这些工具，也可以通过右击状态栏来自定义显示哪些工具。这种灵活的定制方式使状态栏成为一个强大的个性化助手，能够适应不同用户的特定需求。

我们可以将几个常用的工具图标显示出来，以满足基本绘图需求。其他工具可根据

绘图的需要，单击状态栏最右侧的 ≡ 图标（见图 1-49），随时进行调用和显示（见图 1-50）。

图 1-49

图 1-50

状态栏中有几个是绘图过程中需要经常使用的工具（见表 1-5），希望大家能熟练掌握它们的应用方法。

表 1-5　状态栏中常用的工具

名　称	快　捷　键	功　能
模型空间	—	表示当前的工作状态
推断约束	Shift + I	图形绘制过程中自动应用几何约束
动态输入	F12	在光标的附近显示动态提示
正交模式	F8	将光标强制约束为水平或垂直方向
极轴追踪	F10	沿着指定的角度追踪光标
对象捕捉追踪	F11	指定的对象沿着垂直或水平路径追踪光标
二维对象捕捉	F3	使光标捕捉到对象上的各种参照点
切换工作空间	—	切换默认的工作空间或自定义的工作空间
快捷特性	Ctrl+Shift+P	单击对象后显示快捷特性选项板
隔离对象	—	隐藏选定的对象

如果 CAD 右下角没有显示状态栏，则输入 STATUSBAR 命令后按回车键（见图 1-51），确认它的值是否为 1（见表 1-6）。

图 1-51

表 1-6　STATUSBAR 命令

STATUSBAR 的值	作　用
0	不显示状态栏
1	显示状态栏

 【进阶教程】GX-Default 函数

我们也可以有效地通过 AutoLISP 的一系列自动化命令来优化 AutoCAD 的绘图环境。本脚本主要聚焦于调整状态栏内多个功能，例如关闭网格显示，禁用用户坐标系检测以及启用特定的自动捕捉模式等。这些调整对提升绘图效率尤其重要，能让大家获得一个更加流畅和高效的作图体验。优化绘图环境的具体命令如表 1-7 所示。

表 1-7　GX-Default.lsp

1	`(defun c:GX-Default (/)`
	; 定义一个名为 GX-Default 的函数，"/"表示局部变量
2	`(setvar "GRIDMODE" 0)`
	; 设置 GRIDMODE 变量为 0，关闭网格显示
3	`(setvar "UCSDETECT" 0)`

（续表）

	;设置 UCSDETECT 变量为 0，禁用用户坐标系检测
4	`(setvar "AUTOSNAP" (+ 1 4 16))`
	;设置 AUTOSNAP 变量，启用特定的自动捕捉模式
5	`(command-s "COMMANDLINE")`
	;执行 COMMANDLINE 命令，显示命令行窗口
6	`(setvar "STATUSBAR" 1)`
	;设置 STATUSBAR 变量为 1，开启状态栏
7	`(princ)`
	;清除命令行并返回 nil，常用于函数结束
8	`)`
	;结束函数

参阅第 7 章的介绍，大家就可以轻松使用 GX-Default.lsp 这个 AutoLISP 脚本来优化自己的 AutoCAD 工作环境，使其更能满足专业的绘图需求。这些调整不仅提高了工作效率，还能为大家带来更加个性化的操作体验。我们鼓励大家根据自己的需求来调整脚本，以充分发挥 AutoCAD 的灵活性和高效性。

第 **2** 章

培养高效的绘图习惯

本章将探讨如何在 AutoCAD 中培养提高工作效率和保证设计精确度的关键习惯。从"高效率绘图的身姿体态"开始，本章将逐步引导大家了解绘图前的准备工作，包括制定规则，创建共用文件夹，以及建立个人模板。我们还将深入讨论如何利用 DWS 文件统一图形标准，以及如何有效运用工具选项板和图层来控制设计元素。

2.1 高效率绘图的身体姿态

要想高效使用 AutoCAD，培养良好的身体姿态和使用习惯很重要，尤其是双手配合操作鼠标和键盘的方式。有意识地训练操作习惯，使得在绘制和修改图形时，双手能自然地移动至键盘或鼠标的相应位置，强调手、眼之间的配合，可实现高效率绘图。

为了达到这一目的，我们首先需要有意识地培养自己的绘图习惯，并规定一个标准的绘图姿态。例如，"确认"操作在绘图中极为常见（见图 2-1）。完成这一操作有多种方法：按键盘上的回车键，使用鼠标右键菜单，或者采用 1.1 节中介绍的"自定义右键单击"。此外，在 AutoCAD 中，键盘上的空格键与回车键具有相同的功能，也可用于"确认"操作。简而言之，如果我们能养成将左手大拇指始终放在空格键上的习惯，就能高效地完成"确认"操作。

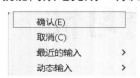

图 2-1

像"确认"这样在 AutoCAD 绘图中频繁使用的操作还有很多，比如"退出"用的 Esc 键，"组合"用的 Shift 键和 Ctrl 键，"删除"用的 Del 键等。我们将自己的双手放置到这些键的附近，保持一个能立即按它们的姿态，对高效绘图将极为有益。

综上所述，当我们使用键盘的时候，建议大家按照表 2-1 所示的方式来培养自己的用手习惯。

大部分绘图操作都要用到 Space 键、Shift 键、Ctrl 键、Esc 键、Enter 键和 Del 键，以及鼠标（见图 2-2）。给我们的身体规定一个标准的姿态，让自己的双手养成一个好的习惯，对于提高工作效率将有极大的助益。

表 2-1　手指和键的关系

手　指	放置位置
左手大拇指	控制 Space 键（空格键）
左手小拇指	控制 Shift 键和 Ctrl 键
左手无名指	控制 Esc 键
右手大拇指	控制 Space 键（空格键）
右手小拇指	控制 Del 键和 Enter 键

图 2-2

2.2　绘图前的三个关键准备工作

在启动计算机并打开 AutoCAD 软件时，直接投入绘图工作看似充满热情，但实际上这种做法并不理想。作为设计师，我们的工作不仅仅是绘制一张图纸。实际上，一个成功的设计项目需要考虑诸多方面，包括设计的可持续性、知识储备、项目规划、团队协作以及公司资源的有效利用等。简而言之，在使用 AutoCAD 进行绘图时，有三个关键的准备步骤不可或缺：制定规则，确保"共享"和创建"模板"。这三方面对个人发展、团队合作、项目的顺利进行等都将产生深远的影响。

2.2.1 制定规则

"没有规矩不成方圆"，要想高效地完成一个项目，必须学会设定规则。刚安装的 AutoCAD 就如同一张白纸，怎样合理且得体地用这张白纸展开工作是我们一定要考虑的。一张图纸代表着一家公司的面孔，从一张图纸中就能看出这家公司的内部管理是否有规则和有序。

对 AutoCAD 来说，需要提前设定的规则可以分为两大类，第一个是文件和文件夹的名称，第二个是图纸的表示和设置。

1. 文件和文件夹的名称

这里主要指图纸的名称和保存文件夹的名称。提前设置好文件的名称、代号，可以防止名称重复。当其他部门和团队的人员第一次看到图纸的时候，只要简单地熟悉一下规则，就能很快找到自己需要的文件。

举一个简单的例子，后面有块命令的介绍，如果块的名称重复，那么将会带来一系列麻烦。因为块文件保存在 DWG 图纸的后台，即使将模型空间中的块删除，它其实还是存在于这个图纸中，相同名称、不同内容的块如果插入到同一张图纸中，后插入的块将会在后台自动更新前面的块，这容易使绘图时混乱。

💡 **提示**

如果想完全删除图纸中的块文件，需要使用清理工具 PURGE {XE "PURGE"}（快捷键 PU）。

文件和文件夹名称的指定方法很多，大家可以参阅国标，或者根据自己公司的状况独自设置。比如，文件名称的设定可以参考图 2-3。

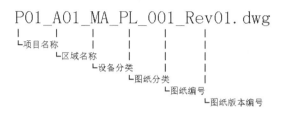

图 2-3

文件夹名称的设定可以参考图 2-4。

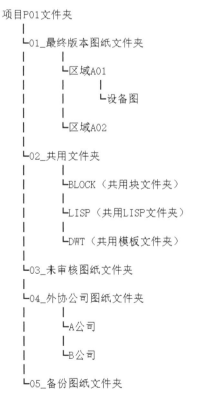

图 2-4

上面的文件和文件夹名称的设定方法仅仅是一个例子，大家可以结合自己的工作环境和项目的内容，设定一个适合自己的规则。

2. 图纸的表示和设置

文字的大小、图层的名称、尺寸的样式、印刷的样式、线型、字体的样式，等等，这些也都需要结合公司的实际需要，制定一个通用的规则。至少下面几个方面要提前设置好规则。

1）线型的规则

在命令行窗口中输入 LINETYPE ｛XE "LINETYPE"｝命令，就可以启动"线型管理器"对话框（见图 2-5）。单击右上角的"加载"按钮，就可以在弹出的对话框中选择线型并加载到当前图纸中（见图 2-6）。

图 2-5

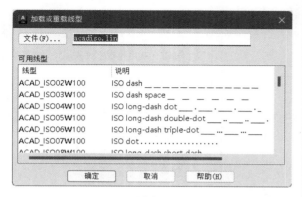

图 2-6

线的颜色、用途、粗细、线型及所使用的图层等，可以参阅国标中的规定，也可以根据自己的需要制定一个大家都能接受的规则。另外，在 4.12 节中介绍了自制线型的方法，有兴趣的读者可以参阅。

2）文字的规则

在命令行窗口中输入 STYLE ｛XE "STYLE"｝命令，就可以启动"文字样式"对话框（见图 2-7）。在这里可以创建专用的文字样式，如字体、大小，等等。

图 2-7

文字的颜色、使用的图层名称也需要提前设置好。

3）图层的规则

图层是 AutoCAD 中最重要的工具之一。在命令行窗口中输入 LAYER ｛XE "LAYER"｝命令，就可以启动"图层特性管理器"选项板（见图 2-8），在这里可以新建图层，设置图层的颜色、线型、线宽，等等。

图 2-8

4）标注的规则

在命令行窗口中输入命令 DIMSTYLE｛XE "DIMSTYLE"｝（快捷键 DIMSTY），就会启动"标注样式管理器"对话框（见图 2-9），在这里可以创建自己专用的标注样式。

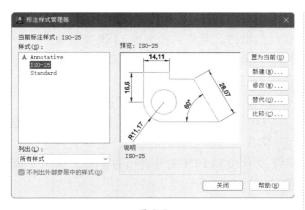

图 2-9

5）布局的规则

在 DWG 图纸的左下角，可以看到布局切换按钮。单击"+"按钮，可以新建一个布局（见图 2-10）。

图 2-10

在命令行窗口中输入 LAYOUT 命令，再继续输入 T，按回车键后启动"从文件选择样板"对话框，在这里就可以调用设置好的布局样板（见图 2-11）。根据项目提前制作好专用的布局，对统一项目管理将会有很多益处。关于布局的制作和使用方法，请参阅 2.8 节中的介绍。

图 2-11

6）印刷的规则

在命令行窗口中输入 PLOT 命令并按回车键，就可以看到"打印 - 模型"对话框（见图 2-12），在这里可以详细设定自己的印刷规则。

图 2-12

另外，输入 PAGESETUP｛XE "PAGESETUP"｝命令并按回车键，可以在打开的对话框中提前设定一个统一的印刷规则（见图 2-13），这对图纸的批量印刷会有很大帮助。

图 2-13

上面所列举的 6 个方面只是最低限度的规则制定，其他规则（比如填充图案的规则、文件传递的规则等）可以根据自己团队和公司的需要来协商和制定。

2.2.2 创建共用文件夹

鲁迅先生在每年的最后一天，都会一个人静静地坐着反思和总结自己这一年以来的工作和生活。我们在工作中也一样，高效绘图固然重要，但是总结自己走过的路，对知识进行整理和沉淀也非常重要。我们只有不断地总结和提炼，才能很好地成长和更高效地工作。

最基础的功能，通常也是最有效的功能。创建文件夹对于会使用计算机的用户来说易如反掌，在这里我希望大家创建一个地址固定的共用文件夹作为自己的一个"仓库"。特别是当你有两台以上的计算机，或者一个团队时，一个地址固定的共用文件夹的重要性会更加凸显。共用文件夹应放置在大家都能打开的地方（比如公司的网站，或者外部的网盘），尽量固定好地址和名称。只要拥有了权限，无论使用哪一台计算机都能随时打开它，这将会大幅提高我们的工作效率。

根据自己的需要可以自由设定共用文件夹，比如一个项目所使用的模板文件夹，共用的块文件夹，自制的填充图案文件夹，等等（见表 2-2），希望大家能够学会并养成这样的好习惯。

表 2-2　可以设定的共用文件夹

文　件　夹	功　　能
BLOCK	自制常用块的存储
LISP	自制 AutoLISP 文件的存储
DWT	自制模板文件的存储
PAT	自制填充图案的存储
LIN	自制线型的存储

我们在设计过程中，总会有一些常用的图形。如果在新的设计中能将这些常用的图形很快调用出来，绘图效率将会大幅提高。我们可以将这些常用的图形以"块"的形式保存到共用文件夹中，结合设计中心命令ADCENTER{XE "ADCENTER"}（快捷键 Ctrl+2）和工具选项板命令 TOOLPALETTES {XE "TOOLPALETTES"}（快捷键 Ctrl+3）来管理和应用这些块，以方便团队的统一管理。将共用文件夹和工具选项板关联来高效率工作的方法请参阅 2.4 节。

LISP 文件夹，顾名思义，就是存放 LISP 文件的地方。我们将所有的 LISP 文件放到一个固定的地方，让拥有权限的计算机能够访问它，不但方便统一管理，对 LISP 文件的高效使用也有很大的帮助。详细的介绍请参阅第 7 章。

DWT 文件夹主要用于存放 AutoCAD 模板，图形标准的 DWS 文件也可以存放到这里。PAT 文件夹和 LIN 文件夹也是同理，这里不再赘述。

建立共用文件夹后，需要将其放到 AutoCAD 的可搜索路径中，以方便 AutoCAD 检索和调用。具体操作如下。

首先确定共用文件夹的名称和地址，在这里以保存到 OneDrive 网盘（文件夹的名称分别为 11_BLOCK、11_LISP、11_DWT）为例。

新建一个 DWG 文件，在空白处右击，选择最下方的"选项"命令（见图 2-14）。

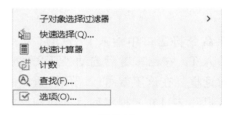

图 2-14

打开"选项"对话框，在"文件"选项卡中单击"支持文件搜索路径"右侧的"添加"按钮，选择需要添加的文件夹，再单击"上移"按钮（见图 2-15），将自制的文件放到搜索路径的最前面。

图 2-15

最后单击最下方的"确定"按钮结束操作（见图 2-16）。通过这样的设置，就可以保证自制的文件夹为优先搜索对象了。

图 2-16

2.2.3　建立自己的模板

模板是 AutoCAD 高效工作的王道之一。模板文件的后缀为 .dwt，提前制作好的图层、文字样式、布局样式等都可以保存到 DWT 文件中。

在新建模板之前，要新建一个 DWG 文件。在左下角布局旁边的空白处右击，选择"从样板"命令（见图 2-17）。

图 2-17

打开 AutoCAD 默认的模板文件夹 Template，如果自建的模板文件保存在这里，从中选取并打开后就可以使用了（见图 2-18）。

图 2-18

模板的具体制作方法可以参阅 2.8 节。

2.3　制定图形标准让 DWS 图纸来当你的管家

当观赏体育比赛时，职业参赛队伍的统一着装能让我们清晰地感受到他们的团队意识和组织纪律，绘图工作也应遵循类似的原则。一套图纸，如果拥有统一的图层命名方式、字体风格和标注样式，无须过多介绍，就能展现出其专业性。

然而，说起来容易，做起来难。在一个项目中，通常会有多名设计师参与，有时甚至包括外部合作单位的工作成果。即便我们制定了统一的绘图规则，并要求所有人都按此规则执行，但在绘图过程中还是难免会有不符合规则的样式出现。对于几张图纸来说，检查和调整图形还算容易；但如果面对上百张图纸，这项工作将变得相当艰巨。

AutoCAD 中的 DWS 文件可以帮助我们解决这个问题。我们将自己定制的规则（比如图层的颜色、文字的样式、标注的样式等）制作成一个 DWS 文件，在绘图过程中如果有违反规则的样式出现，右下角的状态栏处将会出现提示窗口（见图 2-19）。单击"执行标准检查"链接，还可以帮助我们修复和规则不一样的地方（见图 2-20）。

图 2-21

2.3.1 DWS 文件的制作方法

首先准备一个 DWG 文件，将检查标准（比如图层的名称、颜色，文字的样式，标注的样式等）都放在里面并设置好。然后启动 AutoCAD，单击左上角的"A"图标，在"另存为"菜单中找到"图形标准"选项（见图 2-22），选择它之后，将会弹出"图形另存为"对话框，设置好文件名称（这里设定文件的名称为"My 标准"），选择文件类型为 dws，然后单击"保存"按钮，标准文件就创建好了（见图 2-23）。

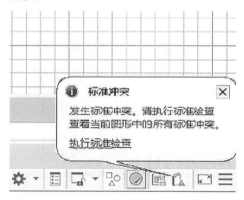

图 2-19

图 2-20

另外，我们也可以通过 AutoCAD 自带的"标准批处理检查器"命令来批量检查文件是否符合我们制定的规则（见图 2-21）。

图 2-22

图 2-23

图 2-27

输入命令 SAVEAS，也可以直接启动"图形另存为"对话框来进行保存。

2.3.2 即时确认图形标准

建立好自己的 DWS 标准文件后，就可以利用它来进行规则确认了。AutoCAD 准备了单张图纸的即时确认和多张图纸的批量确认两种方式，首先介绍一下即时确认图形标准的操作方法。

切换到"管理"选项卡，单击"CAD 标准"面板中的"配置"按钮（见图 2-24）。

图 2-24

弹出"配置标准"对话框之后，单击中间的"+"按钮（见图 2-25），选择刚才制作的"My标准 .dws"文件，可以看到标准文件的说明（见图 2-26）。单击"确定"按钮，在工具栏中就可以看到标准文件的图标（见图 2-27）。

图 2-25

图 2-26

打开一个新的 DWG 图纸，其中如果有不符合标准的地方，右下角就会弹出"标准冲突"提示窗口（见图 2-28），单击"执行标准检查"链接，在打开的对话框中就可以看到和我们制定的规则不相符的地方，并可以修复（见图 2-29）。

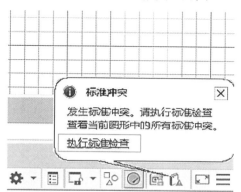

图 2-28

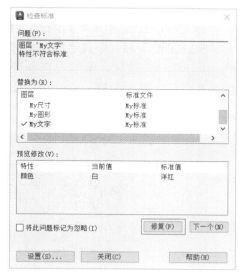

图 2-29

另外，我们也可以在命令行窗口中输入 STANDARDS〔XE "STANDARDS"〕命令，直接打开"配置标准"对话框来进行设置。

2.3.3 批量确认图形标准

批量确认图形标准的启动方法如下。

首先需要单击计算机中的"开始"图标，选择 AutoCAD 2023 下面的"标准批处理检查器"命令（见图 2-30）。

图 2-30

选择命令后，将会弹出"标准批处理检查器"对话框（见图 2-31）。在"图形"选项卡中单击中间的"+"按钮，添加自己需要批量检查的图形文件（见图 2-32）。

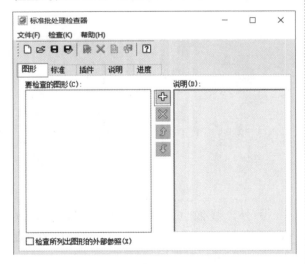

图 2-31

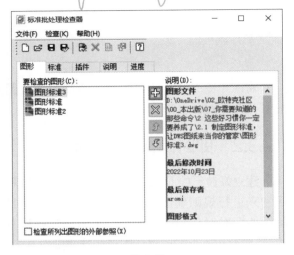

图 2-32

再切换到"标准"选项卡，同样单击中间的"+"按钮来选择自己制作的标准文件（见图 2-33），然后单击上方的"开始检查"图标（见图 2-34）。

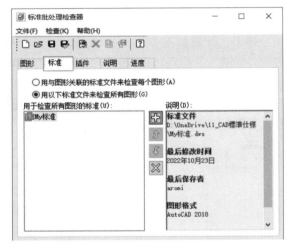

图 2-33

图 2-34

弹出要求保存当前设置的对话框后，单击"确定"按钮（见图 2-35），将 CHX 文件保存到适当的地方（见图 2-36）。

图 2-35

图 2-36

检查的结果就会显示在"进度"选项卡中（见图 2-37），并且会出示一份标准检查报告（见图 2-38）。

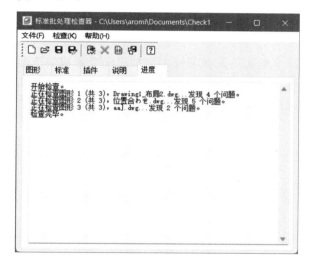

图 2-37

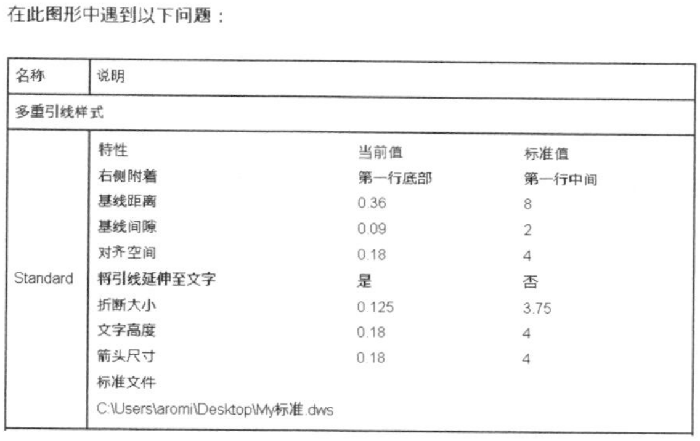

在此图形中遇到以下问题：

名称	说明		
多重引线样式			
	特性	当前值	标准值
	右侧附着	第一行底部	第一行中间
	基线距离	0.36	8
	基线间隙	0.09	2
	对齐空间	0.18	4
Standard	将引线延伸至文字	是	否
	折断大小	0.125	3.75
	文字高度	0.18	4
	箭头尺寸	0.18	4
	标准文件		
	C:\Users\aromi\Desktop\My标准.dws		

图 2-38

AutoCAD 的批量确认图形标准功能对统一图形的设置有非常大的帮助，希望大家能灵活运用。

2.4 工具选项板的高效率工作流程

在使用 AutoCAD 进行设计工作时，熟练运用工具选项板对提升工作效率至关重要。在 AutoCAD 的所有快捷工具中，工具选项板可以说是最方便的一个功能。本书将从不同的侧面对其进行讲解。

工具选项板能为我们做什么？

① 常用的命令和按钮都可以放置进去，实现快速启动。

② 块、填充图案、LISP 命令都可以利用选项板来分类整理，方便管理。

③ 可通过快捷键 Ctrl+3 来切换显示或隐藏工具选项板，不占用画面的位置。

④ 可以共用，方便团队的统一管理。

打开一张 DWG 图纸，在"视图"选项卡的"选项板"面板中可以找到"工具选项板"图标（见图 2-39）；在"管理"选项卡的"自定义设置"面板中也可以看到"工具选项板"图标（见图 2-40）。打开工具选项板的命令为 TOOLPALETTES ｛XE "TOOLPALETTES"｝（快捷键 Ctrl+3），按 Ctrl+3 快捷键之后，工具选项板会出现在绘图画面的右侧；再按一次 Ctrl+3 快捷键，工具选项板就会隐藏起来。因此，Ctrl+3 是一个可以循环开闭的快捷键。

图 2-39

图 2-40

2.4.1 自制工具选项板

AutoCAD 已经在工具选项板中预置了很多工具，以选项卡的形式显示出来，方便我们使用（见图 2-41）。

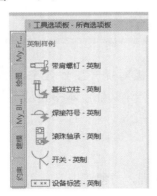

图 2-41

当然我们也可以自制工具选项板。右击工具选项板最左侧的选项卡部分，选择"新建选项板"命令（见图 2-42）。

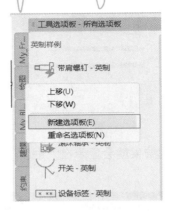

图 2-42

此时工具选项板中增加了一个新建的选项板（见图 2-43），输入"My_ 标注"，作为新建选项板的名称。

图 2-43

将命令添加到工具选项板也很方便。比如，将"标注"面板中的基线标注命令 DIMBASELINE ｛XE "DIMBASELINE"｝（快捷键 DIMBASE）添加到自制的工具选项板中（见图 2-44）。

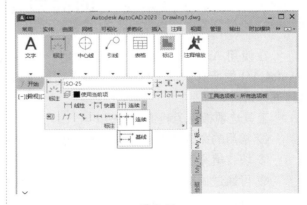

图 2-44

右击工具选项板的名称，选择"自定义命令"命令（见图 2-45）。

图 2-45

将会弹出"自定义用户界面"对话框。在"命令列表"列表框中输入"标注",很快就能找到"标注,基线"命令。按住"标注,基线"命令,将其直接拖入工具选项板中复制的"My_ 标注"空白处,释放鼠标左键即可完成添加（见图 2-46）。

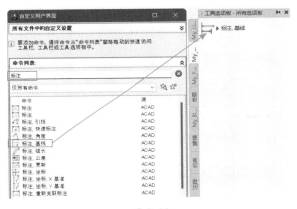

图 2-46

另外,在命令行窗口中输入 CUI ｛XE "CUI"｝命令,打开"自定义用户界面"对话框,在左下方的"命令列表"列表框中输入"基线",筛选出"标注,基线"命令;按住"标注,基线"命令,将其直接拖入工具选项板中自制的"My_ 标注"空白处,释放鼠标左键也能完成添加（见图 2-47）。

图 2-47

2.4.2 "特性"命令的灵活应用

我们可以通过"工具特性"对话框将添加到工具选项板的命令改为常用的命令。

比如,将椭圆命令 ELLIPES（快捷键 EL）添加到工具选项板,然后右击它,选择"特性"命令（见图 2-48）。

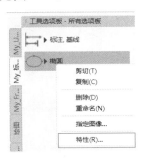

图 2-48

弹出"工具特性"对话框,在此可以设置需要的椭圆特性,比如颜色、图层、线型,等等。单击"确定"按钮后,工具选项板中的椭圆命令将会变成含有指定属性的椭圆命令（见图 2-49）。

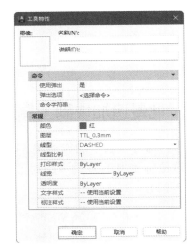

图 2-49

单击工具选项板中的椭圆图标,在任意空白处绘制一个椭圆,可以看到绘制出来的就是点线椭圆（见图 2-50）,图层和颜色也按照我们的设置一步到位,非常便捷实用。

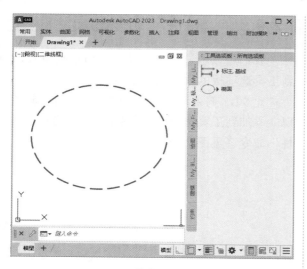

图 2-50

通过这种方式就可以制作出自己专属的命令（见图 2-51），这对提高绘图效率有很大的帮助。

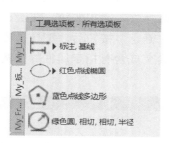

图 2-51

2.4.3 批量追加块到工具选项板

除了各种命令，我们制作的块（BLOCK）也可以通过鼠标拖曳的方式添加到工具选项板中（见图 2-52）。

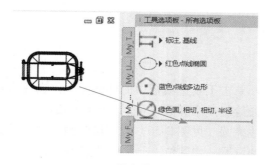

图 2-52

但是当有很多块时，一个一个进行拖曳将会非常麻烦，此时可以利用设计中心命令 ADCENTER {XE "ADCENTER"}（快捷键 Ctrl+2），批量将块文件添加到工具选项板中。

Step 01 首先将准备添加的块汇总到一个 DWG 文件中（见图 2-53），比如 My_TankParts.dwg（见图 2-54）。注意，这个 DWG 文件的名称将是添加到工具选项板中的选项板名称。

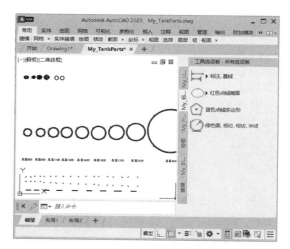

图 2-53

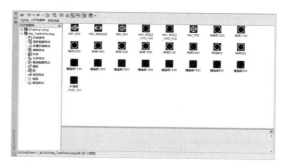

图 2-54

Step 02 在打开 My_TankParts.dwg 文件的状态下，按 Ctrl+2 快捷键，打开设计中心窗口（见图 2-55）。

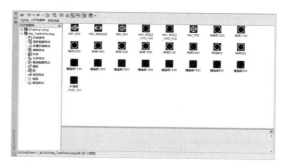

图 2-55

Step 03 找到左侧列表中的"块"并右击,选择"创建工具选项板"命令(见图 2-56)。

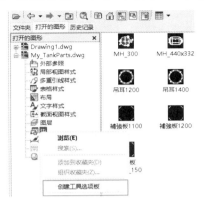

图 2-56

Step 04 在工具选项板中可以看到有的块添加到了新建的选项板中(见图 2-57)。

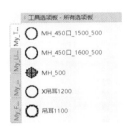

图 2-57

Step 05 这个新建选项板的名称就是 DWG 文件的名称 My_TankParts(见图 2-58)。

图 2-58

我们在 2.2.2 小节中介绍了共用文件夹的创建方法,再结合这种方法,让整个团队以及相关人员,通过工具选项板实现共用文件夹中块文件的共享,对高效工作会有非常大的帮助。

▌2.4.4 工具选项板的共享和备份

创建好的选项板可以输出为 .xtp 格式的文件,以供其他人员使用。具体的操作方法如下。

Step 01 右击工具选项板的标题,选择"自定义选项板"命令(见图 2-59)。

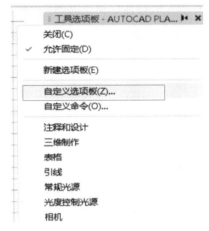

图 2-59

Step 02 在弹出的"自定义"对话框中,找到需要输出的选项板,如 My_LISP,右击,然后选择"输出"命令(见图 2-60)。

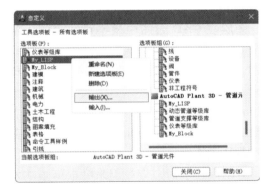

图 2-60

Step 03 将文件命名为 My_LISP.xtp 并保存(见图 2-61)。

图 2-61

Step 04 重复 Step 01 和 Step 02 的操作，最后选择"输入"命令，即可将 My_LISP.xtp 文件放置到需要输入的计算机中（见图 2-62）。

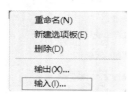

图 2-62

在"选项"对话框中，可找到工具选项板文件的保存地址（见图 2-63）。经常使用工具选项板工作的用户，要养成备份这个地址中最后的文件夹 toolpalette 的习惯。

图 2-63

另外，利用工具选项板来管理自己制作的 LISP 命令也是一个非常好的方法，在 8.14 节中有详细的介绍。

2.5 快速查找图层的方法

图层在 CAD 绘图中是不可缺少的。新建一个 DWG 图形后，默认的 0 图层就会自动被创建。当在绘图过程中使用了标注命令 DIM ｛XE "DIM"｝时，AutoCAD 又会建立一个 Defpoints 图层。也就是说，我们即使不建立新的图层，0 图层和 Defpoints 图层也是默认存在的，而且无法删除。

当图层过多时，查找起来会很麻烦。如果了解关于图层的一些"潜规则"，将会对快速查找图层有很大的帮助。

单击"图层"面板中的下三角图标（见图 2-64），在显示全部图层名称的状态下（见图 2-65），输入"07"，以"07"开头的图层名称将会被自动选中（见图 2-66），然后按回车键,即可将这个图层置为当前图层（见图2-67）。

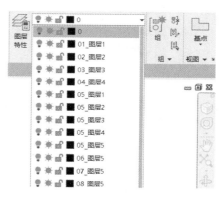

图 2-65

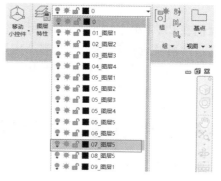

图 2-66

图 2-64

图 2-67

以字母和数字开头的图层名称都可以这样来快速查找。但是以汉字开头的图层名称目前还无法使用这个技巧。在 9.4 节中介绍了一个与图层相关的小工具，通过它自动生成的图层名称开头只能是数字（见图 2-68）。

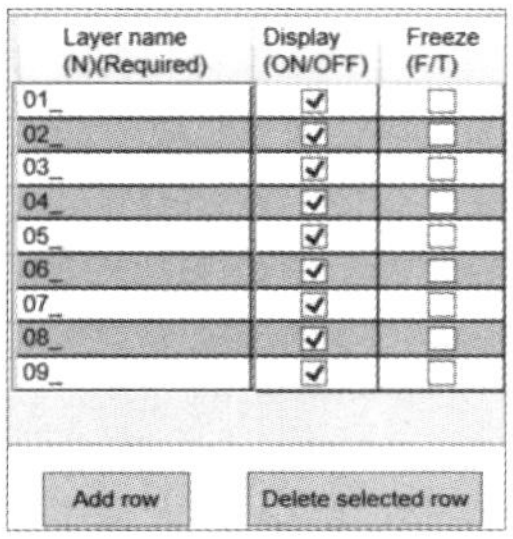

图 2-68

在图层特性管理器中可以使用"*"符号完成图层筛选。在命令行窗口中输入 LAYER 命令，启动图层特性管理器，在右上角的查询图层输入框中输入"a*"，所有以"a"（不区分大小写）开头的图层名称将会被筛选出来（见图 2-69）。

图 2-69

如果输入"*1"，所有以"1"结尾的图层名称将会被筛选出来（见图 2-70）。

图 2-70

在为图层命名的时候，若充分考虑以上这些特点，将会对快速查询图层起到非常大的作用。

另外，还有一个查找图层的好方法，就是使用"置为当前"命令 LAYMCUR {XE "LAYMCUR"}，在"图层"面板中也可以找到它的图标（见图 2-71）。单击任意一个对象，然后执行 LAYMCUR 命令，这个对象所在的图层就会被修改为当前图层。

图 2-71

AutoCAD 设置的创建图层默认上限为 1000 个，通过 MAXSORT {XE "MAXSORT"} 系统变量可以更改这个上限数值。理论上在一个 DWG 文件中可以创建图层的数量是没有上限的，但是当图层太多时，对话框和工具栏中的图层名称有可能会无法排序。

2.6 一键恢复的 OOPS 命令

使用 ERASE {XE "ERASE"} 命令删除图形后，如果想恢复，一般会使用 Ctrl+Z 快捷键。但是 Ctrl+Z 快捷键只能一步一步恢复，有时操作起来非常不方便。这一节我们将介绍恢复删除的命令 OOPS {XE "OOPS"\y "恢复删除"}，它可以一步恢复到上一个删除的对象。

例如，设计图 2-72 所示中的这个联结件的图形。

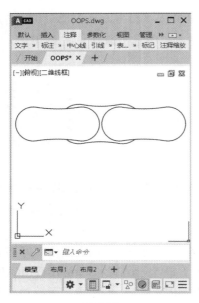

图 2-72

Step 01 在进一步绘制之前，觉得上下圆弧部分不太理想，于是使用 ERASE {XE "ERASE"} 命令（快捷键 E），然后选择圆弧按回车键，将它们删除（见图 2-73）。

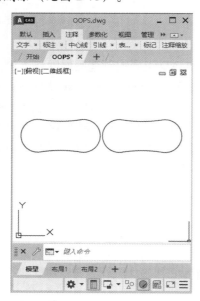

图 2-73

Step 02 使用圆命令 CIRCLE {XE "CIRCLE"}（快捷键 C）将内部的同心圆绘制出来，使用圆心标记命令 CENTERMARK {XE "CENTERMARK"} 来标注圆心（见图 2-74）。

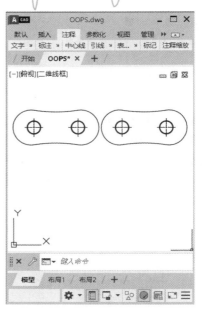

图 2-74

Step 03 这时我们又觉得刚才不应该删除那些圆弧。如果使用 Ctrl+Z 快捷键一步一步后退，那么刚才绘制的圆和标注的圆心标记都会被删除。这时使用 OOPS 命令就可以非常好地解决这个问题。在命令行窗口中输入 OOPS 命令后按回车键，在不影响 Step 02 中对图形所进行的操作的前提下，Step 01 中删除的圆弧也能全部恢复（见图 2-75）。

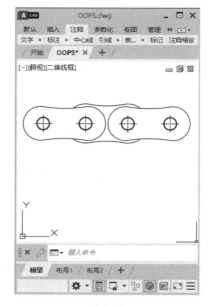

图 2-75

OOPS 命令不但适用于一般的图形，也适用于通过 BLOCK（快捷键 B）命令制作的块。具体的操作方法一样，这里就不再举例说明了。

2.7 做标记的好习惯——UNDO 命令

古代阿拉伯人在沙漠里行走时，喜欢放置一些石头作为自己不迷失方向的标记。绘图工作也一样，特别是设计周期较长的图纸，或者是方案没有最后定型的设计，我们不要依赖自己的记忆，要习惯在设计过程中放置标记，活用软件自身的功能来为我们服务。

撤销命令 UNDO 相信大多数使用 AutoCAD 绘图的用户都用过（见图 2-76）。但大部分人只知道它是一个"返回"命令，对它的另一个更好的用途几乎没有尝试过，那就是做"标记"的功能（见表 2-3）。与其说这是一个命令，不如将它看作一种绘图的方法和习惯更为恰当。笔者在使用 AutoCAD 进行绘图的时候，经常使用这个操作，希望大家也能够养成这样的绘图习惯。

图 2-76

表 2-3　UNDO 的标记功能

命　令	功　能
UNDO + M	标记
UNDO + B	后退

我们在绘图时，经常会尝试几种不同的方案。例如，我们现在已经画好了一个楼梯图形（见图 2-77），接下来需要绘制和设计楼梯的其他部分，但是方案还没有完全确定下来。为了方便比较，需要在保持当前这个楼梯图形不变的情况下，将构思先画出来，看看整体的效果。这时可以在动手绘图之前，先输入 UNDO 命令，然后再输入 M，给当前的这个图形做一个"标记"。

接着你就可以大胆地去绘图了，比方说给楼梯添加一根支柱（见图 2-78）。

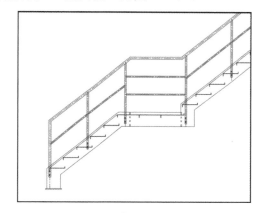

图 2-77

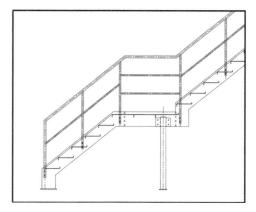

图 2-78

若你对现在绘制的方案不太满意，想返回到刚才添加标记的状态，就不需要一直按返回键了，只需要输入 UNDO 命令，再输入 B 即可（见图 2-79）。

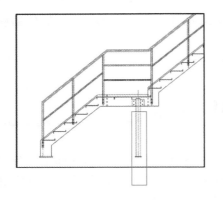

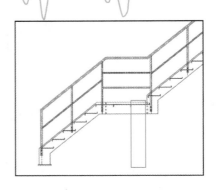

图 2-79

讲到这里，相信大家已经明白做标记的意图了。虽然连续按 Ctrl+Z 快捷键也能返回到需要的地方，但是它只能一步一步返回，而且在删除过程中还得避免删除不应该删除的地方。这个时候 UNDO+B 命令的作用就发挥出来了，它可以一键返回到做标记的地方，能避免将不应该删除的图形删除，这对提高绘图效率会有很大的帮助。

另外，在绘图的过程中允许放置多个标记。当我们使用后退功能时，它会按照顺序停留在我们做标记的地方。比如，在绘制楼梯的支柱之前设置了第一个标记，在标注尺寸之前又设置了第二个标记，这样当我们使用后退操作（UNDO+B）的时候，就可以先返回到第二个标记，然后再返回到第一个标记（见图 2-80）。

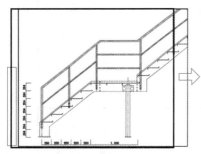
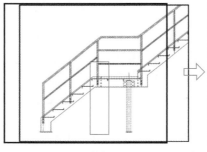
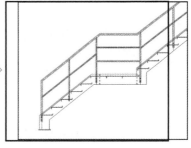

图 2-80

希望大家在绘图中熟练掌握这种删除方法。对宏命令制作熟悉的用户，可以将这个命令制作成一个宏命令，再将它捆绑到鼠标上，这样能方便迅速地调用它。

2.8 学习制作自己的模板

在 2.2.3 小节中讲解了建立模板的重要性。模板一般在布局空间中使用。通过模型空间将图框和标题栏绘制好，并以块的形式保存起来，然后将其插入到布局中作为自己的模板，将会非常快捷方便。希望大家能掌握这个方法，根据自己绘图的实际情况及用途来快速制作专用的模板。

2.8.1　制作图框和标题栏

制作的模板要和纸张的规格相对应。按照国际标准，当前纸张的规格有 A0、A1、A2、A3、A4 等几种。大部分情况下，还需要在纸张的四周预留装订的空白（见图 2-81）。这里将纸张的规格、预留的空白以及将要制作的图框的关系总结为表 2-4，以备大家参考使用。

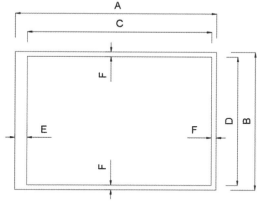

图 2-81

表 2-4　纸张规格、预留空白和图框的关系

尺寸	A0	A1	A2	A3	A4
A	1189	841	594	420	297
B	841	594	420	297	210
C	1154	806	559	390	267
D	821	574	400	287	200
E	25	25	25	25	25
F	10	10	10	5	5

根据表 2-4，我们就可以将常用的纸张规格图框的比例尺寸计算出来（见表 2-5）。

表 2-5　常用的纸张规格图框的比例尺寸

图框	A0	A1	A2	A3	A4
1∶1	1154×821	806×574	559×400	390×287	267×200
1∶20	23080×16420	16120×11480	11180×8000	7800×5740	5340×4000
1∶50	57700×41050	40300×28700	27950×20000	19500×14350	13350×10000
1∶100	115400×82100	80600×57400	55900×40000	39000×28700	26700×20000
1∶150	173100×123150	120900×86100	83850×60000	58500×43050	40050×30000
1∶200	114800×164200	161200×114800	111800×80000	78000×57400	53400×40000
1∶250	143500×205250	201500×143500	111800×100000	97500×71750	66750×50000

标题栏可以根据项目自身的特点和实际情况进行设计，图 2-82 是一个简单的例子。标题栏可以提前预设到模板中，也可以单独制作，再根据不同的模板来添加。

根据表 2-5 的数据，可以利用基本的直线命令 LINE（快捷键 L）制作出各个尺寸的图框。我们以 A3 模板为例，命名绘制好的 A3 图框为 FRAME_A3_GB.dwg（见图 2-83）。

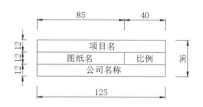

图 2-82

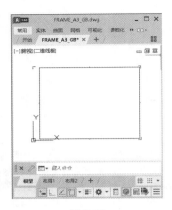

图 2-83

制作好的 DWG 文件可以保存到计算机的合适位置，也可以保存到默认的 Template 文件夹中（见图 2-84）。

图 2-84

参阅 2.4 节，将制作好的所有图框和标题栏以块的方式放置到工具选项板中，以方便随时调用（见图 2-85）。

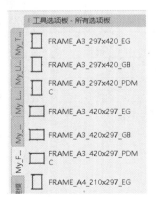

图 2-85

▌2.8.2 制作布局空间的模板

图框和标题栏的块图形都制作好之后，就可以开始制作布局空间所用的模板。

Step 01 打开 AutoCAD，单击左上角的"A"图标，然后选择"新建"下的"图形"选项（见图 2-86）。

图 2-86

Step 02 这里需要选择一个印刷模板，Autodesk 的默认印刷模板很多，可以通过模板名称来区分它们（见表 2-6）。

表 2-6　印刷模板的含义

模板名称	含　义
acad	供 AutoCAD 使用
acadlt	供 AutoCAD LT 使用
ISO	单位为毫米的模板
3D	对应 3D 的模板
Named Plot Styles	根据名字印刷的模板

因为绘图使用的单位为毫米，所以常用的平面图有两种：一种为 acadiso.dwt；一种为 acadISO-Named Plot Styles.dwt（见图 2-87）。这两种都是 ISO 模板，它们的区别见表 2-7。

图 2-87

表 2-7　两种 ISO 模板的区别

acadiso.dwt	acadISO-Named Plot Styles.dwt
基于颜色的打印样式创建图形	以命名打印样式创建图形
根据颜色，控制打印颜色和线的粗细	可以按照图层及对象，以命名的方式控制打印颜色和线的粗细

这两种印刷模板各有优点，我们可以根据自己的喜好进行选择。在这里选择 acadiso.dwt 印刷模板，单击"打开"按钮后（见图 2-88），一个新建文件就显示出来了（见图 2-89）。

图 2-88

图 2-89

Step 03 下面需要设定图纸精度。单击左上角的"A"图标，找到"图形实用工具"中的"单位"选项（见图 2-90），在打开的对话框中根据自己的需要调整精度（这里都调整为 0.000），单击"确定"按钮，关闭"图形单位"对话框（见图 2-91）。

Step 04 将常用的颜色、线型、线宽都以图层的形式放置到模板中，新建图纸的时候，这些图层就可以自动创建出来。单击"图层"选项板中的"图层特性"图标（见图 2-92），或者直接输入 LAYER 命令（快捷键 LA），启动图层特性管理器（见图 2-93），将自己的图层设置好并保存。

图 2-90

图 2-91

图 2-92

图 2-93

Step 05 除了图层，将制定好的文字规则、尺寸规则等也都设置到这个文件中。详细的操作方法就不再赘述。

Step 06 基本的设置完成后，利用前面制作的图框文件，就可以建立自己的布局。以 FRAME_A3_GB.dwg 为例，建立一个 A3 的布局模板。在画面的左下角，将画面从"模型"切换到"布局 1"（见图 2-94）。

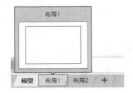

图 2-94

Step 07 将"布局 1"中的默认布局视口删除（见图 2-95）。

图 2-95

Step 08 单击"插入"选项卡中的"附着"图标（见图 2-96），或者直接输入 ATTACH 命令（快捷键 ATT），启动"选择参照文件"对话框（见图 2-97），添加 FRAME_A3_GB.dwg 文件后单击"打开"按钮。

图 2-96

图 2-97

Step 09 弹出"附着外部参照"对话框（见图 2-98），按照表 2-8 完成设定。然后单击"确定"按钮，通过 FRAME_A3_GB.dwg 文件制作的图框就附着到了布局中（见图 2-99）。

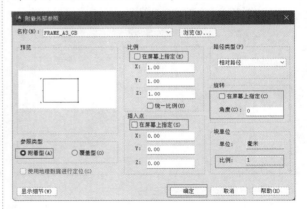

图 2-98

表 2-8 设置附着外部参照

选　项	设　置
比例	取消勾选"在屏幕上指定"复选框
插入点	取消勾选"在屏幕上指定"复选框
路径类型	相对路径
旋转	取消勾选"在屏幕上指定"复选框
角度	0
单位	毫米
比例	1

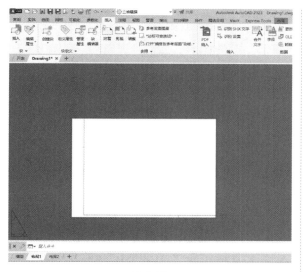

图 2-99

单击"布局"选项板中的"页面设置"按钮（见图 2-100），或者直接输入PAGESETUP 命令，启动"页面设置管理器"对话框，单击"修改"按钮（见图 2-101）。

图 2-100

图 2-101

在打开的"页面设置 - 布局 1"对话框中，可以根据需要进行设置。在这里以 A3 的 PDF黑白出图为例，设置的内容见表 2-9，最后单击"确定"按钮（见图 2-102）。

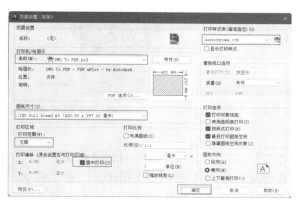

图 2-102

表 2-9　页面设置

选　项	设　定
名称	DWG To PDF.pc3
图纸尺寸	ISO full blead A3
打印范围	范围
打印偏移	勾选"居中打印"复选框
打印样式表	monochrome.ctb

此时用户你会发现，从FRAME_A3_GB.dwg添加过来的图框和布局的白色底板相匹配了（见图 2-103）。另外，大家不要忘记给图框单独设置一个图层，这样就可以通过图层来控制线的粗细。

图 2-103

通过工具选项板将制作好的标题栏直接拖到图框的右下角（见图 2-104），完成标题栏的添加。

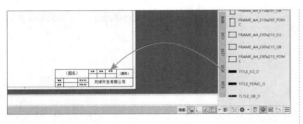

图 2-104

Step 14 到这里只是把图框和标题栏设置好了，显示模型空间的视口还没有设置。关于视口，可以现在设置好放置到模板中，也可以在使用时根据自己的绘图需要进行设置。这里将其放置到模板中。在"布局视口"选项板中找到"多边形"视口（见图 2-105），单击它后，按照图 2-106 中黑色粗体的范围进行多边形绘制来添加视口。另外，大家不要忘记给视口单独添加一个图层，以控制视口外框线的显示或隐藏。添加图层的步骤这里就不演示了。

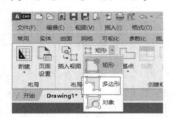

图 2-105

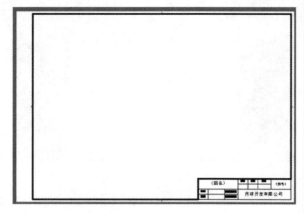

图 2-106

Step 15 至此所有的设置都结束了。当前的文件是 DWG 图形文件，我们需要将它转换为 DWT 模板文件。单击左上角的"A"图标，选择"另存为"下的"图形样板"选项（见图 2-107）。

图 2-107

Step 16 打开"图形另存为"对话框，命名文件并保存到 Template 文件夹中（见图 2-108），在这里将模板命名为 PDMC_A3_1-1.dwt。保存时，将弹出"样板选项"对话框，直接单击"确定"按钮即可（见图 2-109）。这样一个 A3 模板就建好了。

图 2-108

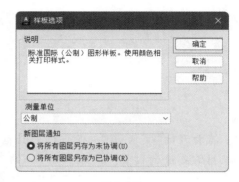

图 2-109

Step 17 如果需要使用模板，将光标放到布局的上面，右击后选择"从样板"命令（见图 2-110）。

图 2-110

Step 18 选择自己想添加的模板（见图 2-111），"插入布局"对话框弹出后，直接单击"确定"按钮（见图 2-112）。

图 2-111

图 2-112

Step 19 自制的模板就调用出来了（见图 2-113）。

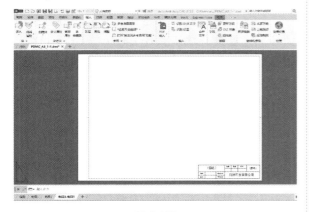

图 2-113

布局空间的命令为 LAYOUT｛XE "LAYOUT"｝，在命令行窗口中输入 LAYOUT 后按回车键，然后输入 T，就可以看到 AutoCAD 准备的默认模板（见图 2-114）。另外，切换模型空间的命令为 MODEL｛XE "MODEL"｝，在布局空间的状态下输入 MODEL 后按回车键，就可以迅速切换回模型空间。

图 2-114

通过改变 AutoCAD 默认的模板来创建自己的专用模板，也是一种常用的方法。公司专用的模板、某个项目专用的模板，甚至每一个项目中不同区域的专用模板等都可以提前预定。结合字段 FIELD｛XE "FIELD"｝的自动文字切换功能，将一些共通的信息提前预设到模板中，既可提高效率，又可大大减少人为操作带来的失误。字段功能的操作和使用请参阅 3.8 节中的详细介绍。

一张图纸中只有一个模型空间，它是无限大的。所有的图形都保存在模型空间中，并以 1:1 的比例方式显示。但是一张图纸的布局空间，允许添加 255 个选项卡（包含模型空间，一张 DWG 图纸允许最大的选项卡数值为 256 个）。我们可以根据需要生成各种比例的布局来表现自己的设计，如显示局部的布局、UCS 旋转的布局，等等。另外，如果布局过多，可以使用 QVDRAWING｛XE "QVDRAWING"｝命令快速查阅（见图 2-115）。

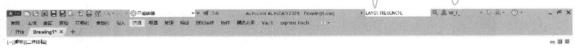

图 2-115

2.9 运用图层和 ByLayer 来控制颜色和线型

很多人喜欢通过"特性"面板直接修改对象的颜色（见图 2-116）。从设计的整体调整和修改的便利性来看，这并不是一个很好的选择。

图 2-116

利用图层来控制对象的颜色和线型是 AutoCAD 一个非常好的方法（见图 2-117）。这样只需修改图层的设置，与这个图层相关的对象就可以跟随图层一起改变。与使用"特性"面板相比，使用图层的工作效率更高。

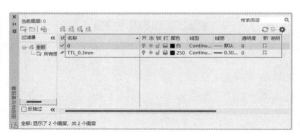

图 2-117

但是，这样就要求绘图的时候将颜色和线型等的设置维持默认的 ByLayer（见图 2-118）。如果改成其他颜色设置（见图 2-119），即使修改了图层的颜色设置，也无法控制图层中对象的颜色。

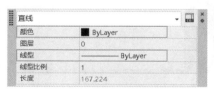

图 2-118

图 2-119

理解了这个工作流程后，在自己的设计工作中就可以应用它。但是其他公司提供的图纸无法保证完全按照这个方法绘图，这个时候就需要修改 DWG 文件，此时可以使用 SETBYLAYER｛XE "SETBYLAYER"｝命令来批量修改对象的颜色为 ByLayer。SETBYLAYER 命令不但对一般的多段线、圆等对象有效，对块文件也有效。具体的操作方法如下。

Step 01 打开需要修改的 DWG 图形文件，在命令行窗口中输入 SETBYLAYER 命令（见图 2-120）。

图 2-120

Step 02 按回车键后，可以看到当前活动设置为：颜色、线型、线宽、透明度和材质（见图 2-121）。这是 AutoCAD 的默认设置。也就是说，如果执行了 SETBYLAYER 命令，那么所有被选择对象的颜色、线型、线宽、透明度和材质的设置都将变为 ByLayer。

图 2-121

Step 03 单击"设置"项，弹出"SetByLayer 设置"对话框。如果只想改变"颜色"和"线型"为 ByLayer，就只保留这两项前面的对勾，然后单击"确定"按钮（见图 2-122）。

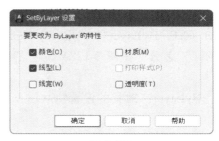

图 2-122

Step 04 返回到命令行窗口，可以看到当前活动设置内容已经修改（见图 2-123）。

图 2-123

Step 05 修改完对象设置后，到画面中选择需要修改的对象（见图 2-124），然后按回车键。

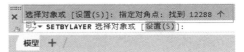

图 2-124

Step 06 询问是否将所有选择的对象都改为 ByLayer（见图 2-125），选择"是（Y）"项，或者直接按回车键。

图 2-125

Step 07 询问块文件是否也需要修改为 ByLayer（见图 2-126），如果是的话，直接按回车键。

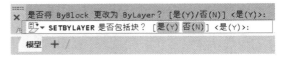

图 2-126

Step 08 至此，修改结束（见图 2-127）。

图 2-127

另外，我们可以看到颜色修改的地方有 ByLayer {XE "ByLayer"} 和 ByBlock {XE "ByBlock"} 之分（见图 2-128），它们的区别如下。

- ByLayer：对象的设置将从属于图层的设置。
- ByBlock：对象的设置将从属于块的设置。

不仅是颜色，线型和线宽的设置也都要遵循这个原则，大家在设计工作中可根据实际情况灵活运用。

图 2-128

【进阶教程】GX-ByLayer 函数

也可以通过 AutoLISP 来控制 ByLayer，它能使 AutoCAD 的绘图和编辑过程更为高效和灵活。以下是一个使用 AutoLISP 来改变选中对象颜色为 ByLayer 的示例程序（见表 2-10）。

表 2-10　GX-ByLayer.lsp

```
1  (defun c:GX-ByLayer ( / ss )
     ; 定义函数 c:GX-ByLayer，其中 ss 是局部变量
2    (setq ss (ssget))
     ; 使用 ssget 函数选择对象并存储在 ss 中
3    (if ss
       ; 检查是否有对象被选中
4      (progn
         ; progn 开始一系列命令
5        (command "_.CHPROP" ss "" "_color" "ByLayer" "")
         ; 使用 CHPROP 命令更改选中对象的颜色为 ByLayer
6        (princ "Color changed to ByLayer.")
         ; 打印消息，表示颜色已更改为 ByLayer
7      )
         ; 结束 if
8    (princ)
       ; 函数结束，返回到 AutoCAD 命令行
9  )
     ; 结束 GX-ByLayer 函数
```

读者参阅第 7 章，在命令行窗口中执行 GX-ByLayer 命令，就可以对选择的对象进行 ByLayer 控制了。

第3章

基础知识的理解与积累

　　和绘图操作人员进行交流的时候，我发现很多人对 AutoCAD 基础知识的理解很模糊，处于一知半解的状态。本来是一件很简单的事情，到他们手上就变得复杂了。

　　一栋楼房，地基的重要性是不言而喻的。绘图软件的操作也是这个道理，只有将最底层的基础知识理解透彻了，复杂的操作才能得心应手。

　　这一章所讲的关于 AutoCAD 的基础知识看似简单，但如果我们能够熟练掌握它们，对 AutoCAD 的整个设计操作都会有很大的帮助。

3.1 别名的编辑与设定

在 AutoCAD 的默认快捷输入方法中，有别名和键盘快捷键两种。这两种方法是 AutoCAD 为我们准备的高效绘图和操作的必备工具。特别是别名，它免去了直接输入命令全称的烦琐，更方便我们记忆。这一节我们先介绍别名，下一节着重介绍快捷键。

AutoCAD 的命令太多了，对初学者来说，很多人不知道从哪里入手。其实在众多的命令中，常用的命令都有默认的别名，这些别名非常简短，有的甚至只需要输入一个字母，就可以启动命令。在命令行窗口中输入 AI_EDITCUSTFILE {XE "AI_EDITCUSTFILE"} 命令后按回车键，就可以打开编辑别名的 acad.pgp 文件（见图 3-1）。此外，从"管理"选项卡的"自定义设置"选项板里面可以看到"编辑别名"图标（见图 3-2），单击这个图标也可以启动 acad.pgp 文件。

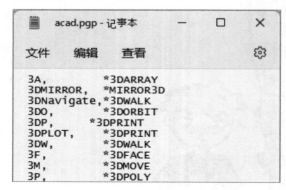

图 3-1

图 3-2

在 acad.pgp 文件中，可以看到 AutoCAD 已经定义好的所有命令的别名。利用这些别名，我们就可以快速启动命令，因而只需要将这些别名的含义记住即可。对没有别名的命令，可以直接编辑 acad.pgp 文件来添加自定义的别名。比如，"环形阵列"命令 ARRAYPOLAR {XE "ARRAYPOLAR"} 的英文名称太长，可以将它定义为 ARP 并添加到 acad.pgp 文件的最下面（见图 3-3），然后保存文件。

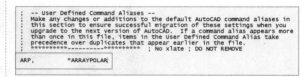

图 3-3

在命令行窗口里输入命令 REINIT {XE "REINIT"}，在"重新初始化"对话框中勾选"PGP 文件"复选框，再单击"确定"按钮（见图 3-4），以后只需输入 ARP 就可以调用"环形阵列"命令了。

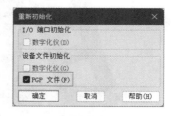

图 3-4

这么多的别名，如果都记住的话，对初学者来说是一个不小的难题。根据作者多年的经验，大家可以先从一个字母的别名开始记忆和操作。在这里按照英文字母的顺序，将 AutoCAD 中单个字母的所有别名总结到了表 3-1 中，希望大家能熟练记忆。

表 3-1　单个字母的别名一览表

别　名	命　令	中　文
A	ARC	圆弧
B	BLOCK	块
C	CIRCLE	圆
D		（默认设定未启用别名）
E	ERASE	删除
F	FILLET	圆角
G	GROUP	组
H	HATCH	图案填充
I	INSERT	插入块
J	JOIN	结合
K		（默认设定未启用别名）
L	LINE	直线
M	MOVE	移动
N		（默认设定未启用别名）
O	OFFSET	偏移
P	PAN	平移视图
Q	QSAVE	保存当前图形
R	REDRAW	刷新当前视口中的显示
S	STRETCH	拉伸
T	MTEXT	多行文字
U	撤销	撤销最近一次操作
V	VIEW	视图
W	WBLOCK	块输出
X	EXPLODE	分解
Y		（默认设定未启用别名）
Z	ZOOM	视图比例调整

　　万事开头难，大家如果刚开始接触 AutoCAD 时不知道从哪里入手的话，就先从简单的单个字母的别名命令开始，将这些命令的含义和使用方法熟练掌握并能灵活运用了之后，再去逐步熟悉其他命令，这样循序渐进，一定会收获很多。

3.2 快捷键的编辑与设定

　　AutoCAD 已经为很多操作准备好了默认的键盘快捷键。打开 DWG 图纸，输入自定义用户界面命令 CUI ｛XE "CUI"｝，在"所有文件中的自定义设置"下"键盘快捷键"的"快捷键"里面可以查阅到 AutoCAD 准备的所有快捷键（见图 3-5）。

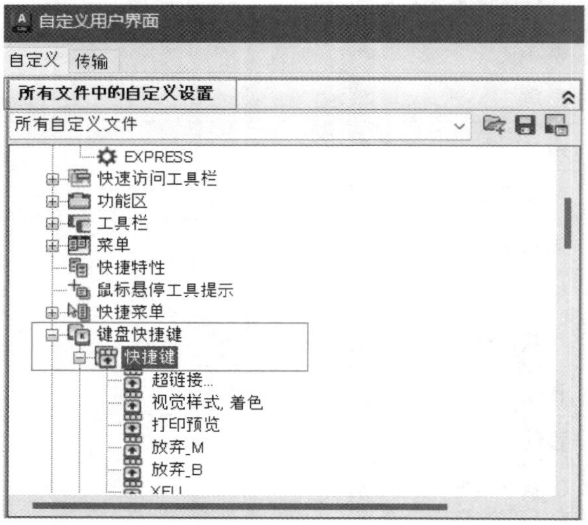

图 3-5

　　例如，选择"快捷键"中的打印命令 PLOT｛XE "PLOT"｝（见图 3-6），在右边的"特性"面板里面的"键"处，就可以看到设定的键盘快捷键（见图 3-7）。

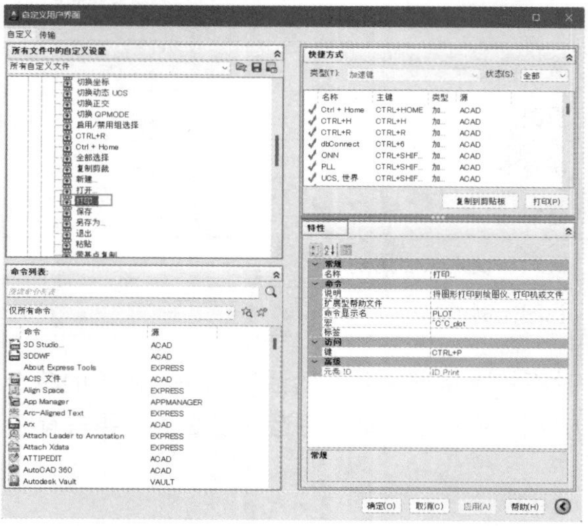

图 3-6

图 3-7

　　在 AutoCAD 中，除了使用默认的快捷键外，也可以为自己的常用命令定义快捷键。例如，想给边界命令 BOUNDARY 添加一个快捷键 Shift+B，具体的操作方法如下。

Step 01 创建一个 DWG 文件，输入 CUI 命令，打开"自定义用户界面"对话框（见图 3-8）。

图 3-8

Step 02 在"命令列表"下方输入"边界"，就可以很快筛选出所有和"边界"相关的命令（见图 3-9）。

图 3-9

Step 03 将"命令列表"里的"边界"命令拖入上面的"快捷键"列表（见图 3-10）。

图 3-10

Step 04 单击"快捷键"列表中的"边界"命令，在"特性"面板中就可以看到"键"选项。单击 ⋯ 图标（见图 3-11）。

图 3-11

Step 05 在打开的面板中输入需要的快捷键，比如 Shift+B，然后单击"确定"按钮（见图 3-12）。

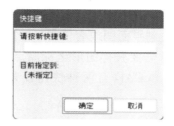

图 3-12

Step 06 最后单击"特性"面板中的"确定"按钮，就完成了自定义快捷键的操作（见图 3-13）。

图 3-13

另外，在 8.14 小节将介绍给自定义的命令添加快捷键的方法。比如，LISP 的程序使用快捷键来启动，有兴趣的朋友可以参考。

虽然 AutoCAD 提供了别名和快捷键两种快捷输入方法，但最终目的都是方便快速启动和使用命令。为方便大家记忆和应用，本书中所介绍的命令不再区分别名和快捷键，在命令的旁边以"（快捷键××）"的形式标注快捷键。以直线命令为例，用"直线命令 LINE（快捷键 L）"这种形式以加深印象。

3.3　快速设置坐标原点

我们绘制平面图或者使用参照文件绘图的时候，经常需要获得图形坐标原点（X0,Y0）的位置。AutoCAD 有两种快速设置并找到它的方法。

1. 方法 1

新建一个 DWG 文件，输入直线命令 LINE ｛XE "LINE"｝（快捷键 L），然后再输入"@"和空格键（Space 键），此时直线的起点被自动定位到了（0,0）点（见图 3-14）。

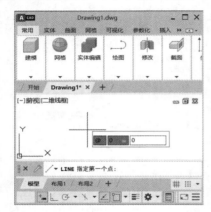

图 3-14

这是因为 AutoCAD 有记忆最后一个操作点坐标的功能，新建的 DWG 文件默认的最后一个操作点为（0,0）。另外，这里按空格键的操作和回车键的效果相同（参阅 2.1 节）。

2. 方法 2

以绘制一个圆为例。输入圆命令 CIRCLE ｛XE "CIRCLE"｝（快捷键 C），按回车键后，依次输入"# 0,0"，此时圆心已经在（0,0）位置了（见图 3-15）。

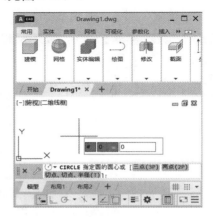

图 3-15

上面两种方法分别使用了"@"和"#"两个字符。其中，"@"在 CAD 里面代表"相对"，"#"在 CAD 里面代表"绝对"。如果用户记住了 AutoCAD 的这个功能，3.4 节的内容就容易理解了——可以利用它来快速对图形进行定位和绘制。

3.4　相对坐标和绝对坐标的区别

和一些使用 AutoCAD 的同事交流时，我发现虽然很多人已经绘图多年了，但是对"相对坐标"是什么，"绝对坐标"是什么，"@"代表什么，"#"代表什么，还是很模糊。如果这些基本概念不清晰的话，我们在使用文件参照和绘制布置图的时候，就会造成障碍。

AutoCAD 有"相对坐标"和"绝对坐标"之分。按常规来说，如果想强制使用相对坐标，在输入的数值前要加上"@"；如果想强制使用绝对坐标，在输入的数值前要加上"#"。根据输入方法的不同，AutoCAD 默认的状态有时为相对坐标，有时为绝对坐标。表 3-2 对坐标系和输入方法之间的关系进行了总结。

表 3-2　坐标系和输入方法的关系

序　号	坐 标 系	坐标值输入方法	输入内容		
①	相对坐标系 @	极坐标值输入	长度	Tab 键	角度
②		直角坐标值输入	X 轴坐标值	逗号	Y 轴坐标值
③	绝对坐标系 #	极坐标值输入	长度	Tab 键	角度
④		直角坐标值输入	X 轴坐标值	逗号	Y 轴坐标值

在操作之前，为了方便理解，在右下角的状态栏里将"动态输入"（DYNMODE｛XE "DYNMODE"｝）设定为开启状态（见图 3-16）。

图 3-16

如果状态栏中没有"动态输入"图标，单击最右边的 ▤ 图标，然后勾选"动态输入"选项，"动态输入"图标就可以显示到状态栏中了（见图 3-17）。

图 3-17

下面以绘制直线为例，结合表 3-2，用 4 种方法实际操作一下。为方便理解，我们先在 CAD 中预先设定了 A、B、C、D、E、F 这 6 个点（见图 3-18），这 6 个点的绝对坐标见表 3-3。此 DWG 文件可以扫描本页的二维码下载使用。

（DWG 文件名称）

表 3-3　6 个点的绝对坐标

位 置	坐 标
A 点	（0,0）　（原点）
B 点	（200,0）
C 点	（200,200）
D 点	（0,200）
E 点	（100,100）
F 点	（70.7,70.7）

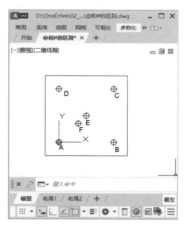

图 3-18

（1）首先绘制直线 AF。在命令行窗口中输入 L，在直线命令启动的状态下，可以看到光标旁边的动态提示（见图 3-19），即"指定第一个点"，此时 AutoCAD 默认的状态为绝对坐标的直角坐标值输入。

图 3-19

在画面中找到 A 点并单击它作为第一个点后，画面会显示"指定下一点或"（见图 3-20），这个时候，坐标值的输入方法变为相对于 A 点的极坐标值输入。

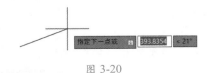

图 3-20

继续按顺序输入表 3-4 中的内容。

表 3-4　输入直线 AF 第二个点的坐标值

100　（Tab 键）　45

右击确定，完成直线的绘制，直线 AF 就绘制好了（见图 3-21）。

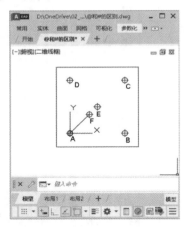

图 3-21

直线 AF 中的 F 点的操作，属于表 3-2 中的第①种方法，其中 100 为直线 AF 的长度，45 为直线 AF 的角度。

（2）接着绘制直线 EC。继续启动直线命令，单击 E 点作为第一个点后，此时第二个点的输入和图 3-19 一样，需要输入相对坐标的极坐标值。这个时候我们按照表 3-5 完成输入（见表 3-5）。

表 3-5　输入直线 EC 第二个点的坐标值

100 ,100

右击确定，完成直线 EC 的绘制。此时的 EC 和直线 AF 的长度不一样（见图 3-22），这是因为第二个点的输入方法从极坐标改为了直角坐标。

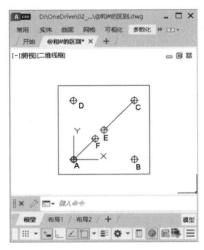

图 3-22

直线 EC 中的 C 点的操作，属于表 3-2 中的第②种方法。第一个 100 为 C 点相对于 E 点的 X 轴的值，第二个 100 为 C 点相对于 E 点的 Y 轴的值。在输入逗号","的时候，系统就自动从极坐标值输入方法改为了直角坐标值输入方法（见图 3-23）。

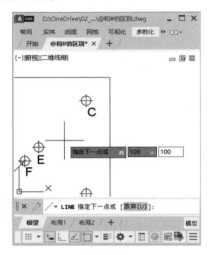

图 3-23

（3）接着绘制直线 DF。第一个点为 D 点，第二个点的输入方法见表 3-6。

表 3-6　直线 DF 第二个点的坐标值

＃100 （Tab） 45

直线 DF 就绘制好了（见图 3-24）。这是因为我们对第二个点的输入方法切换为了表 3-2 中的第③种方法，100 为相对于原点（0,0）A 点的长度，45 为第二个点的角度。

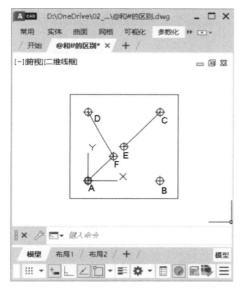

图 3-24

（4）最后绘制直线 BE。第一个点为 B 点，第二个点的输入方法见表 3-7。

表 3-7　直线 BE 第二个点的坐标值

"＃" "100" "," "100"

直线 BE 的绘制即完成（见图 3-25）。

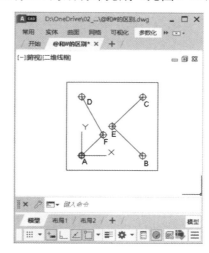

图 3-25

直线 BE 中第二个点的输入方法切换成了表 3-2 中的第④种方法，第一个 100 为相对于原点（0,0）A 点的 X 轴值，第二个 100 为相对于原点（0,0）A 点的 Y 轴值。

通过上面 4 个例子，读者对相对坐标和绝对坐标，以及极坐标和直角坐标的切换方法和切换后的结果应该有了一定的理解。通过实际的操作，我们会渐渐理解和习惯 AutoCAD 这种独特的使用规则。

3.5　活用 PL 命令绘制箭头

多段线命令 PLINE（快捷键 PL）非常有用，比如，在工作中可以用它绘制各种箭头。特别是在制作一些带有说明性质文件的时候，PLINE 命令就非常好用。下面以绘制图 3-26 中的这个箭头为例介绍一下多段线命令的使用方法。

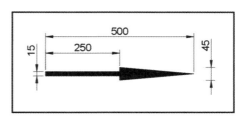

图 3-26

启动 AutoCAD，新建一个 DWG 文件，在命令行窗口里输入 PL 命令，按回车键；在空白处任意单击（从这一步开始就不要使用鼠标了，以后的步骤全部为键盘操作），输入 W（见图 3-27），按回车键；然后输入端点的宽度 15（见图 3-28），按回车键。

图 3-27

图 3-28

继续输入端点的宽度 15，按回车键；输入 L，按回车键（见图 3-29）；然后输入长度 250，按回车键。这个时候箭头左面的直线部分就绘制好了（见图 3-30）。

图 3-29

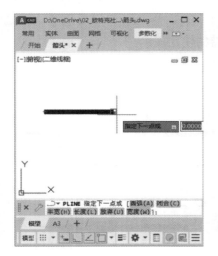

图 3-30

现在开始绘制箭头部分。输入 W，按回车键，然后输入箭头起点的宽度 45（见图 3-31），按回车键；再输入箭头端点的高度 0，按回车键。输入 L，按回车键；然后输入箭头的长度 250（见图 3-32），按回车键。连续按两次 Esc 键之后，退出 PL 命令，绘制工作就结束了（见图 3-33）。

图 3-31

图 3-32

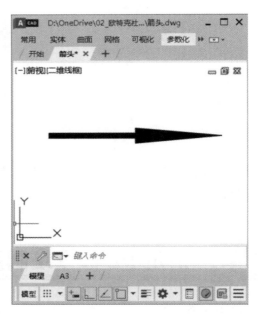

图 3-33

除了直线的箭头，圆弧形状的箭头也可以利用 PL 命令来绘制，方法一样，这里不再赘述。

3.6 活用夹点功能的循环顺序高效率绘图

什么是夹点？新建一个 DWG 图形，使用 LINE 命令任意绘制一条直线，当直线处于选择状态时，看到直线的两个端点和中间处会各出现一个蓝色四方形的点，这些点就是夹点（见图 3-34）。我们可以使用夹点实现拉伸、移动、旋转、缩放和镜像等功能。

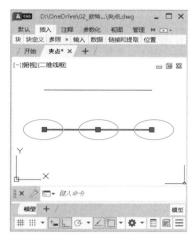

图 3-34

从 AutoCAD 2012 开始，多段线 PLINE（快捷键 PL）、圆形 CIRCLE（快捷键 C）、长方形 RECTANG（快捷键 REC）、椭圆 ELLIPSE（快捷键 EL）、样条曲线 SPLINE{XE "SPLINE"}（快捷键 SPL）、标注尺寸 DIM、引线 MLEADER{XE "MLEADER"}和文字 TEXT 命令，都可以使用夹点功能（见图 3-35）。

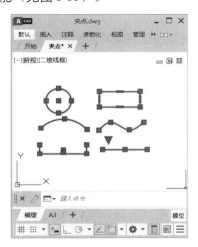

图 3-35

当夹点显示出来的时候，单击夹点，就可以使用夹点对图形进行各种操作。以直线为例，单击夹点后，命令行窗口中显示"指定拉伸点"（见图 3-36），此时就可以移动这个夹点以实现拉伸和缩放。

图 3-36

按空格键（按 Space 键和回车键效果一样），在命令行窗口中可以看到，夹点的模式将从默认的"指定拉伸点"切换为"指定移动点"，也就是说，夹点的模式从自身的移动变为整个图形的移动（见图 3-37）。

图 3-37

第二次按空格键，夹点的模式从"指定移动点"切换为"指定旋转角度"（见图 3-38）。

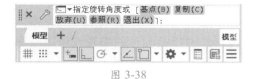

图 3-38

第三次按空格键的时候，夹点的模式就切换为"指定比例因子"（见图 3-39）。

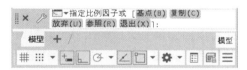

图 3-39

第四次按空格键后，夹点的模式改为"指定第二点"（见图3-40），此时可以实现镜像。

图 3-40

第五次按空格键后，就又返回到了"指定拉伸点"模式（见图3-36）。由此可以看出，夹点的功能模式可以利用空格键循环变化（见表3-8）。记住这个循环顺序，对利用夹点来高速操作图形将会有非常大的帮助。

表 3-8　夹点功能的循环顺序

顺　序	功　能
单击夹点	指定拉伸点（夹点自身的移动）
按空格键（第一次）	指定移动点（切换到图形的移动）
按空格键（第二次）	指定旋转角度
按空格键（第三次）	指定比例因子
按空格键（第四次）	指定第二个点进行移动镜像
按空格键（第五次）	循环上面的操作

在这里需要强调一点，从图3-36～图3-40中可以看到，每一步的操作里面都可以另外选择"基点（B）"和"复制（C）"，有些还有"参照（R）"选项，这些附加的功能都非常有用。

如果读者想熟练编辑CAD图形，记住夹点功能的循环顺序，将是一条捷径。熟练掌握夹点的操作对提高图形的编辑和修改效率非常有用。比如，想旋转复制一条已经绘制好的直线到60度位置，单击直线的夹点后，连续按空格键两次，再选择"复制（C）"，输入60度即可完成操作（见图3-41）。

切换到"选项"对话框的"选择集"选项卡，在此处可以自由调整夹点的尺寸（见图3-42）、夹点的颜色（见图3-43），以及是否显示夹点方式等。

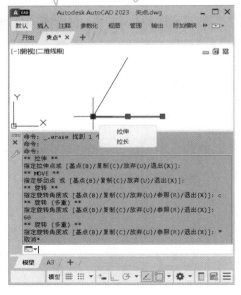

图 3-41

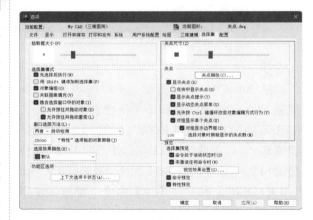

图 3-42

图 3-43

AutoCAD的很多操作都是通过夹点这样的基本功能实现的。掌握了正确的操作方法后，还需要个人勤学苦练。刚开始，还不太熟练这些操作时可能会很"痛苦"，坚持两三个星期，我相信你会熟练操作并喜欢上它的。

3.7 复制移动功能

说起"复制移动"功能，我相信即使是第一次接触 AutoCAD 的朋友，参照着软件自身的提示和帮助功能，几分钟就能学会。复制和移动，就如同我们生活在地球上需要空气一样，在CAD 的设计过程中随时可以看到它的存在。这里介绍三种不同的操作方法："旋转复制""对齐移动"和"坐标移动"。特别是"坐标移动"，是因为"CAD 世界"的存在才能实现的方式，希望读者能习惯和掌握这种操作方法。

下面以一个简单的模型（见图 3-44）为例，将长方形"复制移动"到三角形的斜面上，用三种方法实现效果。

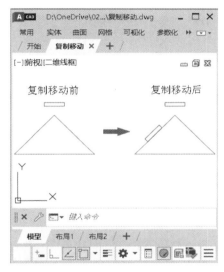

图 3-44

图 3-45

3.7.1 旋转复制法

首先使用旋转命令 ROTATE｛XE "ROTATE"｝（快捷键 RO）和复制命令 COPY｛XE "COPY"｝（快捷键 CO）进行操作。

操作之前，先做以下准备工作：按 F3 键打开对象捕捉，按 F8 键关闭正交模式，然后确认对象捕捉里面"端点"和"中点"是否处于选中状态。

Step 01 ▷ 选择长方形，在命令行窗口中输入 CO，按回车键（见图 3-45）。

Step 02 ▷ 单击长方形底部直线的中点，再单击三角形左边直线的中点，按回车键确定。到此就完成了复制长方形到三角形左边直线中点的操作（见图 3-46）。

图 3-46

Step 03 继续选择长方形，输入 RO，按回车键。单击长方形底部直线的中点，再单击三角形的顶部（见图 3-47），按回车键结束。

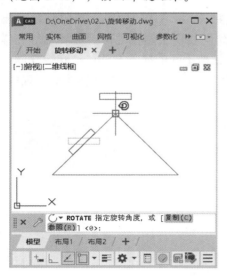

图 3-47

至此，就完成了三角形的旋转复制操作。这是 AutoCAD 最基本的操作方法。

3.7.2 对齐移动法

"对齐移动"就是使用命令 ALIGN{XE "ALIGN"}（快捷键 AL）一步实现旋转、移动和复制。在 4.15 节有专门的介绍，这里先操作一下。

Step 01 选择长方形，在命令行窗口中输入 AL，按回车键后，需要指定源点（见图 3-48）。

图 3-48

Step 02 单击长方形下部直线中点，再单击三角形左边直线的中点，指定第一个源点；然后单击长方形右下角和三角形的顶点作为第二个源点（见图 3-49）。

Step 03 二维图一般指定两个源点即可。在任意空白处右击，然后选择"否"项（见图 3-50），操作结束。

图 3-49

图 3-50

3.7.3 坐标移动法

使用 UCS{XE "UCS"}命令移动图形对很多初学者来说都比较难。但是若要使用 AutoCAD，熟练掌握和运用 UCS 功能是绘图工作中一项非常重要的能力，利用 UCS 功能可以实现很多高效设计。下面通过坐标移动法实现该效果。

Step 01 首先选择长方形，按 Ctrl + Shift + C 快捷键，命令行窗口提示"指定基点"（见图 3-51），选择长方形下部直线的中点后，按 Esc 键，结束复制操作。

图 3-51

Step 02 ▷ 接着在命令行窗口中输入 UCS，按回车键（见图 3-52）。单击三角形左下角，再单击三角形顶点，在三角形左上方空白处指定 Y 轴的方向后，UCS 被设定到了三角形的一个边上（见图 3-53）。按空格键结束 UCS 的操作后，按 Ctrl + V 快捷键，单击三角形左边的中点，完成操作（见图 3-54）。

图 3-52

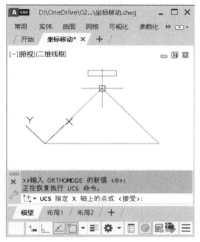

图 3-53

图 3-54

Step 03 ▷ 右击 UCS，选择"世界"选项（见图 3-55），坐标又恢复到了默认的状态。

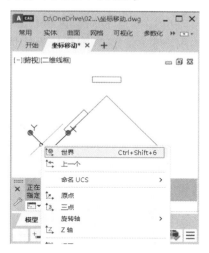

图 3-55

另外，在 5.3 节也介绍了活用 UCS 绘图的方法，有兴趣的读者可以参阅。

关于复制、移动的三种方法总结见表 3-9。

表 3-9 复制、移动的三种方法

旋转复制	最一般的操作
对齐移动	使用 ALIGN 命令（快捷键 AL）
坐标移动	利用 UCS 命令

旋转复制法估计大部分读者都在使用，甚至很多人会说，不就是这么操作的吗？但是如果掌握了对齐移动法，你会发现操作将会非常快捷和准确，能大大提高绘图的速度和效率。这里我更想强调的是坐标移动法，如果从一开始就想使用坐标移动法来操作，说明你已经具有了基本的"绘图意识"，已经理解了 CAD 绘图的"三维世界观"，并已将它纳为己用。

对于没有使用过对齐移动法和坐标移动法的读者，希望你能跟着操作，多练习几次，充分理解并掌握它，一定会给你带来收获的。

【进阶教程】GX-Align 函数

使用 AutoLISP 来控制对象移动旋转将会非常便利和高效。对于经常处理大量图形数据和重复任务的用户来说，这是一个极具价值的工具。通过 AutoLISP，用户能够编写自定义的命令和函数，从而提高工作效率，减少重复操作。

这里给大家提供一个名为 GX-Align.lsp 的实用例子（见表 3-10）。这个程序是 Align 命令的加强版，它允许用户快速地对齐对象，尤其适用于需要精确控制对象位置和方向的场合。通过简单的用户界面，用户可以选择源对象和目标对象，程序会自动计算所需的移动距离和旋转角度，以确保两个对象完美对齐。这个工具不仅节省了时间，而且也提高了精确性，特别是在处理复杂图纸和大量对象时尤其有用。

表 3-10　GX-Align.lsp

1	`(defun c:GX-Align (/ sst ent pt1 pt2 pt3 pt4)` 　; 定义函数 `GX-Align`，用于对齐对象
2	`(if (and (setq sst (ssget "_:L"))` 　; 获取当前选择的对象集合
3	`(setq ent (entsel "\nSource object: "))` 　; 选择源对象
4	`(setq pt1 (osnap (cadr ent) "_end"))` 　; 获取源对象的端点
5	`(setq pt3 (osnap (cadr ent) "_nea"))` 　; 获取源对象的最近点
6	`(setq ent (entsel "\nDestination object: "))` 　; 选择目标对象
7	`(setq pt2 (osnap (cadr ent) "_nea"))` 　; 获取目标对象的最近点
8	`(setq pt4 (osnap (cadr ent) "_end"))` 　; 获取目标对象的端点

9	`(setq pt4 (polar (trans pt2 1 0)`
	　　　　　　　`(angle (trans pt4 1 0)`
	　　　　　　　　　　`(trans pt2 1 0))`
	　　　　　　　`(distance pt2 pt4))`
	　; 计算旋转角度和位移距离，以对齐源对象和目标对象

10	`)` 　; 结束 `setq` 函数
11	`)` 　; 结束 `if` 函数
12	`(command "_.align" sst ""` 　　　　`"_non" pt1`

（续表）

	`"_non" pt2`
	`"_non" pt3`
	`"_non" pt4`
	`"" "_No")`
	; 执行对齐命令

13	`)` ; 结束 command 函数命令
14	`(princ)` ; 结束程序，返回到 AutoCAD 命令行
15	`)` ; 结束 GX-Align 函数

参考本书的第 7 章介绍，就可以很快在实际工作中应用 GX-Align.lsp 程序。它展示了如何利用 AutoLISP 简化日常任务，提高工作流程的效率。通过自定义脚本和程序，AutoLISP 可以帮助我们更加灵活地控制 AutoCAD，从而充分发挥其作为一种强大绘图工具的潜力。无论是初学者还是经验丰富的用户，学习和应用 AutoLISP 都将是一项有益的投资。

3.8 字段功能

字段 FIELD ｛XE "FIELD"｝又称为可变化的文字，它可以让我们自由自在地操纵文字，使其跟着图纸或者对象的变化而显示。特别是在布局空间，项目的名称、图纸的名称、图纸的制作日期等以字段的形式插入到标题栏里，可以帮助我们节省时间，更能减少人为的错误输入，提高工作效率。

例如，绘制一个直径为 200mm 的圆，通过 FIELD 功能将它的面积数值"0.03m^2"（见图 3-56）显示到图纸上，当圆的直径被修改为 250mm 的时候，面积的数值就会随着图形的变化自动从"0.03 m^2"变为"0.05 m^2"（见图 3-57），这就是 FIELD 功能。

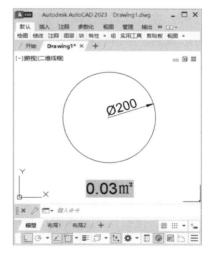

图 3-56

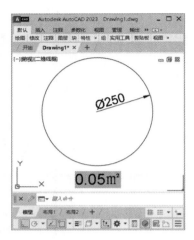

图 3-57

除了通过在命令行窗口里输入 FIELD 命令来启动字段功能外，还有其他三种方式可以启动字段功能。

第一种，在"插入"选项卡的"数据"选项板里面可以找到"字段"图标（见图 3-58）。

图 3-58

第二种，在文字编辑器的"插入"选项板里面也可以看到"字段"图标（见图 3-59）。

图 3-59

第三种，在激活 TEXT {XE "TEXT"} 或者 MTEXT {XE "MTEXT"} 命令的状态下，右击后可以看到"插入字段"命令（见图 3-60），或者按 Ctrl+F 快捷键也能进入字段功能。

图 3-60

3.8.1 字段功能的基本操作方法

以图 3-56 为例，字段功能的具体操作方法如下。

Step 01 新建一个 DWG 文件，输入命令 CIRCLE {XE "CIRCLE"}（快捷键 C），在任意地方绘制一个直径为 200 的圆。

Step 02 在命令行窗口中输入命令 TEXT {XE "TEXT"}，出现"指定文字的起点"字样（见图 3-61），在操作界面的圆形下方空白处单击。

图 3-61

Step 03 然后需要对文字指定高度，在这里设定为 25（见图 3-62），按回车键。

图 3-62

Step 04 继续提示"指定文字的旋转角度"（见图 3-63），如果不需要角度设定的话，直接按回车键。

图 3-63

Step 05 这个时候界面上会出现闪烁的输入文字的提示（见图 3-64），在这里右击后选择"插入字段"命令，或者直接按 Ctrl+F 快捷键。

Step 06 将会弹出"字段"对话框（见图 3-65），在"字段名称"栏选择"对象"，在"对象类型"栏单击"选择"按钮后，对话框暂时隐藏，单击圆。

Step 07 返回"字段"对话框，①"对象类型"显示为"圆"，②"特性"栏选择了"面积"，③"格式"栏选择了"小数"，④单击"其他格式"按钮（见图 3-66）。

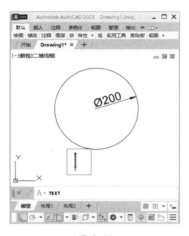

图 3-64

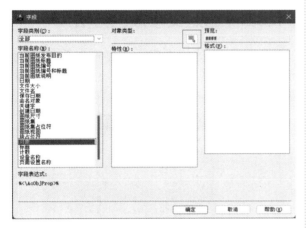

图 3-65

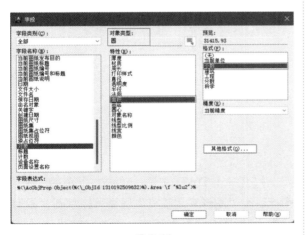

图 3-66

Step 08 在"其他格式"对话框中，显示面积的单位需要设置为 m^2。因为 AutoCAD 的默认单

位为 mm，在"转换系数"栏中输入"0.000001"，在"其他文字"栏的"后缀"处输入"m^2"后，单击"确定"按钮，关闭对话框（见图 3-67）。

图 3-67

Step 09 继续单击"确定"按钮，关闭"字段"对话框（见图 3-68）。

图 3-68

Step 10 至此，圆的面积数值就显示到图纸上了（见图 3-69）。

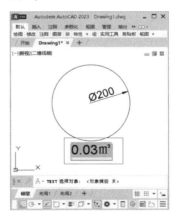

图 3-69

以上字段的设定就结束了。如果修改图形，如将圆的直径改为 250mm 后，面积的数

值并不会立刻发生变化，这个时候需要在命令行窗口中输入重新生成图形命令 REGEN {XE "REGEN"}（快捷键 RE），按回车键之后，数值就会发生变化（见图 3-70）。

图 3-70

3.8.2　字段更新的设置

AutoCAD 允许对字段更新进行设置。打开"选项"对话框，单击"用户系统配置"选项卡中的"字段更新设置"按钮（见图 3-71）。

图 3-71

在打开的"字段更新设置"对话框中可以看到所有设置。REGEN 命令的操作就属于"重生成"（见图 3-72）。

图 3-72

另外，在 AutoCAD 的默认环境下，字段会显示灰色的背景，它不会印刷出来。但若在操作界面中不想显示背景，切换到"选项"对话框的"用户系统配置"选项卡，取消勾选"显示字段的背景"复选框（见图 3-73），单击"确定"按钮，关闭"选项"对话框就可以了。

图 3-73

3.8.3　自定义字段的方法

AutoCAD 的标准字段名称有时候并不能满足我们的需求（见图 3-74），这种情况下需要自定义字段。

图 3-74

打开一个 DWG 文件，单击左上角的"A"图标，在"图形实用工具"里面可以找到"图形特性"选项（见图 3-75），通过它就可以添加自制的字段名称。另外，在命令行窗口中输入 DWGPROPS {XE "DWGPROPS"} 命令，也可以快速启动图形特性功能。

图 3-75

打开图形特性的属性对话框后，切换到"自定义"选项卡，在这里就可以添加自定义字段名称（见图 3-76）。

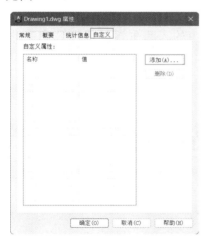

图 3-76

添加的方法也很简单，单击对话框右边的"添加"按钮，弹出"添加自定义特性"对话框（见图 3-77），在这里将"自定义特性名"和"值"填写好，单击"确定"按钮即可。

图 3-77

比如，在这里添加了两个自定义属性"My_图号"和"My_型号"（见图 3-78）。

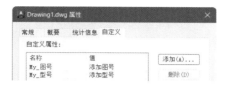

图 3-78

然后在命令行窗口中输入 FIELD 命令，打开"字段"对话框后，就可以看到自定义的这两个字段了（见图 3-79）。

图 3-79

自定义字段的使用方法和3.8.1小节相同，这里不再赘述。

3.8.4 活用字段功能显示布局视口的比例

利用字段功能来自动显示布局视口的比例（见图 3-80），是一个非常实用且方便的功能。

XXX		比例	数量	材料	201
		1:10			
制图		22.08.09	月球开发有限公司		
校核		22.07.09			

图 3-80

布局视口的设定方法在第 5 章有详细的介绍，这里只介绍字段中比例的设定方法。

打开"字段"对话框，在"字段名称"栏找到"对象"（见图 3-81），然后单击"对象类型"栏的"选择"按钮，"字段"对话框将暂时隐藏。

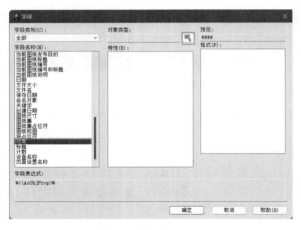

图 3-81

图 3-82

来到布局视图，单击通过命令 MVIEW {XE "MVIEW"}（快捷键 MV）创建的视口外框，画面就又返回到了"字段"对话框（见图 3-82），在这里选择了"标准比例"后，"预览"处就可以看到刚才选择的视口所设定的比例。最后选择适合自己的格式，单击"确定"按钮，就可以如图 3-80 那样将字段添加到标题栏了。

当需要更改"视口"比例时，添加的字段会自动更改和显示出来，无须我们去更改输入。

通过前面的介绍，相信大家已经了解了字段的功能。本书在后面有布局应用的介绍，将字段功能添加到布局里的标题栏，对减少工作中的人为失误和提高效率有非常大的好处。

3.9 **在尺寸线上添加分段注释的方法**

使用 PROPERTIES {XE "PROPERTIES"} 命令（快捷键 Ctrl+1）打开任意一个尺寸的"属性"面板，可以找到"文字替代"项（见图 3-83），结合表 3-11 的格式代码，就可以在测量值的上面及尺寸线的下方添加自定义的注释。

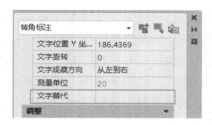

图 3-83

表 3-11　格式代码

格式代码	作　　用
< >	测量值
\X	显示在尺寸线的下面
\P	显示在测量值的上面

例如，在直径为 20 的测量值上方需要添加"（20.02）"这样的文字（见图 3-84），就可以在"文字替代"栏填写图 3-85 中的内容。

如果想将"（20.02）"显示在尺寸线的下方（见图 3-86），可以将"文字替代"栏修改成如图 3-87 所示的内容。

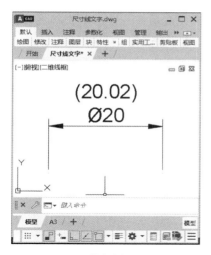

图 3-84

图 3-85

图 3-86

图 3-87

甚至还可以切换为三段的显示方式（见图 3-88），将"文字替代"栏修改成图 3-89 中的内容即可。

图 3-88

图 3-89

3.10 快速计算器的灵活应用

AutoCAD 有自己独特的计算器命令 QUICKCALC｛XE "QUICKCALC"｝（快捷键 Ctrl+8），名称为"快速计算器"。在"实用工具"选项板里面我们可以找到它的图标（见图 3-90）。

图 3-90

启动"快速计算器"命令后，可以看到它不但有熟悉的基本计算器模式，而且还具备绘图协调工具（见图 3-91）。两点之间的距离、点的坐标、直线的角度等数据，都可以通过快速计算器获得。

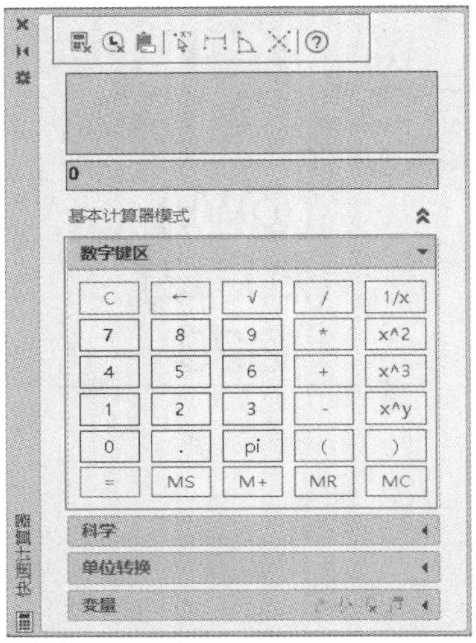

图 3-91

例如，有任意一条斜线（见图 3-92），不知道它的长度，但是又想绘制一个圆，圆的半径为这条斜线长度的 1/3。通过快速计算器，无须计算就可以很快获得圆的半径。方法如下。

图 3-92

Step 01 首先启动圆命令，单击斜线的左端点作为圆心（见图 3-93）。

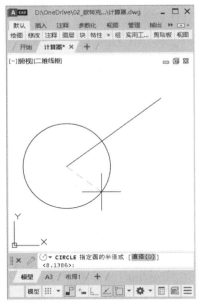

图 3-93

Step 02 按 Ctrl+8 快捷键，启动快速计算器，单击最上端的"两点间距离"按钮（见图 3-94）。

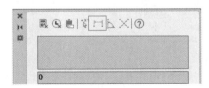

图 3-94

Step 03 快速计算器将会暂时隐藏，先后单击斜线的两个端点后，快速计算器会自动显示，并将斜线的距离表示了出来（见图 3-95）。

图 3-95

Step 04 单击数字键区域的除号和 3（见图 3-96）。

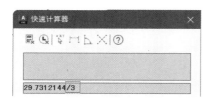

图 3-96

Step 05 单击最下方的"应用"按钮（见图 3-97），
快速计算器将会消失，在命令行窗口中自动显
示斜线 1/3 的数值（见图 3-98）。按回车键后，
圆就制作完成了（见图 3-99）。

图 3-97

图 3-98

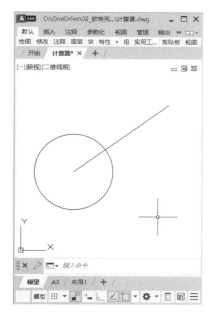

图 3-99

精通篇

在本篇中，我们将深入探索一系列高级操作技巧和命令，这些都是提升大家绘图和设计能力的专业技能。在第 4 章将一步步展示如何高效使用各种命令，如 OVERKILL、FS、MATCHPROP 等，以及它们在实际工作中的应用。其中不仅包含基本操作的介绍，如特性匹配；还包括更高级的应用，如利用 MASSPROP 命令进行材料力学数据计算或自制线型，等等。

随着内容的深入，我们将转向布局的高级应用。在第 5 章将介绍如何高效利用布局来优化工作流程，包括从创建布局到转换布局为 PDF 文件，以及如何运用布局空间进行批量打印和对齐模型等。

第 6 章提供了解决 AutoCAD 中常见问题的方法和对策，涵盖了如何处理损坏的 DWG 文件，调整图形位置，优化图纸加载速度，管理字体和参照文件，恢复工具栏的显示及应对系统变量被意外更改等情况。

"精通篇"的每个技巧都配有详细的步骤和示例，旨在帮助读者更好地理解并掌握这些高级功能。无论你是初学者还是希望提升现有技能的专业人士，本篇都能为你提供宝贵的知识和技能，让你在设计和绘图领域游刃有余。

第**4**章

高效实用的命令及使用技巧

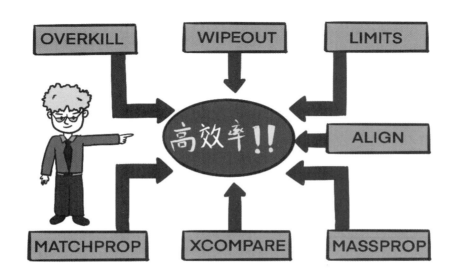

在 AutoCAD 众多的命令中，我将实际工作中常用的命令总结出来，以举例的形式一一进行说明，以方便大家理解。

另外，本书在最后的附录中罗列了到 AutoCAD 2023 版本为止的所有命令和系统变量，以供大家参考。

4.1 删除重复图形的 OVERKILL 命令

在绘图过程中，需要不断地修改和删除图形。当有很多图形重叠在一起时，特别是直线、圆弧和多段线，这些重复的图形将会直接影响捕捉质量和绘图速度。当然，开启右下角状态栏中的选择循环功能 SELECTIONCYCLING｛XE "SELECTIONCYCLING"｝（见图 4-1）一个一个选择对象再删除也是可以的。但如果数量众多，长时间的重复操作会让我们感觉很疲惫。

图 4-1

OVERKILL {XE "OVERKILL"} 命令就可以解决这个问题,它能批量将重复的图形一次性删除。

在图 4-2 中,从表面上看只是一个单纯的长方形,但是当使用对象捕捉功能 OSNAP {XE "OSNAP"}(快捷键 F3)捕捉长方形左边中点的时候,会发现有两个点存在。这是因为长方形和一条直线重叠在了一起,使你无法迅速判断哪个是长方形边的中点,这就是重叠的图形带来的弊端。它不但影响绘图效率,也很容易让我们在选择节点的时候选错对象,造成操作上的失误。

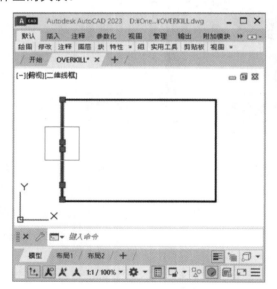

图 4-2

将无意义的重复图形删除是 AutoCAD 绘图应遵循的一个基本原则。很多情况下它们都是在图形修改过程中产生的"垃圾",其数量的多少也是衡量一张图纸是否"漂亮干净"的准则之一。下面就详细介绍使用 OVERKILL 命令删除重复图形的方法。

Step 01 以图 4-2 为例,在命令行窗口中输入命令 OVERKILL(不用全部输入,输入 OV 就可以了),然后按回车键(见图 4-3)。

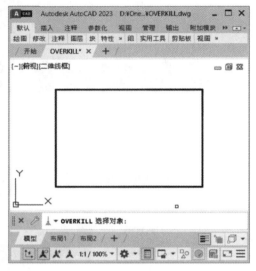

图 4-3

Step 02 框选要操作的长方形对象,按回车键后,就会弹出"删除重复对象"对话框(见图 4-4),在这里根据需要选择合并对象想忽略的特性,然后单击最下面的"确定"按钮就完成了删除操作。

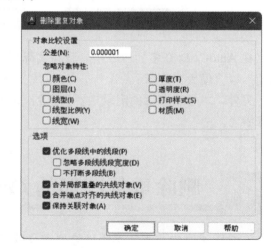

图 4-4

另外,使用 OVERKILL 命令将重复的对象删除,对 DWG 文件的"轻量化"也有很大的帮助。

4.2 删除接触对象的 FS 命令

AutoCAD 本身准备了很多 AutoLISP 文件，在 AutoCAD 默认安装地址中，可以找到 Express 这个文件夹，里面有一个 fastsel.lsp 文件（见图 4-5），它提供了一个非常好用的删除命令 Fast Select（快捷键为 FS），本节将详细介绍这个命令的使用方法。

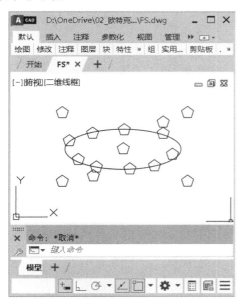

图 4-5

我们通过实际操作就可以很快掌握 FS 命令的用法。从出版社的网站上大家可以下载到 FS.dwg 文件。比如，若想删除和椭圆相接触的所有的五边形（见图 4-6），大家通常会一个一个去选择五边形，然后使用删除命令 ERASE｛XE "ERASE"｝来删除它们，这样操作效率非常低。

在命令行窗口中输入 FS 命令，按回车键，命令行窗口提示选择对象（见图 4-7）。

图 4-7

单击椭圆后会发现，所有与椭圆接触的五边形会被自动选择（见图 4-8）。按住 Shift 键，再单击一次椭圆后，椭圆本身被取消选择，继续按 Del 键，所有与椭圆相接触的五边形就被删除了（见图 4-9）。

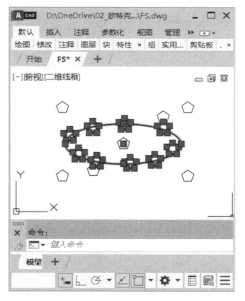

图 4-8

图 4-6

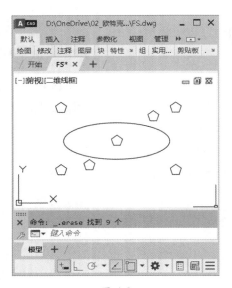

图 4-9

这就是使用 FS 命令删除接触对象的方法。也就是说，选择对象所接触的图形，都会通过 FS 命令被自动全部选择。

另外，输入命令 FSMODE {XE "FSMODE"}，将变量值从 OFF 改为 ON（见图 4-10），然后再重复一次前面的操作，你会发现没有直接和椭圆接触，但是和与椭圆接触的五边形有接触的两个五边形（见图 4-11）也被删除了，也就是说，间接接触的五边形也一起被删除了（见图 4-12）。

图 4-10

这样，通过切换 FSMODE 变量值（见表 4-1），就可以根据实际需要来扩大或缩小删除的范围。

表 4-1　FSMODE 不同变量值的作用

FSMODE 变量值为 OFF	仅删除直接接触的对象（默认值）
FSMODE 变量值为 ON	间接接触的对象也一并删除

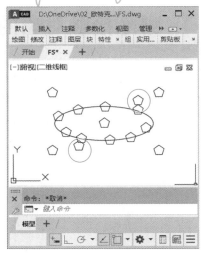

图 4-11

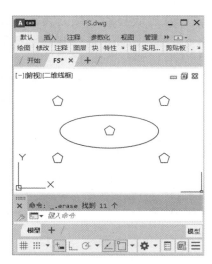

图 4-12

另外，FS 命令是 Express Tools 中的一个命令，在菜单栏里面可以找到它（见图 4-13）。

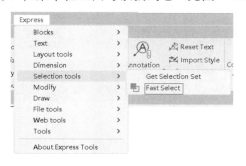

图 4-13

4.3 匹配特性的 MATCHPROP 命令

经常用 Word 写文章或者用 Excel 制作表格的朋友，应该用过格式刷这个工具，同样，AutoCAD 也为我们准备了这样一个功能。特性匹配 MATCHPROP ｛XE "MATCHPROP"\y "特性匹配"｝命令（快捷键 MA）（见图 4-14）可以帮助我们将所选定对象的特性复制并匹配过来。如颜色，图层，线的形状、比例和宽度，打印样式，等等，都可以匹配。

图 4-14

4.3.1 特性匹配的基本用法

特性匹配的用法很简单，比如图 4-15 左面的圆，如果想和右面的长方形具有同样的线型，在命令行窗口中输入 MA，按回车键，然后选择长方形，再选择圆就可以了（见图 4-16）。

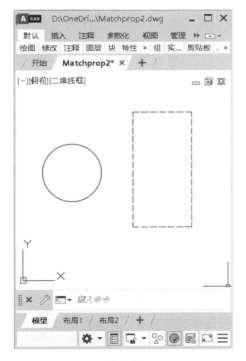

图 4-15

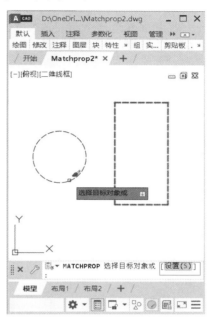

图 4-16

具体有哪些特性能匹配可以自行设定。单击"设置（S）"项（见图 4-16），在"特性设置"对话框中可以自由调整自己想匹配的特性（见图 4-17）。

图 4-17

4.3.2 批量化特性匹配的技巧

对图形一个一个进行匹配效率非常低，这个时候可以活用 FILTER {XE "FILTER"} 命令。比如，将图 4-18 左面的点线长方形的线型，匹配给图形中所有的圆，具体操作方法如下。

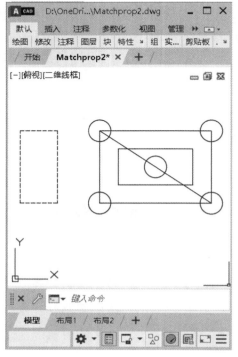

图 4-18

Step 01 在命令行窗口中输入 MA 后按回车键，选择左面的点线长方形。继续在命令行窗口中输入"'filter"（见图 4-19），这里一定要注意，不要忘记前面的"'"符号。

图 4-19

Step 02 弹出"对象选择过滤器"对话框（见图 4-20）。

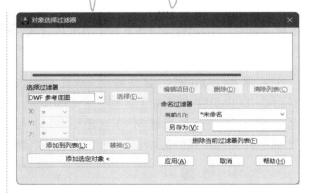

图 4-20

Step 03 在"选择过滤器"下拉列表中选择"圆"选项（见图 4-21）。

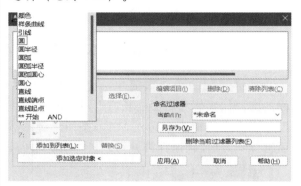

图 4-21

Step 04 将圆添加进来后，单击"添加选定对象"按钮（见图 4-22）。

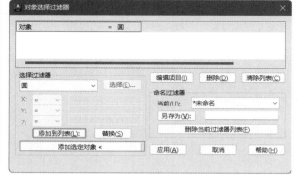

图 4-22

Step 05 返回图形画面，选择需要替换的对象范围（见图 4-23）。

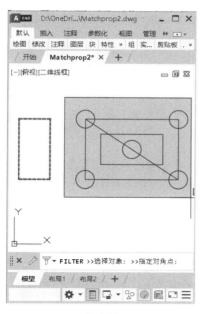

图 4-23

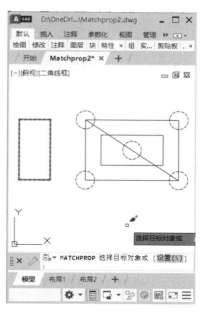

图 4-24

Step 06 很快，所有的圆就被特性匹配了（见图 4-24）。

通过这种方法，可以很快筛选出需要匹配的对象，进行批量处理。

4.4 TCIRCLE 命令的使用技巧

使用 TCIRCLE {XE "TCIRCLE"} 命令可以为创建好的文字添加圆、矩形和长孔形的外框，而且非常快捷、方便。TCIRCLE 命令在 Express Tools 中，需要在安装 AutoCAD 的时候勾选 Express Tools 选项（早期的 AutoCAD 版本在安装的时候，Express Tools 默认为任意选项，如果不勾选将不会被安装）。安装好 Express Tools 工具后，在 Text 面板里面可以找到 TCIRCLE 命令，如图 4-25 所示。

图 4-26 就是使用 TCIRCLE 命令为 AUTOCAD 字段添加外框的效果。

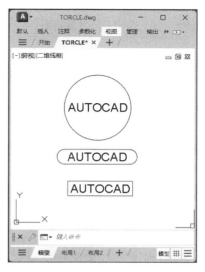

图 4-26

图 4-25

TCIRCLE 命令的使用方法如下。

Step 01 在命令行窗口中输入 TCIRCLE 命令后，首先选择对象，这里还是以 AUTOCAD 文本为例（见图 4-27）。

图 4-27

Step 02 命令行窗口会提示输入外框和文字之间的间距，默认值为 0.35mm，可以修改这个数据，然后确认（见图 4-28）。

图 4-28

Step 03 需要选择外框的形状。这个命令为我们准备了三种外框（见表 4-2）。在这里选择 Slots 形状的外框（见图 4-29）。

表 4-2　三种外框的功能

外框类型	功　能
Circles	创建圆形
Slots	创建长孔形
Rectangles	创建矩形

图 4-29

Step 04 然后命令行窗口会询问是创建固定大小还是可变大小的图形，这里选择 Constant（见图 4-30）。

图 4-30

Step 05 接着会询问高度和宽度哪个保持不变，在这里选择默认的都保持不变的 Both（见图 4-31），然后按回车键。

图 4-31

至此，长孔形的外框就添加完成了（见图 4-32）。

图 4-32

4.5　三个特殊图层变量的使用技巧

AutoCAD 有三个和图层相关的系统变量（见表 4-3），它们可以让绘制的标注、填充图案和参照等操作自动与图层相关联，并将对象保存到相对应的图层中。

表 4-3　三个特殊的图层变量

变 量 名	功 能
DIMLAYER	标注用的默认图层设定变量
HPLAYER	填充用的默认图层设定变量
XREFLAYER	参照用的默认图层设定变量

首先介绍一下标注用的图层变量 DIMLAYER。相信大家都会给标注的尺寸专门设置一个图层，这样既方便统一修改，又可以进行表示和非表示的设置。但是每次标注之前都手动切换图层的话，时间久了就会有疲惫感。其实 AutoCAD 已经给我们设置了一个标注用的默认图层设定变量 DIMLAYER｛XE "DIMLAYER"｝。我们不用切换图层，标注的尺寸就会自动保存到指定的图层里面。具体的操作方法如下。

Step 01 新建一个 DWG 文件，在命令行窗口中输入 DIMLAYER 命令，按回车键确定后，提示"输入 DIMLAYER 的新值"（见图 4-33），含义为输入标注用的图层名称。

图 4-33

Step 02 可以起任意名字，如 MyDIM（见图 4-34）。按回车键确定后设定就结束了。

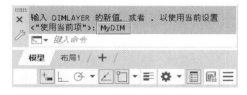

图 4-34

Step 03 在命令行窗口中输入 LAYER 命令，打开图层特性管理器，发现当前图层里面并没有 MyDIM 图层，只有默认的 0 图层（见图 4-35）。

图 4-35

Step 04 在 0 图层的状态下，任意标注一个尺寸后，在图层特性管理器里面就可以看到 MyDIM 图层，而且标注的尺寸也不在 0 图层中。我们无须切换操作，标注的尺寸就已经被直接生成到了 MyDIM 图层里面（见图 4-36）。至此，DIMLAYER 变量的设定就结束了。

图 4-36

此外，在"注释"选项卡的"标注"选项板里面可以找到"标注"图标（见图 4-37），或者直接在命令行窗口中输入 DIM｛XE "DIM"｝命令，二者功能相同。

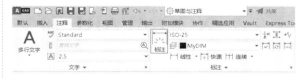

图 4-37

单击"标注"图标后，继续单击命令行窗口中的"图层（L）"项（见图 4-38），输入 MyDIM 后，也可以获得和 Step 02 同样的效果（见图 4-39）。

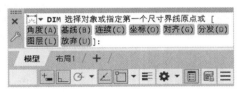

图 4-38

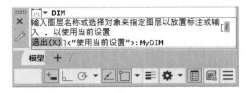

图 4-39

将标注放置到一个专用的图层后，通过图层特性管理器就可以简单实现所有标注的表示和非表示切换操作，非常方便审图以及高效工作。

在掌握了标注用默认图层变量 DIMLAYER 的特点后，填充用默认图层变量 HPLAYER {XE "HPLAYER"} 就很好理解了。

在命令行窗口里输入 HPLAYER 命令，然后再输入图层的名称，就设置完了填充用的图层。图 4-40 中输入的填充用图层名称为 MyHP。

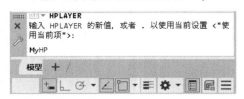

图 4-40

填充用图层的使用方法和标注的专用图层一样，只有完成了第一次填充图案后，MyHP 才会出现在图层列表中。

另外，通过图案填充编辑命令 HATCHEDIT {XE "HATCHEDIT"}，也可以创建填充用图层（见图 4-41）。

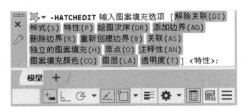

图 4-41

同理，参照的默认图层设定变量 XREFLAYER 的操作方法也类似，我们在命令行窗口中输入 XREFLAYER 命令，然后输入图层的名字即可使用（见图 4-42）。

图 4-42

使用这三个变量虽然可以将标注、填充和参照自动放置到指定图层中，但颜色、线型等还是需要启动图层特性管理器来手动设定。在 8.3 节介绍了利用 LISP 控制这三个专用图层的名称，以及一次性设定图层颜色的操作方法，感兴趣的朋友可以参阅。

4.6 XCOMPARE 命令的使用技巧

绘图的时候，如果外部参照文件发生了变化，在不影响当前外部参照设定的前提下，该怎么操作才能很快知道哪些地方被修改并发生变化了呢？AutoCAD 为我们准备了一个很好用的命令 XCOMPARE {XE "XCOMPARE"} , 可以对外部参照进行比较。比如, 图 4-43 中的"部件 .dwg"图形, 是我们设计的一个 DWG 文件。

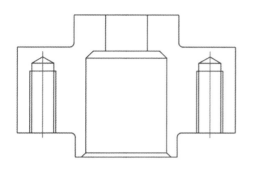

图 4-43

图 4-44 中的"配件 .dwg"图形是和"部件 .dwg"配套的一个文件, 它不是我们自己设计的, 而是外协配套公司设计后发送过来的文件。

图 4-44

当外协配套公司将设计好的"配件 .dwg"图形发送过来后, 我们需要将两个文件放到一起进行综合确认。一般情况下, 利用外部参照命令 XREF {XE "XREF"} (快捷键 XF) 可以很快将"配件 .dwg"图形参照到"部件 .dwg"图形当中(见图 4-45), 以进行比较和确认。

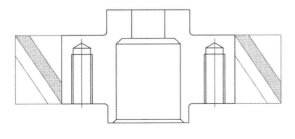

图 4-45

但是在设计的过程中, 难免需要修改图形。比如, 过了一段时间"配件 .dwg"的设计发生了变化, 外协配套公司将修改好的图形以"配件_Rev2.dwg"的形式发送了过来(见图 4-46)。

图 4-46

这个时候, 不需要将外部参照中的"配件 .dwg"从"部件 .dwg"中卸载下来, 可以用外部参照比较这个功能来确认"配件 .dwg"和"配件_Rev2.dwg"之间的变化。操作方法如下。

Step 01 首先在命令行窗口中输入 XF, 启动"外部参照"面板, 在"配件 .dwg"上右击, 选择"比较"里面的"选定的文件"命令(见图 4-47)。

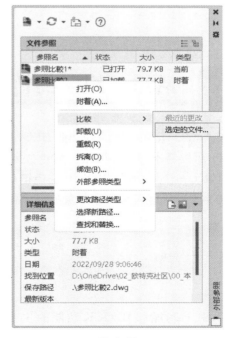

图 4-47

Step 02 选择"配件_Rev2.dwg"文件后, 将会弹出"外部参照比较"面板, 并且可以选择颜色来区别外部参照的变化(见图 4-48)。

图 4-48

Step 03 这样在保证外部参照文件不变的前提下，通过颜色就能很快确认外部参照文件中有哪些地方被修改了，哪里发生了新的变化。图 4-49 左边方框的外部参照部分没有颜色变化，说明

"配件 .dwg"和"配件 _Rev2.dwg"部分没有任何修改，是一致的。右边方框的外部参照部分发生了变化，说明"配件 _Rev2.dwg"对这里进行了修改（见图 4-49）。

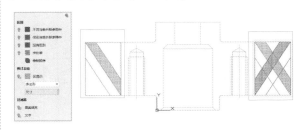

图 4-49

另外，XCOMPARE 命令除了可以比较附着的外部参照和新的外部参照文件外，还有一个功能，就是附着的外部参照文件本身如果在参照过程中进行了修改，也可以用颜色区分出修改前和修改后哪里发生了变化。大家通过实践就能很快掌握这个方法，这里就不再详细叙述了。

4.7 活用"组"的暂时失效功能

在 AutoCAD 中，除了块功能 BLOCK（快捷键 B）可以将不同的图形组合为一个集合外，它还提供了一个组功能 GROUP（快捷键 G）（见图 4-50），同样能实现多个对象的群体化。

图 4-50

GROUP 功能和 BLOCK 功能的主要区别见表 4-4。简单来说，组可以最快的速度将多个图形组合在一起，以方便移动、旋转等操作。

表 4-4　GROUP 功能和 BLOCK 功能的区别

序号	功　能	组（GROUP）	块（BLOCK）
1	建立名称	不需要	需要
2	在其他图纸里使用	不可	可
3	添加属性	不可	可
4	暂时失效功能	有	没有

表 4-4 中的第 4 项暂时失效功能 PICKSTYLE {XE "PICKSTYLE"} 是本节主要介绍的一个工具。PICKSTYLE 命令的名称为"启用 / 禁用组选择"（见图 4-51）。组的这

个暂时失效功能，对提高绘图的效率会有很大的帮助。

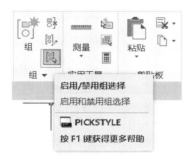

图 4-51

比如一个通风口的设计图（见图 4-52），已经使用 GROUP 命令将所有的长孔设定为一个组。

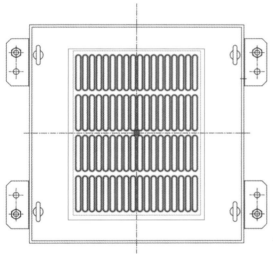

图 4-52

在当前这种情况下，如果想仅复制最右边的 4 个长孔，需要使用 EXPLODE〔XE "EXPLODE"〕命令（快捷键 X）先将它分解，然后才能选择和复制。在组处于选择的状态下，输入 PICKSTYLE 命令，你会看到当前的组暂时"失效"，所有的长孔都可以被单独选择了（见图 4-53）。复制粘贴完毕后，再输入 PICKSTYLE 命令，就可将组恢复为原来的状态。

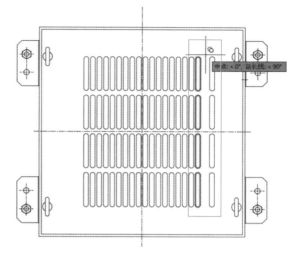

图 4-53

活用 PICKSTYLE 命令，对我们高效绘图将会有很大的帮助。为了方便绘图操作，我们可以给这个命令添加快捷键或者捆绑到鼠标上。给 PICKSTYLE 命令添加快捷键的操作方法如下。

Step 01 新建一个 DWG 文件，输入 CUI〔XE "CUI"〕命令，将会弹出"自定义用户界面"对话框（见图 4-54）。

图 4-54

Step 02 在对话框左下面的"命令列表"栏中找到"启用 / 禁用组选择"命令（见图 4-55）。

图 4-55

Step 03 拖动这个命令到对话框左上面的"所有自定义文件"栏"键盘快捷键"里面的"快捷键"下面（见图 4-56）。

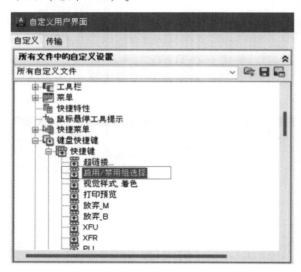

图 4-56

Step 04 在对话框右下方"特性"栏中找到"键"，输入自己想添加的快捷键，如 Ctrl+Shift+Alt+T（见图 4-57）。

Step 05 单击"确定"按钮（见图 4-58），快捷键的设定就结束了。

图 4-57

图 4-58

如果你有一个可以设定宏命令的鼠标，就可以将这个快捷键捆绑到鼠标的一个键上，这样只需按一下鼠标就可以启用或者禁止组的功能了。具体怎样设定，还需要参考宏鼠标的使用说明书。

选择组命令之后，为了方便移动和定位操作，可以将显示的夹点修改为只有一个。系统变量 GROUPDISPLAYMODE {XE "GROUPDISPLAYMODE"} 的值设为 1 之后，就可以只显示这个组的中心夹点了。下面是以两个圆为例，将它们设定为组之后所显示的夹点样子，系统变量 GROUPDISPLAYMODE 各个值的含义如表 4-5 所示。

表 4-5　系统变量 GROUPDISPLAYMODE 各值的含义

值	含　义
0	显示组中所有图形的夹点（见图 4-59）
1	只显示这个组中心处的单个夹点（见图 4-60）
2	显示组中心处的单个夹点和边界框（见图 4-61）

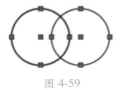

图 4-59

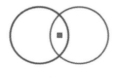

图 4-60

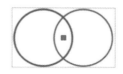

图 4-61

4.8　隐藏图形用的 WIPEOUT 命令

　　我们在模型空间中绘制好的图形，或者布局空间中的图形，在不删除的前提下，有时候需要暂时将某一部分隐藏起来。比如图 4-62 中，如果想暂时将中间的部分隐藏起来，使中间的部分成为空白，这个时候不需要对图形进行修改或删除操作，使用区域覆盖命令 WIPEOUT｛XE "WIPEOUT"｝就可以解决这个问题。WIPEOUT 图标在"默认"选项卡的"绘图"选项板里面可以找到（见图 4-63）。

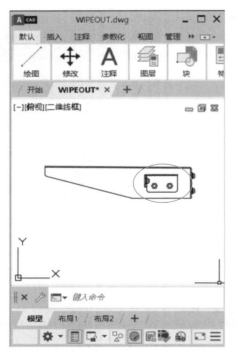

图 4-62

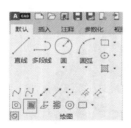

图 4-63

以图 4-62 中的 DWG 文件为例，WIPEOUT 命令的使用步骤如下（DWG 文件可以从出版社的网站上下载）。

（DWG 文件名称）

Step 01 ⟩ 打开需要操作的文件，在命令行窗口中输入 WIPEOUT 命令（见图 4-64）。

图 4-64

Step 02 ⟩ 在想隐藏的图形四周单击 3 次，输入 C 闭合后，就可以看到图形被隐藏了（见图 4-65）。

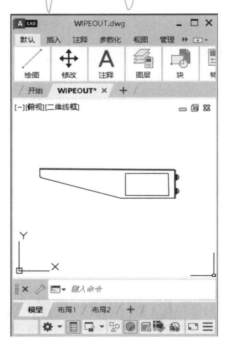

图 4-65

Step 03 ⟩ 但是画面中多出来了一个多段线外框。我们还需要再执行一次 WIPEOUT 命令，输入 F 后按回车键，这个时候选择"关（OFF）"项（见图 4-66）。

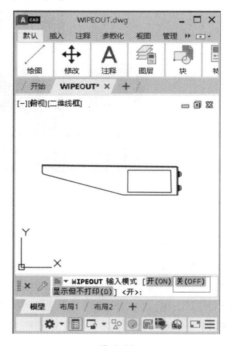

图 4-66

Step 04 多段线的外框就看不到了（见图 4-67）。

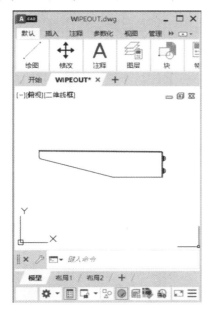

图 4-67

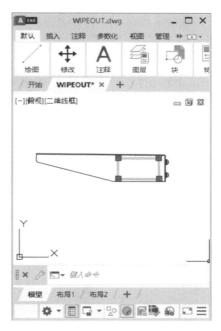

图 4-68

如果想显示出原来的图形，只需要选择刚才隐藏的这个多段线，按 Del 键将它删除即可（见图 4-68）。

如果将系统变量 WIPEOUTFRAME｛XE "WIPEOUTFRAME"｝的值改为 0（默认值为 1），前面 Step 03 的多段线外框会自动隐藏起来。

4.9 使用 LIMITS 命令设定印刷范围

在布局空间中可以根据印刷纸张的大小，设定比例和图框后将图纸打印出来（关于利用布局空间印刷的方法，可以参阅第 5 章）。在模型空间中也同样可以设定比例进行出图，这个时候就需要用到 LIMITS｛XE "LIMITS"｝命令。

利用 LIMITS 命令，可以在模型空间的绘图区域中重新设置一个边界，我们使用这个功能可以设定好比例进行打印。比如，一张图纸的模型空间中有 4 个图形（见图 4-69），我想按照 A3 尺寸的大小，以一定的比例将左下角的图形印刷出来，操作方法如下。

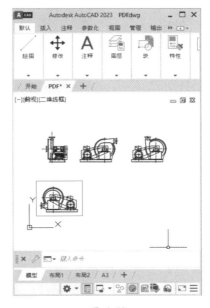

图 4-69

Step 01 使用测量命令 DIST {XE "DIST"} （快捷键 DI）测量需要印刷的图形，大概长度为 2500mm（见图 4-70），因为横版的 A3 图纸长度为 420mm，所以将图框放大 10 倍即可。

图 4-70

Step 02 通过工具选项板，我们拖出一个 A3 大小的横板图框（怎样将块添加到工具选项板，请参阅第 2 章）到图形的左下角（见图 4-71）。

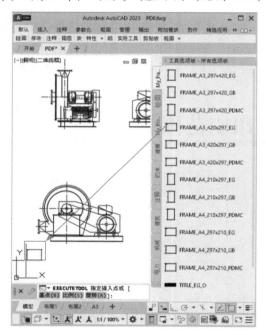

图 4-71

Step 03 单击 A3 图框的左下角，连续按空格键 3 次（如果不理解为什么要连续按 3 次空格键，请参阅 3.6 节），然后输入 10（根据 Step 01 的计算我们需要将图框放大 10 倍），按回车键之后，图框就放大了（见图 4-72）。

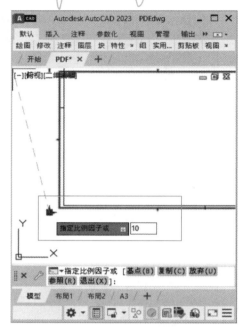

图 4-72

Step 04 检查图框和图形之间的位置关系，再微调一下图框的位置，接着用与 Step 02 同样的操作，继续从工具选项板中拖出一个标题栏并放到右下角的地方。然后和 Step 03 的操作一样，将其放大 10 倍（见图 4-73）。

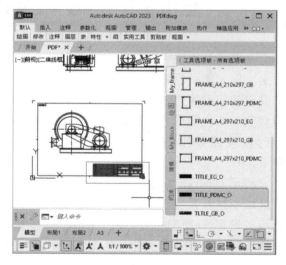

图 4-73

Step 05 到这里图框的设定就结束了，现在开始设定印刷的范围。输入 LIMITS {XE "LIMITS"} 命令，按回车键之后，第一个点选择图框的左下角，第二个点选择图框的右上角（见图 4-74）。

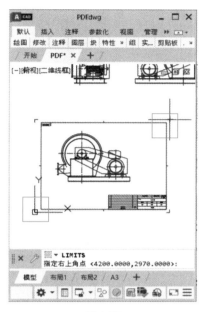

图 4-74

Step 06 输入印刷命令 PLOT {XE "PLOT"}，按回车键后，弹出"打印 - 模型"对话框（见图 4-75）。

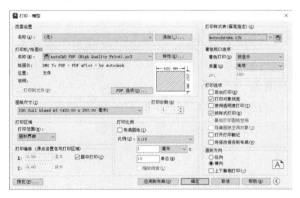

图 4-75

Step 07 这里以 AutoCAD PDF 打印机为例，将图纸设置为 A3 横板的 420mm×297mm（见图 4-76）。

Step 08 "打印范围"选择"图形界限"（见图 4-77）。因为在 Step 05 中进行了 LIMITS 设定，所以"打印范围"里会出现"图形界限"选项。

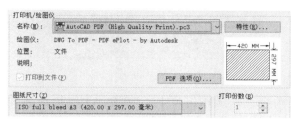

图 4-76

图 4-77

Step 09 设置打印比例为 1 ∶ 10（见图 4-78）。

图 4-78

Step 10 单击左下角的"预览"按钮，或者输入预览命令 PREVIEW {XE "PREVIEW"} 后按回车键，如果呈现图 4-79 所示的效果，就说明设定成功了。

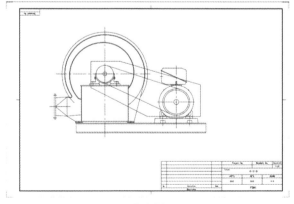

图 4-79

Step 11 确认没有问题的话，单击左上角的"印刷"按钮（见图 4-80），就可以打印了。

图 4-80

Step 12 一张比例为 1 ： 10 的 A3 横板图纸就打印出来了（见图 4-81）。

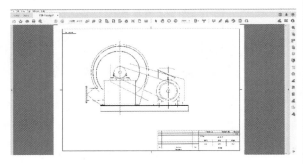

图 4-81

在这里补充说明一下，在 Step 05 用 LIMITS 命令完成设定之后，画面不会发生什么变化。如果想直观感受 LIMITS 的设定效果的话，可以采用下面的方法。

首先，输入 OSNAP{XE "OSNAP"}命令（快捷键 OS），启动"草图设置"对话框，切换到"捕捉和栅格"选项卡，取消勾选"显示超出界限的栅格"复选框，然后单击"确定"按钮，关闭"草图设置"对话框（见图 4-82）。

返回到图形画面，按 F7 键，就可以看到，只有 LIMITS 所设定的地方有栅格显示（见图 4-83）。

图 4-82

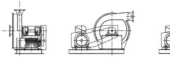

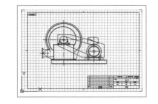

图 4-83

使用 LIMITS 命令不但可以设定印刷范围，将系统变量 LIMCHECK {XE "LIMCHECK"} 的值改为 1（默认值为 0）之后，作图的范围将会被锁定到 LIMITS 设定的印刷范围以内，印刷范围以外的地方将无法绘图。

【进阶教程】GX–Limits 命令

通过前面的介绍，我们可以感觉到，有效地管理视图范围是提高工作效率的关键。特别是在处理大型图纸或进行详细绘图时，能够快速调整视图以适应整个图形的范围是至关重要的。为了方便操作，使用 AutoLISP 自定义命令是一个非常好的选择。下面是一个名为 GX-Limits 的自定义 AutoLISP 命令（见表 4-6），这是一个简洁但功能强大的命令，它能自动将用户的视图缩放到当前图形的范围，而无论是否有其他命令正在执行。

此命令的特点是能够在不干扰当前操作的情况下快速调整视图，这意味着即使在执行其他命令，也可以无缝地调整视图。GX-Limits 能检测当前是否有命令活动，并根据这一状态选择相应的缩放方式，然后无缝集成到工作流程中。它会关闭命令行的回显功能，使界面更加干净，减少视觉干扰，并在完成操作后重新开启回显功能。

表 4-6　GX-Limits.lsp

1	`(defun C:GX-Limits ()` 　; 定义一个名为 GX-Limits 的新函数
2	`  (setvar 'cmdecho 0)` 　; 设置系统变量 cmdecho 为 0，关闭命令行回显
3	`  (if (> (getvar 'cmdactive) 0)` 　; 检查是否有活动命令，如果有则执行以下命令
4	`    (command "_.'zoom" "_non" (getvar 'limmin) "_non" (getvar 'limmax)); then` 　　; 执行缩放命令，设置缩放范围为当前图形范围的最小和最大值
5	`    (command "_.zoom" "_non" (getvar 'limmin) "_non" (getvar 'limmax)); else` 　　; 如果没有活动命令，则执行相同的缩放命令
6	`  )` 　; 结束 if 语句
7	`  (setvar 'cmdecho 1)` 　; 恢复命令行回显
8	`  (princ)` 　; 结束函数执行，返回到 AutoCAD 命令行
9	`)` 　; 结束函数定义

GX-Limits 可以帮助我们高效地精确控制视图。通过简化视图调整过程，它不仅节省了宝贵的时间，而且提高了工作流程的流畅性。GX-Limits 是 AutoCAD 用户的一个实用工具，读者通过第 7 章 AutoLISP 操作的介绍，可以很快掌握它的使用方法。

4.10　云线的绘制技巧

我们在绘图的过程中，经常需要修改图纸。特别是与外部交流的时候，将修改了的地方或者有疑问的地方圈起来以示区别，可以方便其他看图人员快速找到具体的位置（见图 4-84）。

在大多数情况下，大家都会选择云线作为标注区别的工具，而且在很多绘图软件中都有云线的功能，它能方便我们标注修改的范围和修改的地方。随着 AutoCAD 版本的不断更新，AutoCAD 的云线功能也越来越多。在 2023 版本中云线有"矩形""多边形"和"徒手画"这几种功能（见图 4-85），它已经成为人们图纸交流工作中一款不可缺少的工具。

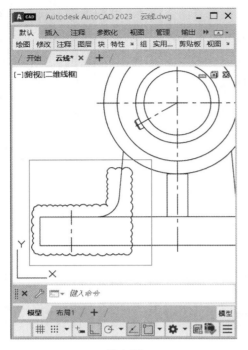

图 4-84

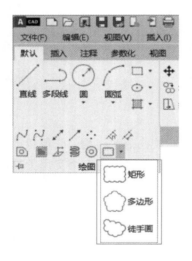

图 4-85

云线的命令为 REVCLOUD {XE "REVCL OUD"}。默认的云线命令没有快捷键和别名，但是它的命令也很好记忆。我们经常使用的长方形命令为 RECTANG，它的快捷键为 REC。我们结合着 REC 这个命令来记忆，

只需要在命令行窗口里输入 REV，很快就能调出云线功能。

云线命令使用起来很简单，输入 REV，就可以从命令列表中找到并启动它。首先输入弧长，然后就可以在绘图区域里面和绘制直线一样绘制云线了（见图 4-86）。默认的云线功能为徒手画。如果想使用矩形云线的话，输入弧长之后，再输入 R 命令，选择"矩形"项，这样就可以绘制出矩形的云线了。

图 4-86

在实际使用的过程中，多边形的云线是最常用到的。但是采用多边形功能来绘制云线时，因为无法使用正交命令 ORTHOMODE {XE "ORTHOMODE"}（快捷键 F8），所以绘制出来的多边形云线很难保证横平竖直，图 4-87 左边所示的多边形云线就显得很难看。

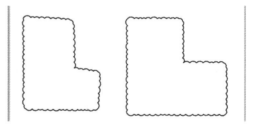

图 4-87

要想绘制图 4-87 右边那样规规矩矩的多边形云线，可以通过以下方法来实现。

Step 01 首先使用 PLINE {XE "PLINE"} 命令（快捷键 PL）绘制想要的多边形（见图 4-88）。

Step 02 输入 REV，启动云线命令；输入 a，按回车键后，输入弧长。

Step 03 输入 o，按回车键后，选择 Step 01 绘制的多段线（见图 4-89）。

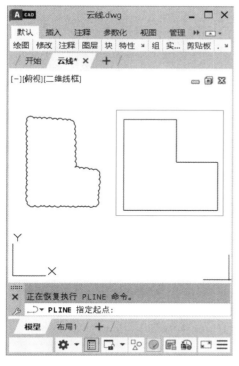

图 4-88

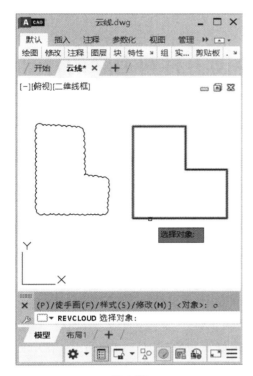

图 4-89

Step 04 再选择云线的方向，就能绘制出横平竖直、规规矩矩的云线了（见图 4-90）。

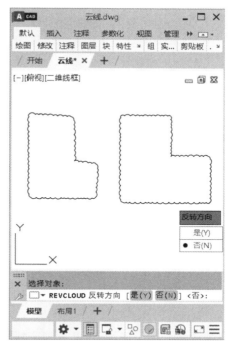

图 4-90

启动云线命令后输入弧长时，如果只需要一种大小的弧长，而不是最大弧长和最小弧长，可以修改变量 REVCLOUDARCVARIANCE｛XE "REVCLOUDARCVARIANCE"｝的值为 0。

上面是使用默认命令绘制多边形云线的方法。如果想更高效地利用云线功能的话，可以参阅 8.5 节。使用 LISP 工具，不但能快速绘制云线，图层、颜色甚至线型等都可以同时设定。

另外，在使用云线实现图纸交流的时候，如果标注云线的地方很多，就需要给云线编号（见图 4-91）。这个时候我们可以结合 8.6 节的方法，快速生成带三角形的连续数字进行标注。可以将标注数字利用 LISP 统一放在一个图层中，使用同一种颜色，以提高效率。

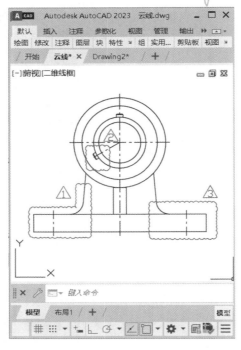

图 4-91

在第 8 章介绍了使用 LISP 创建云线的实例，感兴趣的朋友可以参考。

4.11 使用 MASSPROP 命令助力材料力学的计算

机械专业的朋友应该在大学里面学习过材料力学，其中型钢的截面不同，截面系数也不相等。AutoCAD 除了能马上告诉我们对象的周长、面积等数据外，使用 MASSPROP {XE "MASSPROP"} 命令还可以轻松地获取截面的惯性矩、惯性半径、截面系数等数据。

在使用 MASSPROP 命令之前，需要为截面创建面域。面域的命令为 REGION {XE "REGION"}（快捷键 REG），在"默认"选项卡的"绘图"选项板里面可以找到它的图标（见图 4-92）。

图 4-92

比如，工字钢图形（见图 4-93）是由 PLINE（多段线）命令绘制的。如果想获取它的截面系数，在命令行窗口里面输入 REGION 命令后，选择工字钢，就可以建立一个面域（见图 4-94）。创建面域后，在图形显示上没有变化，需要在命令行窗口里面确认或者单击它，通过显示出来的快捷特性 QPMODE {XE "QPMODE"}（见图 4-95）来确认。利用快捷特性来确认对象的方法请参阅 1.4 节。注意，创建面域之前，要将对象制作成一个封闭的空间。

图 4-93

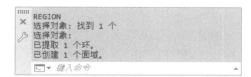

图 4-94

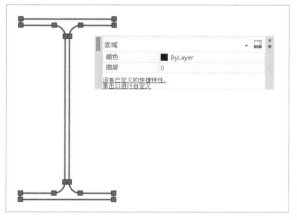

图 4-95

建立好面域之后，在命令行窗口中输入 MASSPROP 命令，按回车键后，从命令行窗口中将会获得以下信息（见图 4-96）。

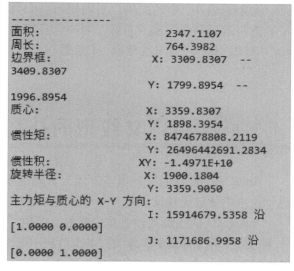

图 4-96

按照图 4-97 的提示，选择"是"之后，就可以将分析的结果保存到普通的文本文件里面（见图 4-98）。

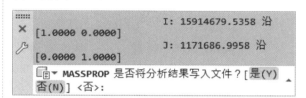

图 4-97

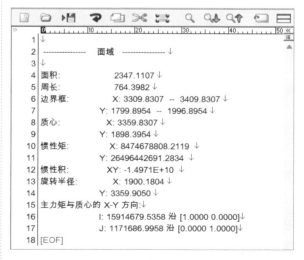

图 4-98

比如说表 4-7 中的数据，主力矩与质心的 X-Y 方向就是需要的截面系数，若将它换算为 cm^4（除以 10000），I 就是 Ix，J 就是 Iy。

表 4-7　截面系数

I	Ix	$1591cm^4$
J	Iy	$117cm^4$

4.12　自定义线型的技巧

AutoCAD 预备的线型很多时候无法满足我们工作中的需求。掌握制作线型的方法，在图纸设计过程中能够迅速地自定义一个线型，这也是绘图过程中应该学习的必备技巧。

AutoCAD 的线型制作方法主要分为两种，一种是使用 Express Tools 的 MKLTYPE {XE "MKLTYPE"} 命令，一种是直接编辑 AutoCAD 的原始线型文件 acadiso.lin 来制作。对这两种方法，本节都将给出详细操作介绍。

4.12.1　利用 MKLTYPE 命令制作线型

打开 AutoCAD，新建一个 DWG 文件，在 Express Tools 的 Tools 里面，找到 Make Linetype（见图 4-99），它就是线型制作命令 MKLTYPE。

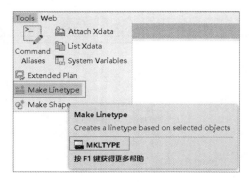

图 4-99

比如，准备制作一条中心线（见图 4-100），长线长度为 5mm，短线长度为 2mm，两边间隔分别为 1mm。使用 MKLTYPE 命令制作它的方法如下。

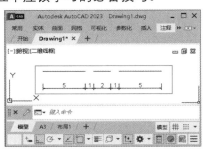

图 4-100

Step 01 新建一个 DWG 文件，使用多段线命令 PLINE {XE "PLINE"}（快捷键 PL）按照图 4-100 的尺寸绘制出线型（尺寸无须标注）。然后在命令行窗口中输入 MKLTYPE 命令，按回车键后，弹出选择保存线型文件的对话框（见图 4-101）。在这里选择 AutoCAD 默认线型文件的保存地址 Support 文件夹（Support 文件夹的地址请参阅 4.12.2 小节）。文件命名为 acadiso_center_512.lin。

图 4-101

Step 02 保存完文件后，命令行窗口提示填写自定义线型的名称（见图 4-102），这里命名为 center_512。

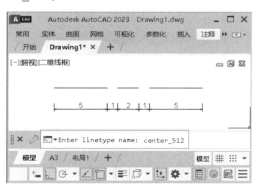

图 4-102

Step 03 命令行窗口提示输入线型的说明（见图 4-103），在这里填写"中心线_512"。

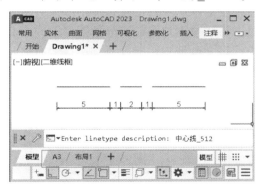

图 4-103

Step 04 下面需要选择中心线图形的起点，单击图 4-104 中圆圈的地方。

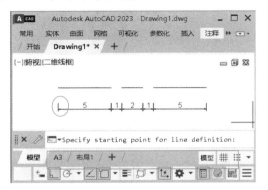

图 4-104

Step 05 继续单击中心线的终点，此次选择图 4-105 中圆圈的地方。

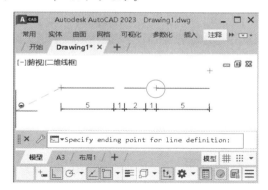

图 4-105

Step 06 这一步要求选择对象，单击图 4-106 中圆圈处的两条直线。

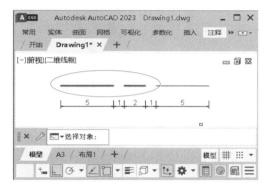

图 4-106

到这里线型的制作就结束了。

我们来验证一下刚才的线型制作成功了没有。在命令行窗口中输入命令 LINETYPE ｛XE "LINETYPE"｝，按回车键后，弹出"线型管理器"对话框（见图 4-107）。

图 4-107

单击图 4-107 中右上角的"加载"按钮，选择刚才制作的 acadiso_center_512.lin 文件后单击"打开"按钮（见图 4-108）。

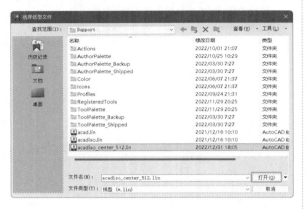

图 4-108

可以看到刚才制作的 center_512 线型（见图 4-109）。选择它并加载后即可使用这个线型。

图 4-109

4.12.2　直接编辑 acadiso.lin 文件创建线型

MKLTYPE 命令虽然能创建一个线型文件，但是它无法直接将线型添加到 AutoCAD 默认的线型文件 acadiso.lin 里面，需要创建完之后，手动复制粘贴进去。下面介绍怎样直接编辑 acadiso.lin 文件来创建线型。

首先需要确认 AutoCAD 默认的线型文件保存在哪里。打开任意一个文件，在命令行窗口中输入命令 OPTIONS｛XE "OPTIONS"｝（快捷键 OP），打开"选项"对话框，在"文件"选项卡的"支持文件搜索路径"下面，找到默认的线型文件地址 Support（见图 4-110）。

图 4-110

以 AutoCAD 2023 版本为例，线型文件的默认地址如下：

C:\Users\（用户名）\appdata\roaming\autodesk\autocad 2023\r24.2\chs\support

线型的默认文件地址很深，如果经常使用的话，可以根据自己的实际情况修改或者新增一个线型文件搜索路径（添加路径的方法可以参考 7.5 节）。

打开地址后，找到 acadiso.lin 文件（见图 4-111），然后双击打开它（为防止操作失误，先将其备份，再进行修改）。

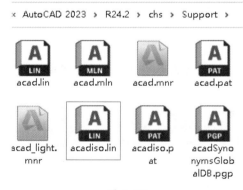

图 4-111

这时可以看到文件里面密密麻麻的数据（见图 4-112），AutoCAD 默认的公制单位的线型数据都保存在这个文件里面。刚开始大家可能觉得无法下手，其实只要掌握了它的规则，编辑这个文件是很简单的。

图 4-112

比如，单独将中心线的线型数据拿出来：

```
1  *CENTER,Center  ____ _ ____ _ ____
2  A, 31.75, -6.35, 6.35, -6.35
```

根据上面的数据，将中心线绘制出来，并用尺寸标注一下（见图 4-113）。

图 4-113

一边看这个中心线的数据，一边参阅图 4-113，然后看下面线型规则的说明，就很容易理解各个参数的含义了（见表 4-8 和表 4-9）。

表 4-8　第 1 行的含义

参　数	含　义
*	必须以 "*" 符号开头来说明，指这一行为线型的名称
CENTER	为线型的名称
,	以逗号为一个单元来区分（以下一样）
Center	为这个线型的说明
____ _	中心线的示意图

表 4-9　第 2 行的含义

参　数	含　义
A	线型的对齐数据，必须以 A 开头。表示线型是自动对齐的
31.75	表示中心线第一条直线的长度为 31.75mm
-6.35	表示第一条直线和第二条直线之间的距离为 6.35mm（负号表示空格）
6.35	表示第二条直线的间距为 6.35mm
-6.35	表示第二条直线和第三条直线之间的间距为 6.35mm（负号表示空格）

根据上面的规则，我们就可以很轻松地编写出图 4-100 中的中心线数据。

```
*CENTER_512，中心线 _512
A,5,-1,2,-1
```

将编写的规则复制粘贴到 acadiso.lin 文件中（见图 4-114），保存后无须再启动 DWG 文件即可使用。

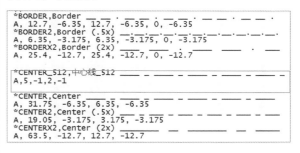

图 4-114

下面来确认线型是否制作成功了。在命令行窗口中输入 LINETYPE 命令，按回车键后打开"线型管理器"对话框，单击右上角的"加载"按钮，就可以看到 acadiso.lin 文件中自制的线型了（见图 4-115）。

图 4-115

这个方法虽然比较抽象，但是如果熟悉了，相对 MKLTYPE 命令更节省时间。

最后再提醒大家一下，如果修改了 acadiso.lin 文件，请一定记得备份（见图 4-116），以备操作失误时的复原以及在其他电脑中使用。

图 4-116

4.13 自定义块填充图案

当默认的填充图案不能满足需求的时候，可以使用 SUPERHATCH 命令，将自定义的块作为填充图案使用。

比方说将一个六边形制作为填充图案后，放置到右边的长方形中（见图 4-117），操作方法如下。

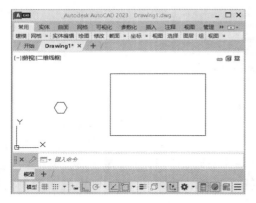

图 4-117

Step 01 通过多边形命令 POLYGON（快捷键 POL）创建一个六边形。然后输入命令 BLOCK（快捷键 B），将这个六边形转换为块，块的名称任意，这里命名为"六边形图案"。"基点"选择六边形的六个顶点或者六个中点的任意一个即可，"选择对象"选择制作的六边形，最后单击"确定"按钮，完成块的创建（见图 4-118）。

图 4-118

Step 02 在 Express Tools 里面，单击 SUPER HATCH 命令的图标 Super Hatch（见图 4-119）。

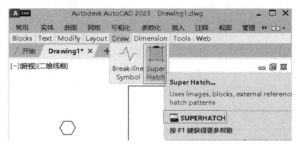

图 4-119

Step 03 将弹出 SuperHatch 对话框（见图 4-120）。除了可以用块创建填充图案外，图像、外部参照等都可以利用这个命令创建为填充图案。

图 4-120

SuperHatch 对话框中几个图标的功能见表 4-10。

表 4-10　图标功能

图　标	功　　能
Image	指定图像作为填充图案
Block	指定块作为填充图案
Xref Attach	指定外部参照作为填充图案
Wipeout	指定区域覆盖作为填充图案

因篇幅的关系，这里只讲解 Block（块）填充图案的操作方法，其他几种图案大家可以自行尝试。

Step 04 单击对话框中的 Block 按钮，在弹出来的 SuperHatch - Insert 对话框中，选择刚才制作的"六边形图案"块，单击"确定"按钮（见图 4-121）。

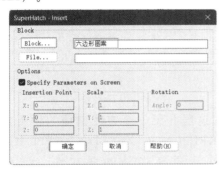

图 4-121

Step 05 六边形图案块被显示出来，命令行窗口提示"指定插入点"，在长方形里面单击想放置六边形的位置（见图 4-122）。

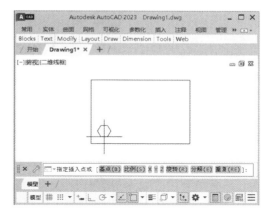

图 4-122

Step 06 在这里需要选择插入的块是否进行 X 比例放大（见图 4-123）和 Y 比例放大（见图 4-124）。如果不需要放大，直接按回车键。

图 4-123

图 4-124

Step 07 接着提示"指定旋转角度"，如果不需要旋转角度的话，直接按回车键。这里输入 30（见图 4-125），然后按回车键。

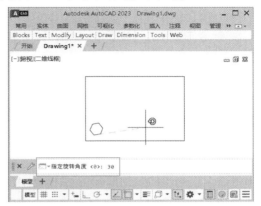

图 4-125

Step 08 命令行窗口提示"Is the placement of this BLOCK acceptable? {Yes/No} <Yes>",询问是否接受这样的放置,直接按回车键表示接受(见图 4-126)。

图 4-126

Step 09 画面中会出现一个紫色的外框,提示"Specify block [Extents] First corner <magenta rectang>",让我们指定块的范围。如果没有变更,直接按回车键(见图 4-127)。

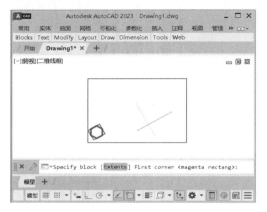

图 4-127

Step 10 继续提示"Specify an option [Advanced options] <Internal point>",让我们指定一个内部点(见图 4-128),在长方形内部任意处单击后,按回车键。

图 4-128

Step 11 到这里,图形的填充就完成了(见图 4-129)。

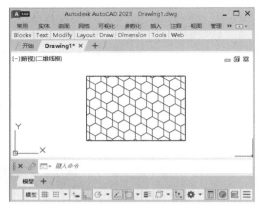

图 4-129

另外,第 8 章介绍了怎样利用 LISP 来自定义填充图案,它将会帮助我们自制 pat 文件来进行图形的填充,也请一并参考。

4.14 快速替换块的方法

块命令 BLOCK {XE "BLOCK"}(快捷键 B)是我们经常使用的命令。在设计和绘图过程中,难免会发生修改和替换块的操作。如果一个 DWG 文件中有两个 BLOCK 图形,那么怎样才能快速替换它们呢?

传统的方法是使用块编辑器命令 BEDIT{XE "BEDIT"}(快捷键 BE,见图 4-130),或者使用重命名命令 RENAME {XE "RENAME"}(快捷键 REN,见图 4-131)来解决这个问题。

图 4-130

在这里介绍一个方便快捷的块更换命令 BLOCKREPLACE {XE "BLOCKREPLACE"},它能快速更换当前的块文件,而无须修改更换前的块文件，并且可以保留它。BLOCKREPLACE 是 Express Tool 中的一个命令，其图标如图 4-132 所示。

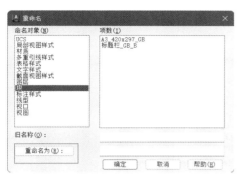

图 4-131

图 4-132

比方说有两个块图形存在于一个文件中，一个是"管嘴_DN25"，一个是"管嘴_25"（见图 4-133），现在想将"管嘴_25"这个块图形都替换为"管嘴_DN25"，操作方法如下。

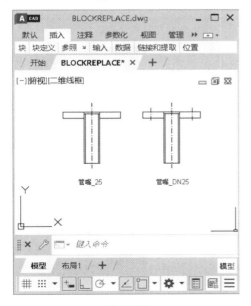

图 4-133

Step 01 启动 BLOCKREPLACE 命令后，在弹出的对话框中首先选择要被替换的块"管嘴_25"（见图 4-134）。

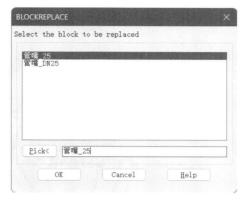

图 4-134

Step 02 然后选择替换后的块"管嘴_DN25"（见图 4-135）。

图 4-135

Step 03 这时如果在命令行窗口中输入 Y，将会删除"管嘴_25"这个块文件；如果想保留这个块文件，则需要输入 N（见图 4-136）。

图 4-136

4.15 对齐命令 ALIGN 的使用技巧

对齐命令 ALIGN {XE "ALIGN"} （快捷键 AL）是绘图操作中很常用的一个命令，也是非常重要的一个命令，特别是在三维模型的操作中非常有帮助。这个命令是 AutoCAD 的一个标准命令，只需要输入 AL 即可调用它。ALIGN 命令不但可以让对象快速对齐，同时缩放及旋转功能都可以一起实现。它在二维模型和三维模型的操作中都是有效的。另外，在 AutoCAD LT 版本中，只能使用键盘在命令行窗口中输入 ALIGN 命令来调用它，图 4-137 这样的图标在默认的命令面板里没有。

图 4-137

使用对齐功能，能一步到位实现以下几个操作（表 4-11）。

表 4-11　对齐功能可以实现的操作

操　作	示　例
移动 + 对齐	见图 4-138
移动 + 旋转 + 对齐	见图 4-139
移动 + 旋转 + 缩放 + 对齐	见图 4-140

图 4-138

图 4-139

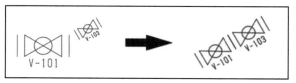

图 4-140

比如，图 4-141 中有一个小阀门的图标 V-101 和一个大阀门的图标 V-102，想将 V-101 小阀门对齐到 V-102 大阀门的左面，虽然它们都是倾斜的状态，但如果你会使用 ALIGN 命令的话，这将变得非常简单。

图 4-141

Step 01 在命令行窗口中输入 AL 命令，确定后，先确定选择对象（见图 4-142）。因为要将 V-101 小阀门的图标移动到 V-102 大阀门的旁边，所以选择小阀门，然后确定。

图 4-142

Step 02 接着指定目标点。先单击小阀门的右下角，然后单击大阀门的左下角，完成第一个目标点；单击小阀门的右上角，再单击大阀门的左上角，完成第二个目标点（见图 4-143）。

Step 03 这个时候 AutoCAD 的命令行窗口中会提示设定第三个目标点（见图 4-144）。大部分情况下，我们不用设定第三个目标点，直接

跳过即可。（有时为了调整模型的方向，需要选择第三个点。）

图 4-143

图 4-144

Step 04 接下来会询问是否基于对齐点缩放对象（见图 4-145），如果希望保持 V-101 小阀门图标原来的大小形状，选择"否（N）"；如果希望将 V-101 小阀门图标自动放大到和 V-102 大阀门图标的尺寸一样大小，就选择"是（Y）"。

图 4-145

Step 05 这里选择"是（Y）"之后，V-101 小阀门不但对齐到了 V-102 大阀门的旁边，还将尺寸也自动放大到和 V-102 大阀门相同大小（见图 4-146）。

图 4-146

　　ALIGN 命令是一个非常实用的命令。从前面的两个例子可以看出，ALIGN 命令不但能对齐对象，缩放甚至旋转也会一步到位，对提高操作的效率有很大帮助。希望大家有机会尝试一下这个命令，并将它活用到自己的工作中。

第5章

运用布局的工作技巧

  打开 AutoCAD，新建一个 DWG 文件，在画面的左下角可以看到两个基本空间，一个是模型空间 MODEL ｛XE "MODEL"｝，一个是布局空间 LAYOUT ｛XE "LAYOUT"｝。

  遗憾的是，很多人只知道一味地在模型空间里进行设计和操作，完全忽略了布局空间的存在。其实 AutoCAD 的布局功能非常强大，可以为我们做很多高效的事情，如批量打印、项目名称统一管理、多视口排版等。我将布局空间的一些常用技巧总结到本章，希望能对大家有所启迪和帮助。

5.1 运用布局向导功能创建布局

  若想使用布局空间完成工作，首先要学会创建和设定布局。设定布局的方法很多，在 2.8 节介绍了模板的制作方法，通过自制的模板来新建布局是一种常用的方法。

  另外，AutoCAD 还专门准备了布局向导功能 LAYOUTWIZARD ｛XE "LAYOUTWIZARD"｝，通过这个向导功能可以很快制作一个新的布局。对创建布局不太熟悉的朋友，我建议大家首先使用这种方法创建布局，它会使工作高效很多。

在使用 LAYOUTWIZARD 功能之前，需要提前绘制出自用的图框和标题栏。图框和标题栏按照正常的绘图操作，绘制在模型空间里，最后以 DWG 的格式保存即可。

这里以制作一个 A3 规格、方向为横版的图纸图框为例（见图 5-1），从图框块的制作，到怎样利用布局向导功能添加布局，将一一进行介绍。

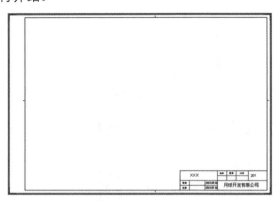

图 5-1

制作布局的流程如下。

（1）在模型空间里制作自用的图框。

（2）制作自用的标题栏。

（3）将图框和标题栏保存为 DWG 文件，放置到 Template 文件夹里。

（4）利用 LAYOUTWIZARD 功能制作布局。

在这里，讲解绘制图框和标题栏的过程中，关于字体、图层以及线型等的设定就省略不再详细叙述了，大家根据个人喜好和公司的规定来自行设定即可。

5.1.1 制作图框

图框的制作方法很多，将现有图纸里已经制作好的图框粘粘到一个新建的 DWG 文件中，略加修改后保存为自用的图框是一种常用的方法。为方便初学者，这里从零开始来制作一个 A3 规格的图框，具体操作方法如下。

首先新建一个 DWG 文件，在模型空间的任意地方，按照图 5-2 的尺寸来绘制图框。

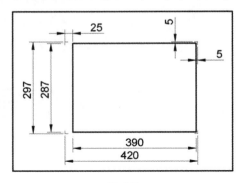

图 5-2

图 5-2 是按照制图的国家标准，以留装订边的形式制作的图框。左边装订边的尺寸为 25mm，其他三边的空白均为 5mm。

Step 02 使用矩形命令 RECTANG {XE "RECTANG"}（快捷键 REC）绘制一个 420mm×297mm 的矩形。

Step 03 使用分解命令 EXPLODE {XE "EXPLODE"}（快捷键 X）将这个矩形分解。

Step 04 使用偏移命令 OFFSET {XE "OFFSET"}（快捷键 O）对各个边朝内部进行偏移，其中，左面偏移量为 25mm，其他三个边偏移量为 5mm。

Step 05 单击偏移前的直线的端点，选择"拉长"命令（见图 5-3），将 4 个角的直线长度都修改为 10mm（见图 5-4）。

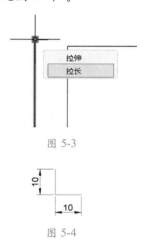

图 5-3

图 5-4

Step 06 在偏移后的直线中点处，添加 4 条长度为 3mm 的直线（见图 5-5），以方便绘图时确认图框中点的位置。

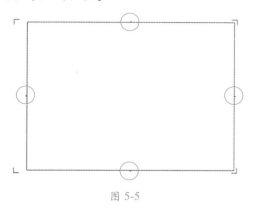

图 5-5

Step 07 图框到这里就绘制好了，下面需要将整个图框的左下角位置移动到世界坐标 UCS {XE "UCS"} (0, 0) 点处。输入移动命令 MOVE {XE "MOVE"}（快捷键 M），单击图形的左下角，然后继续在命令行窗口里输入"# 0, 0"，按回车键后，图框的左下角就移动到了 (0, 0) 点。关于移动到 (0, 0) 点的操作，大家也可以参考 3.3 节。

Step 08 最后将制作的图框保存到 Moon_A3.dwg 文件（见图 5-6）。

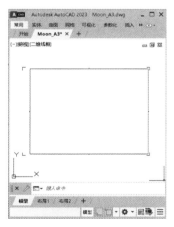

图 5-6

5.1.2 制作标题栏

图框制作完成后，继续在 Moon_A3.dwg 文件里面制作标题栏。标题栏可以根据自己公司

或项目的需求进行定制，这里按照图 5-7 的尺寸制作标题栏。标题栏使用直线命令 LINE {XE "LINE"}（快捷键 L）或者矩形命令 RECTANG {XE "RECTANG"}（快捷键 REC）很快就可以绘制出来，方法就不再详细叙述了。

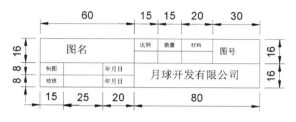

图 5-7

标题栏使用 TEXT {XE "TEXT"} 命令添加文字固然可以，但是使用"定义属性"功能 ATTDEF（快捷键 ATT）添加文字的话，制作布局时修改标题栏的信息会非常方便（参阅 5.1.3 小节）。

在"插入"选项卡的"块定义"选项板里面，可以找到"定义属性"图标（见图 5-8）。启动"属性定义"对话框后，只需简单填写一下属性、文字高度，其他设定保持默认即可（见图 5-9）。

图 5-8

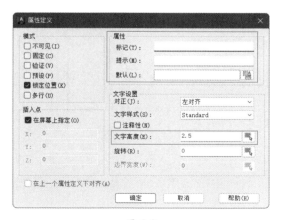

图 5-9

最后将制作好的标题栏放置到图框的右下角（见图 5-10），保存后，将 Moon_A3.dwg 文件放置到 AutoCAD 的 Template 文件夹里。

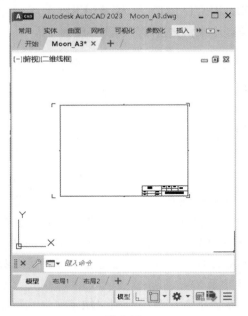

图 5-10

AutoCAD 默认的 Template 文件夹位置可以通过选项命令 OPTIONS｛XE "OPTIONS"｝来查看。在"选项"对话框"文件"选项卡的"样板设置"处也可以找到 Template 文件夹的位置（见图 5-11）。我们可以修改此位置，将它放置到自己容易找到的地方。

图 5-11

5.1.3　创建布局

图框和标题栏创建好之后，就可以使用"布局向导"功能 LAYOUTWIZARD｛XE "LAYOUTWIZARD"｝来创建布局了，具体操作方法如下。

Step 01 打开任意一个 DWG 文件，在命令行窗口中输入 LAYOUTWIZARD 命令并按回车键后，启动"创建布局 - 开始"对话框，直接单击"下一页"按钮（见图 5-12）。

图 5-12

Step 02 为方便印刷，需要选择打印机。在这里选择 AutoCAD PDF（General Documentation）.pc3（见图 5-13），然后单击"下一页"按钮。

图 5-13

Step 03 因为我们自制的图框为 A3 尺寸，所以图纸尺寸选择 ISO full bleed A3（420.00 × 297.00 毫米），"图形单位"选择"毫米"，单击"下一页"按钮（见图 5-14）。

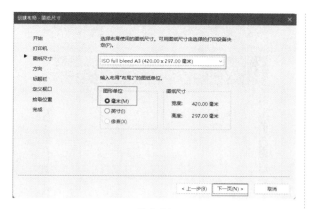

图 5-14

Step 04 确认方向为"横向"，单击"下一页"按钮（见图 5-15）。

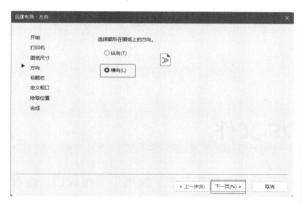

图 5-15

Step 05 "标题栏"选择刚才制作的 Moon_A3.dwg 文件，然后单击"下一页"按钮（见图 5-16）。

图 5-16

Step 06 "视口设置"默认为"单个"，继续单

击"下一页"按钮（见图 5-17）。

图 5-17

Step 07 "拾取位置"选项无须任何操作，直接单击"下一页"按钮（见图 5-18）。

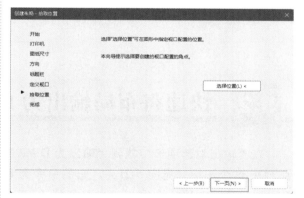

图 5-18

Step 08 直接单击"完成"按钮（见图 5-19），关闭对话框。

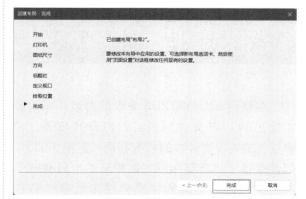

图 5-19

Step 09 这样，根据向导的提示，可以很快创建一个自制的 A3 布局（见图 5-20）。

如果按照 1.4 节的介绍设定了快捷特性，当单击标题栏后，所有用"定义属性"功能 ATTDEF（快捷键 ATT）所设定的信息，在快捷特性选项板中可以很方便地修改。

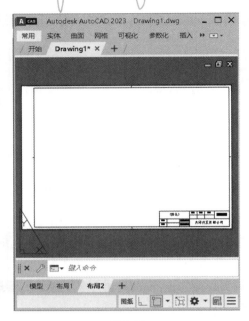

图 5-20

5.2 快速将布局输出为 PDF 文件

在"输出"选项卡中找到"输出为 DWF/PDF"选项板，然后单击"输出"下拉按钮，会看到 PDF 这个图标（见图 5-21），它的命令为 EXPORTPDF｛XE "EXPORTPDF"｝。利用这个命令可以迅速将布局转换为 PDF 文件格式。

图 5-21

在使用 EXPORTPDF 命令的时候，可以设定输出的 PDF 文件为仅当前打开的布局，或者是此 DWG 文件中的所有布局（见图 5-22）。即使选择了"所有布局"，输出的也只有一个 PDF 文件，但全部的布局会按照顺序排列在 PDF 文件里面。

图 5-22

下面以 Tank_001_Rev1.dwg 文件为例（文件可以从官方网站上下载，也可自行准备有两个以上布局设置的 DWG 文件），介绍将布局输出为 PDF 文件的操作方法。

Step 01 打开 Tank_001_Rev1.dwg 文件，从模型空间切换到任意一个布局空间（见图 5-23）。

图 5-23

Step 02 单击图 5-21 中的 PDF 图标，或者在命令行窗口中直接输入 EXPORTPDF 命令并按回车键，将会弹出"另存为 PDF"对话框（见图 5-24）。

图 5-24

Step 03 在对话框的"PDF 预设"选项中，可以选择软件准备的 PDF 输出模板，这里选择 AutoCAD PDF（General Documentation）（见图 5-25）。

图 5-25

Step 04 "输出"选择"所有布局"，文件名称任意，然后单击"保存"按钮（见图 5-26）。

图 5-26

Step 05 打开保存后的 PDF 文件，可以看到所有的布局按照顺序以书签的形式排列到左面（见图 5-27），方便我们切换图纸。

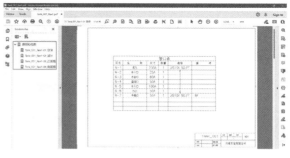

图 5-27

Step 06 所有布局的缩略图也可以展示在左面书签处，供我们预览和切换使用（见图 5-28）。

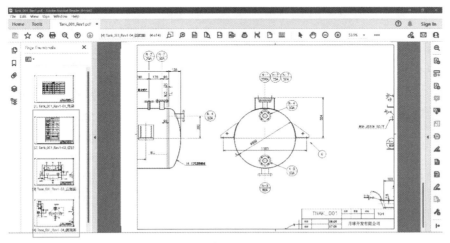

图 5-28

EXPORTPDF命令只能操作当前的 DWG 文件，如果想批量打印多个 DWG 图纸，输出为一个 PDF 文件，请参阅 5.4 节。

5.3 使用布局空间旋转场景并调整视角

保持 X 轴水平、Y 轴垂直来绘图是使用 AutoCAD 的基本需求。在实际工作中，我们经常会遇到一些倾斜的图形，比如地形图（见图 5-29），如果需要沿着河流的方向绘制两个长方形（有填充图案的这两个长方形），因为数量很少，直接倾斜着去画，虽然费事，还是能绘制出来。但是在大型的项目中，如果一直这样倾斜着绘图，效率将会非常低。

图 5-29

例如，我们面向正南的方向坐着，但是面前的高楼是倾斜的。如果想和高楼的正面方向一致，就需要我们移动和切换自己的方向。但是在 CAD 的世界里，我们可以保持自己不动（X 轴水平，Y 轴垂直），让眼前的场景旋转为和你的方向一致。

这个时候不禁有人会问，这不是很简单吗？在模型空间（MODEL）里使用旋转命令 ROTATE｛XE "ROTATE"｝（快捷键 RO）旋转一下图形，将整个图纸的角度改变一下不就可以了？

在这里大家一定要理解一个 AutoCAD 设计理念，模型空间（MODEL）里的所有图形始终保持着正确的方向和 1∶1 的比例，这是一个基本的原则。因为模型空间里面的所有图形是整个图形的根基，如果想放大局部图形的比例，或旋转局部图形的角度，就要使用布局空间（LAYOUT）。

也就是说，在模型空间里面绘图，只需将图形绘制一遍即可。如果想对某个部分进行放大、旋转，不要在模型空间（MODEL）里操作，而应到布局空间（LAYOUT）里来调整。特别是上面所说的场景，如果我们活用布局空间 LAYOUT｛XE "LAYOUT"｝以及坐标命令 UCS｛XE "UCS"｝，那么将会带给我们一个非常好用的操作环境。

根据这个思路，在这里讲解一下实际操作过程，希望大家能将其掌握并应用到自己的工作中。

5.3.1 使用 Z 轴旋转场景

习惯操作旧版本的用户，使用布局空间旋转场景的时候，经常使用 Z 轴进行旋转。这里还是以图 5-29 所示的地形图为例，介绍使用 Z 轴旋转场景的方法。当前图形在模型空间中的效果如图 5-30 所示。

图 5-30

Step 01 首先单击左下角，将图形切换到布局空间里的布局 1（见图 5-31）。

图 5-31

Step 02 单击状态栏最左端的"图纸"文字（见

图 5-31），将它切换为"模型"（见图 5-32）。

图 5-32

切换为模型空间后，视口最外围的线框将会变粗（见图 5-33）。这就意味着虽然当前在布局空间里面，但是通过布局空间进入模型空间后，可以实现和模型空间一样的操作效果。

图 5-33

Step 03 在命令行窗口中输入 UCSICON，按回车键，然后单击"关（OFF）"项（见图 5-34），再继续按 Esc 键，结束这个命令。这样就将布局 1 里面模型状态的 UCS 坐标关闭了。对使用 Z 轴进行旋转操作来说，这一步非常重要，如果不提前设置这一步的话，下面的操作将得到错误的结果。

Step 04 在命令行窗口里输入 UCS，按回车键，继续单击 Z 项（见图 5-35），命令行窗口中会出现"指定绕 Z 轴的旋转角度"提示（见图 5-36）。

图 5-34

图 5-35

图 5-36

Step 05 选择任意一条直线的左边端点为第一点，再选择右边端点为第二点（见图 5-37），结束当前操作。

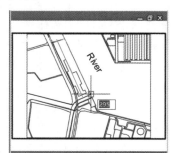

图 5-37

Step 06 在命令行窗口里输入 PLAN（见图 5-38），按回车键。

图 5-38

Step 07 无须任何操作，再继续按一次回车键，Step 05 所指定的直线将会旋转为水平状态（见图 5-39）。将布局空间切换为模型空间，会看到它还是保持着图 5-31 的状态。

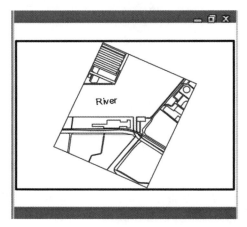

图 5-39

Step 08 在命令行窗口里输入 UCSICON，按回车键，再单击"开（ON）"项（见图 5-40），恢复显示坐标（这一步也可以不现在操作，需要坐标的时候再操作也可以，不影响后面的步骤）。布局 1 的操作结束。

图 5-40

Step 09 重复上面的操作，就可以很快将布局 2 设定为图 5-41 的样子。

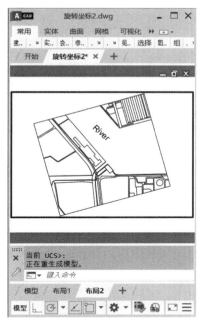

图 5-41

这时在布局 1 的状态下绘图（见图 5-43），就可以水平添加一个长方形；在布局 2 的状态下绘图（见图 5-44），也可以水平添加一个长方形。所有的绘图无须倾斜和旋转，就可以原原本本地反映到模型空间里（见图 5-42）。

到此，即使是倾斜的图形，也能摆正后规规矩矩地绘图了（布局空间），而且不会影响原图形状（模型空间）。如果是双屏电脑，可以实现一边看着绘图的结果（见图 5-42），一边享受着高效绘图的好环境。

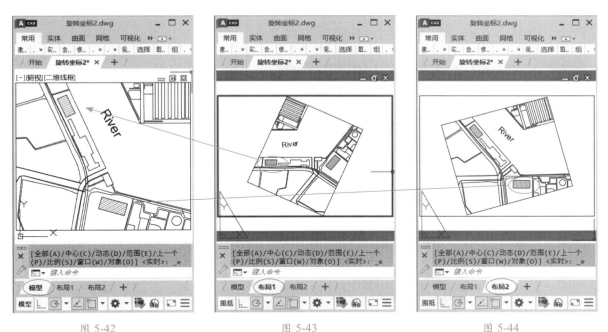

图 5-42   图 5-43   图 5-44

5.3.2　选择两点旋转场景

在 AutoCAD 最近几年的版本中，也可以直接选择两点来旋转视图，比起使用 Z 轴旋转场景，它无须关闭 UCS 图标，具体的操作方法也简化了很多。我们还是以图 5-29 所示的地形图为例，基本操作和前面的讲解相似，这里只将不同的地方说明一下。

Step 01 在布局模式下的命令行窗口里输入命令 MSPACE {XE "MSPACE"} （快捷键 MS），将视口切换为模型状态，然后在命令行窗口里输入 UCS {XE "UCS"} （见图 5-45）并按回车键（相当于 5.3.1 小节的 Step 04）。

图 5-45

Step 02 在图 5-37 中单击红线的任意两点后，命令行窗口会询问"指定 XY 平面上的点或 <接受 >"（见图 5-46），这里直接按回车键。

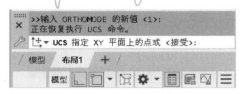

图 5-46

Step 03 最后输入 PLAN，连续按两次回车键，就实现了图形在布局空间中的旋转。

此外，如果提前将 UCSFOLLOW {XE "UCSFOLLOW"}的值修改为 1（默认值为 0）（见图 5-47），在操作过程中就可以省略 Step3 的操作，UCS 命令操作结束后即可同步在视口中显示已经旋转的图形。

图 5-47

5.4 运用布局空间批量印刷

在 AutoCAD 中可以设定和操作一次，利用布局空间出图，实现一键批量打印。DWG 文件甚至不用打开，就可以在后台进行批量印刷。

这里以 Tank_001_Rev1.dwg 和 Tank_002_Rev1.dwg 两个图纸文件为例，将两个文件中所有的布局文件归纳为一个 PDF 文件的操作方法介绍如下（文件可以从官方网站上下载，也可以自己准备两个有布局设置的 DWG 文件来使用）。

Step 01 打开 Tank_001_Rev1.dwg 文件，在"输出"选项卡的"打印"选项板里面可以看到"批处理打印"图标（见图 5-48），它对应的命令为 PUBLISH {XE "PUBLISH"}。

图 5-48

Step 02 按回车键启动 PUBLISH 命令后，将会打开"发布"对话框（见图 5-49）。

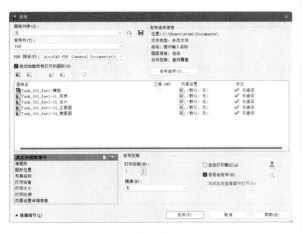

图 5-49

Step 03 图 5-49 右上角的"发布选项信息"为当前默认的文件保存地址，单击下面的"发布选项"按钮（见图 5-50），在"PDF 发布选项"对话框（见图 5-51）中单击右上角的"浏览"按钮，选择地址并保存后可以更改保存地址。

Step 04 可以提前更改保存的地址。在命令行窗口中输入 OPTIONS {XE "OPTIONS"}（快捷键 OP），在"选项"对话框的"打印和发布"

选项卡（见图 5-52）中可以看到保存的位置默认为 Windows 的"我的文档"。在这里修改保存的位置，以后每次启动批量打印时，就不用修改保存的位置了。

图 5-50

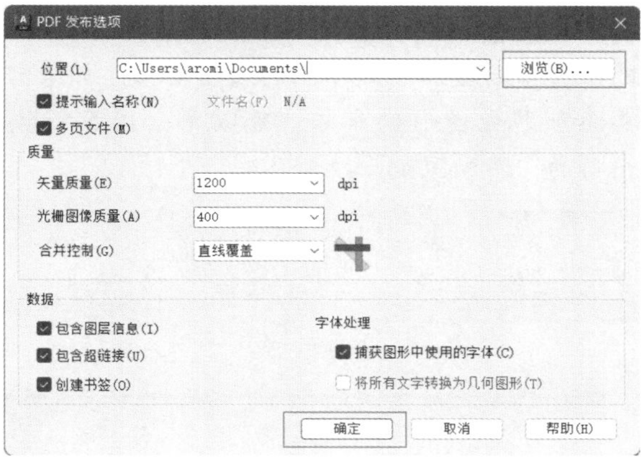

图 5-51

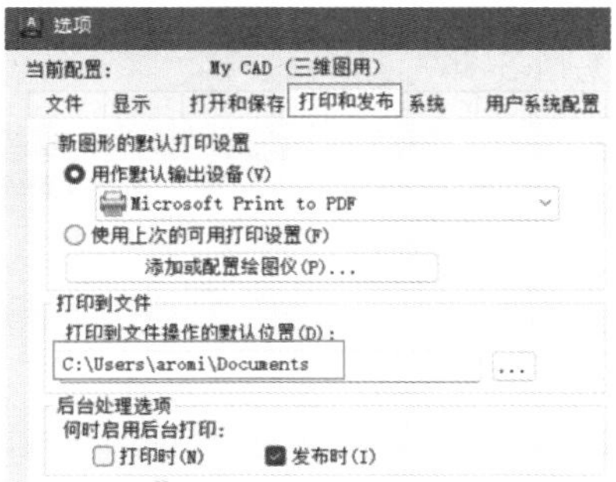

图 5-52

单击"输出"选项卡"打印"选项板右下角的斜三角图标，也可以迅速打开"打印和发布"选项卡（见图 5-53）。

图 5-53

Step 05 在"发布"对话框中将"发布为"修改为 PDF，将"PDF 预设"修改为 AutoCAD PDF（General Documentation）（见图 5-54）。

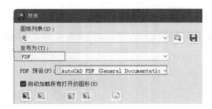

图 5-54

Step 06 在图 5-49 中，只有图纸 Tank_001_Rev1 的所有布局被加载到印刷的选项里面。如果需要添加其他图形的布局，可以单击图 5-55 左上角的"添加图纸"按钮。

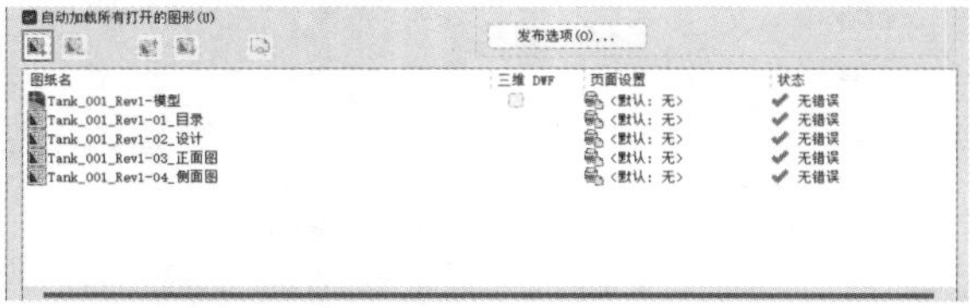

图 5-55

Step 07 在"选择图形"对话框中添加需要打印的文件（Tank_002_Rev1.dwg）后，单击"选择"按钮（见图 5-56）。

图 5-56

Step 08 此时，虽然 Tank_002_Rev1.dwg 文件处于关闭状态，但它所有的布局已添加进来（见图 5-57）。

Step 09 在"发布"对话框的"发布控制"栏中勾选"在后台发布"复选框（见图 5-58）。

图 5-57

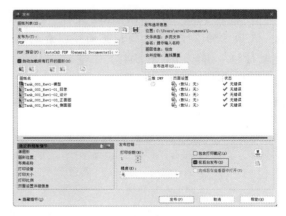

图 5-58

Step 10 在发布之前，单击"图纸列表"栏中的"保存图纸列表"按钮（见图 5-59），设定的列表将以 DSD 文件的形式保存到指定的位置（见图 5-60）。这样待下一次打印的时候，我们通过加载列表即可进行打印发布，无须再次设定（见图 5-61）。

图 5-59

图 5-60

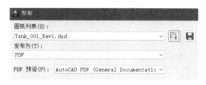

图 5-61

Step 11 单击"发布"对话框中的"发布"按钮，在弹出的对话框中选择发布的地址（见图 5-62），然后弹出"打印 - 正在处理后台作业"对话框（见图 5-63），直接单击"关闭"按钮即可。待电脑画面右下角出现"完成打印和发布作业"提示后（见图 5-64），就批量印刷成功了。当布局文件非常多的时候，后台作业的时间将会很长，这个时候可以使用电脑去操作其他图形和文件，它们对后台的打印操作不会有影响。

图 5-62

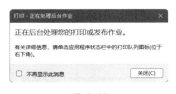

图 5-63

图 5-64

Step 12 使用免费的 Adobe Acrobat Reader 软件打开发布后的 PDF 文件，可以看到所有的布局被保存到了一个 PDF 文件中（见图 5-65），并且按照布局的名称自动整理为书签的格式，以方便切换观看。

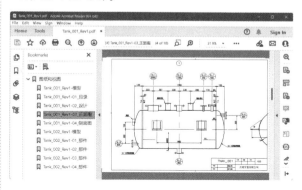

图 5-65

另外，使用图纸集命令 SHEETSET {XE "SHEE TSET"} 也可以实现跨图纸、跨文件夹的批量打印发布。而且图纸集功能可以让我们更加细腻地对布局文件进行设定，并可以以图纸集的文件格式 .dst 来管理和发布文件。特别是大型的项目，按 Ctrl+4 快捷键就可以直接调用图纸集管理器（见图 5-66）。作为图纸的一个切换器，可以将它一直放到画面的左边，用它来统一管理和发布文件，使我们的绘图工作事半功倍。

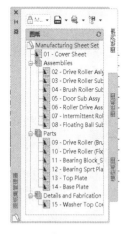

图 5-66

安装了 AutoCAD 之后，在下面的地址中，Autodesk 公司准备了图纸集的样板文件。打开里面的 .dst 格式文件（见图 5-67），大家可以一边参阅这个图纸集的设定，一边自行学习和试用。

```
C:\Program Files\Autodesk\AutoCAD
2023\Sample\Sheet Sets\
```

💡 **提示**

上面是安装 AutoCAD 2023 的地址，我们需要根据安装的 AutoCAD 版本，自行修改地址中"2023"这几个数字。

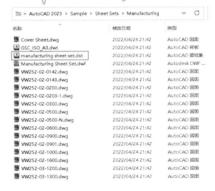

图 5-67

5.5 将布局输出到模型

如果想将布局空间中制作的图形、文字或者表格移动到模型空间有两种方法。一种是使用布局输出命令 EXPORTLAYOUT ｛XE "EXPORTLAYOUT"｝，它可以将整个布局空间的图形移动到模型空间中。另一种是使用更改空间命令 CHSPACE ｛XE "CHSPACE"｝，它可以将指定的图形从布局空间移动到模型空间；反之，也可以将模型空间的图形移动到布局空间中。

使用 EXPORTLAYOUT 命令的方法很简单。首先将准备输出的布局空间激活，然后在布局空间的文件名称上右击，选择"将布局输出到模型"命令（见图 5-68），在打开的对话框中选择保存文件的地址（见图 5-69）。如果保存成功的话，将会弹出提示打开的对话框（见图 5-70）。

图 5-69

图 5-68

图 5-70

使用 CHSPACE 命令的方法也很简单。比如，准备将图 5-71 中布局空间的标题栏移动

到模型空间，首先在布局空间的状态下输入
CHSPACE 命令（见图 5-72），选择标题栏后按
回车键，标题栏就会在布局空间中消失，直接
移动到模型空间中（见图 5-73）。CHSPACE 命
令不但对一般的图形有效，也可以将其转换为
BLOCK｛XE "BLOCK"｝块文件。

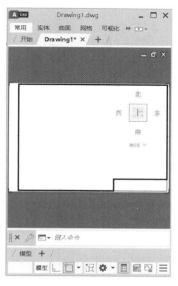

图 5-73

图 5-71

图 5-72

另外，在布局空间进行尺寸标注的时候，
有时标注后显示的尺寸值为布局空间的尺寸，
但实际需要的是图形在模型空间里的尺寸，这
种情况下最简洁的方法就是使用特性匹配命令
｛XE "MATCHPROP"｝（快捷键 MA），将其
转换过来（见图 5-74）。具体的操作这里就不
再介绍了。

图 5-74

 【进阶教程】GX-Exp 函数

当理解了 EXPORTLAYOUT 命令的使用方法之后，结合 LISP 就可以将当前文件中所有的
布局空间批量转换为单独的一张一张的 DWG 文件，程序如表 5-1 所示。

表 5-1　GX-Exp.lsp

1	`(defun c:GX-Exp (/ Lay LayList)`
	; 定义一个名为 GX-Exp 的函数
2	`(setvar "FILEDIA" 0)`
	; 设置 FILEDIA 系统变量为 0，以防止文件对话框弹出

（续表）

3	(foreach Lay (layoutlist)
	; 遍历所有布局，layoutlist 函数返回当前图形中的所有布局列表
4	(progn
	; 对每个布局执行以下操作
5	(setvar "CTAB" Lay)
	; 设置当前布局（CTAB 系统变量）为当前循环中的布局 Lay
6	(command "exportlayout" "")
	; 执行 exportlayout 命令来导出当前布局，"" 表示使用默认设置或路径
7	)
	; 结束 progn 函数
8	)
	; 结束 foreach 循环
9	(setvar "FILEDIA" 1)
	; 恢复 FILEDIA 系统变量为 1，重新启用文件对话框
10	(princ)
	; 函数运行完毕，返回 AutoCAD 的命令行窗口
11	)
	; 结束 GX-Exp 函数

结合第 7 章的说明，我们在命令行窗口中执行 GX-Exp 命令，就可以批量转换当前 DWG 文件中的所有布局空间为一张单独的 DWG 图纸，操作既方便又快捷。

5.6 活用布局空间截图

在工作中，我们经常需要将 DWG 文件传给其他公司，比如地形图（见图 5-75）。但有时我们只想保留圆圈起来的部分，删除其他的地形数据后再传给外部公司。又如，我们想将图中圆圈的地方单独拿出来放到旁边，这种情况该怎么办呢？大多数人可能会想到以下两种方法。

一种是使用修剪工具 TRIM｛XE "TRIM"｝（快捷键 TR）来剪切，但是如果线条太多的话，这样操作起来会非常疲惫，并且浪费时间。

另一种是使用具有块裁剪功能的 XCLIP｛XE "XCLIP"｝命令（快捷键 XC），此时须利用 BLOCK｛XE "BLOCK"｝命令（快捷键 B）将图形转换为块后，才能使用 XCLIP 命令。将转换的图形使用分解命令 EXPLODE｛XE "EXPLODE"｝（快捷键 X）分解后，它又复原为裁剪前的形状。

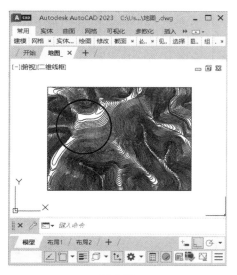

图 5-75

下面给大家介绍一个活用布局空间，利用布局视口命令 MVIEW｛XE "MVIEW"｝（快捷键 MV）来完成裁剪的小技巧。

Step 01 首先大家可以从出版社的网站上获得图 5-75 中的地图进行练习使用，也可以自制一个 DWG 文件进行操作。打开文件后，在模型空间中单击图 5-75 上的圆，按 Ctrl+C 快捷键进行复制。

Step 02 打开任意一个布局空间，按 Ctrl+V 快捷键，将圆粘贴上去（见图 5-76）。

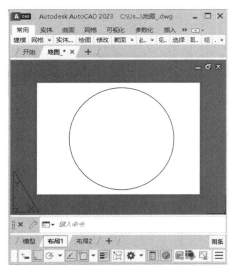

图 5-76

Step 03 在命令行窗口中输入布局视口命令 MVIEW（快捷键 MV），然后继续输入 O，按回车键，或者直接选择命令栏里面的"对象"项（见图 5-77）。

图 5-77

Step 04 单击布局空间里刚才复制过来的圆，此圆将会转换为一个视口，模型空间的所有图形会通过这个圆形视口显示出来（见图 5-78）。

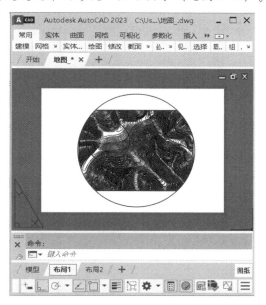

图 5-78

Step 05 在命令行窗口里输入 MSPACE｛XE "MSPACE"｝命令（快捷键 MS），就可以将当前布局的这个圆形视口从图纸空间切换到模型空间（见图 5-79）。

Step 06 在命令行窗口中输入 ZOOM｛XE "ZOOM"｝命令（快捷键 Z），然后继续输入 O，按回车键，或者直接单击命令行窗口中的"对象"项（见图 5-80）。

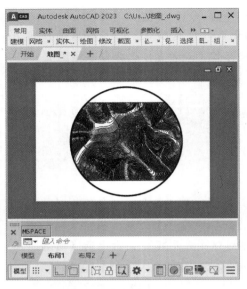

图 5-79

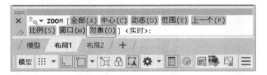

图 5-80

Step 07 选择视口里面的圆，按回车键，此时布局空间里面的圆形视口和模型空间里面的圆会基本对齐（见图 5-81）。

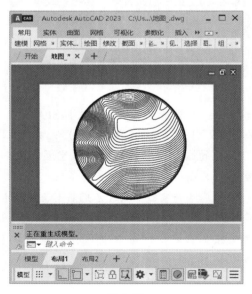

图 5-81

Step 08 滚动鼠标的中键将图形放大，仔细观看布局圆形视口的边框会发现，模型空间里面的圆和布局空间里面的圆形视口之间有一点间隙（见图 5-82），没有完全重合。

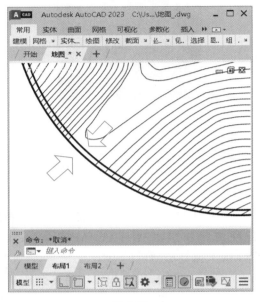

图 5-82

Step 09 继续在命令行窗口里输入 ZOOM（快捷键 Z），再输入 1xp（见图 5-83，xp 的含义为指定相对于图纸空间单位的比例），然后按回车键。

图 5-83

Step 10 再次观察圆形视口的边框，会看到模型里面的圆和视口的圆形完全重合了（见图 5-84）。

Step 11 在命令行窗口中输入命令 PSPACE {XE "PSPACE"}（快捷键 PS），将布局空间里面的视口切换为布局的图纸样式（见图 5-85）。

Step 12 在命令行窗口中输入 EXPORTLAYOUT {XE "EXPORTLAYOUT"} 命令（见图 5-86），按回车键；或者在"布局 1"字样上右击，选择

"将布局输出到模型"命令（见图 5-87），两种方法效果相同。

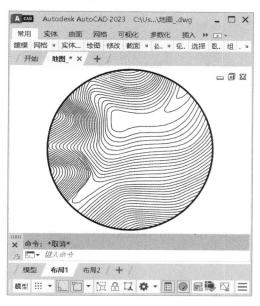

图 5-84

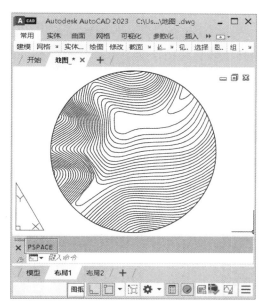

图 5-85

图 5-86

图 5-87

Step 13 这个时候将会弹出"将布局输出到模型空间图形"对话框（见图 5-88），选择保存位置，输入文件名称，单击"保存"按钮。

图 5-88

Step 14 如果保存成功的话，将会弹出如图 5-89 所示的对话框，单击"打开"按钮。

图 5-89

Step 15 打开文件，选择全部图形，按 Ctrl+C 快捷键进行复制（见图 5-90）。

Step 16 切换回图 5-75 的这个 DWG 文件中，在模型空间里按 Ctrl+V 快捷键，在任意空白处粘贴，圆形的截图操作就完成了（见图 5-91）。

此方法不但适用于模型空间的所有图形，也同样适用块文件，非常方便有大量裁剪操作的工况。

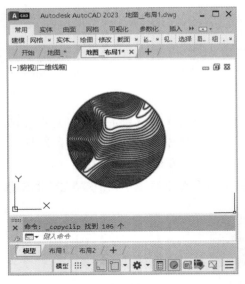

图 5-90

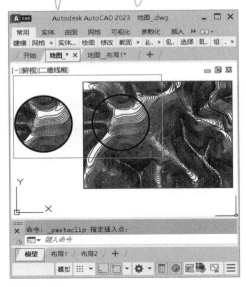

图 5-91

5.7 将布局视口和模型对齐的方法

在 5.6 节的 Step 09 中，介绍过使用 ZOOM+ 比例因子 xp 的方法，将布局空间里的视口和模型空间的对象对齐的操作技巧。如果是像长方形这样比较容易抓取两个对齐点的对象，使用 Express Tools 里面的 ALIGNSPACE｛XE "ALIGNSPACE"｝命令也可以实现同样的效果，具体的操作方法如下。

Step 01 打开"地图 2.dwg"文件，可以看到画面中有一个长方形。选择长方形，按 Ctrl+C 快捷键将其复制（见图 5-92）。

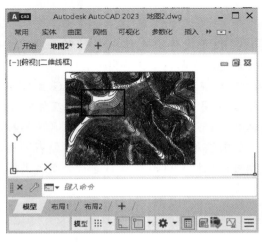

图 5-92

Step 02 任意打开一个布局，然后按 Ctrl+V 快捷键，将图形粘贴到这个布局中（见图 5-93）。

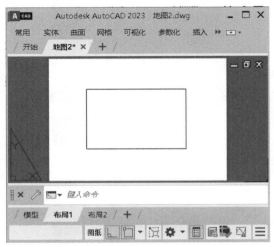

图 5-93

Step 03 在命令行窗口里面输入 MVIEW（快捷键 MV），单击"对象"项，选择刚才粘贴的长方形，将此长方形变为一个视口（见图 5-94）。

图 5-94

Step 04 确认当前视口的状态为模型状态。如果不是，输入 MSPACE 命令（快捷键 MS），将视口的状态切换为模型状态（见图 5-95）。

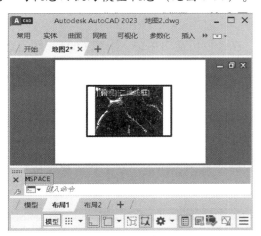

图 5-95

Step 05 在命令行窗口中输入 ALIGNSPACE，按回车键（见图 5-96）。

Step 06 设置模型空间中的长方形左下角为第一点，右上角为第二点（见图 5-97）。

Step 07 继续选择长方形视口的左下角为布局空间的第一点，右上角为第二点（见图 5-98）。

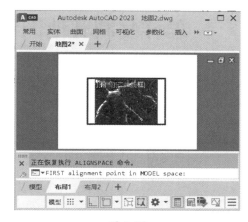

图 5-96

图 5-97

图 5-98

Step 08 此时可以看到，模型空间中的长方形和布局视口的长方形完全对齐了（见图 5-99）。

图 5-99

5.8 怎样复制其他图纸的布局

同一个 DWG 图纸内部布局中的复制和移动，使用 LAYOUT｛XE "LAYOUT"｝命令可以实现。此外，在想复制的布局名称上面右击，选择"移动或复制"命令来实现移动和复制，操作将更加方便简洁（见图 5-100）。

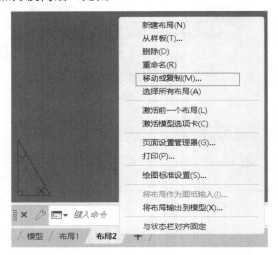

图 5-100

但是如果想复制其他 DWG 图纸的布局到当前的图纸里面，比如，这里有 Tank_001_Rev1.dwg 和 Tank_ 002_Rev1.dwg 两个 DWG 文件（可以在出版社的网站上下载这两个文件），现在需要将 Tank_002_Rev1.dwg 文件中的"04_部件"布局（见图 5-101）复制到 Tank_001_Rev1.dwg 文件里面（见图 5-102），具体操作方法如下。

图 5-101

图 5-102

Step 01 首先打开 Tank_001_Rev1.dwg 文件，将画面切换到任意一个布局，在布局的名称上右击，选择"从样板"命令（见图 5-103）。

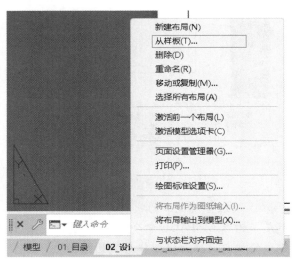

图 5-103

在命令行窗口中输入 LAYOUT，然后选择"样板（T）"项，也可以得到同样的效果（见图 5-104）。

图 5-104

Step 02 此时将会弹出"从文件选择样板"对话框（见图 5-105）。

图 5-105

Step 03 设置"文件类型"为"图形（*.dwg）"（见图 5-106）。

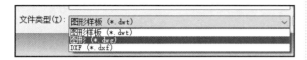

图 5-106

Step 04 找到 Tank_002_Rev1.dwg 文件，单击"打开"按钮（见图 5-107）。

图 5-107

Step 05 将会弹出"插入布局"对话框，选择需要插入的布局"04_部件"，单击"确定"按钮（见图 5-108）。

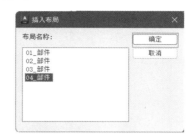

图 5-108

Step 06 到这里，就成功将布局复制到了 Tank_001_Rev1.dwg 文件里面（见图 5-109）。

图 5-109

使用此方法复制布局，不会删除原文件里的布局。如果复制后需要将原文件的布局删除，只能复制后打开原文件来手动删除。

5.9 活用布局空间标注尺寸

在模型空间中进行设计和绘图，然后在布局空间中对设计好的图形进行标注，是一种很好的工作方法（见图 5-110）。与图形相关的设计，按 1:1 的比例全部在模型空间中绘制；与比例无关的绘图操作，比如标题栏、BOM 表格数据及尺寸标注，我们可以将它放置到布局空间里来完成，这样就不会担心文字尺寸随着模型空间图形一起放大或缩小，轻松实现文字大小的统一。而且模型空间里面只有图形，图纸显得干净整洁，更方便查询和修改。

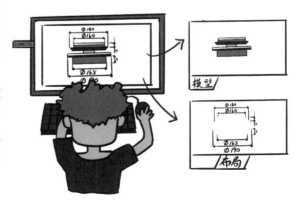

比如，法兰图纸的整个图形是按照 1:1 的比例在模型空间中绘制的（见图 5-111）。但是它的尺寸标注绘制在布局空间里（见图 5-112）。方法很简单，将图纸切换到布局空间，在视口显示为"图纸"的状态下（见图 5-113），使用尺寸标注命令 DIM｛XE "DIM"｝进行标注即可。

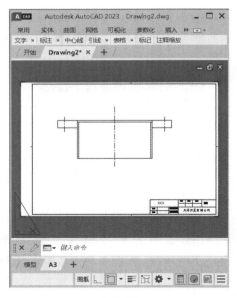

图 5-110

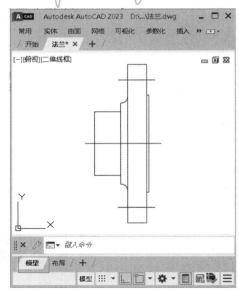

图 5-111

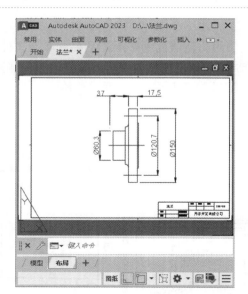

图 5-112

图 5-113

在标注之前，将视口比例提前调整好，将会方便后续的标注工作。先将布局视口的状态调整为模型，在画面右下方的状态栏里面就可以看到"调整比例"图标（见图 5-114）。单击图标右边的下三角按钮后，根据自己的要求调整视口的比例即可（见图 5-115）。

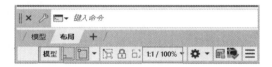

图 5-114

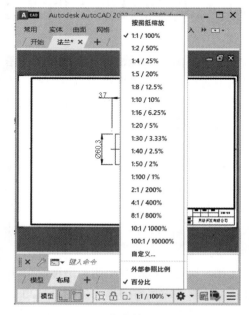

图 5-115

如果在 AutoCAD 的状态栏中没有调整比例的图标，单击状态栏最右边的 ☰ 图标，勾选"视口比例"选项（见图 5-116），图标就被添加到状态栏中了。

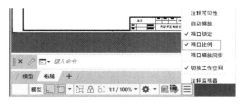

图 5-116

使用 SCALELISTEDIT {XE "SCALELISTEDIT"} 命令启动"编辑图形比例"对话框，可以自由添加或删除自己需要的比例（见图 5-117）。

图 5-117

设定完比例后，为防止视口操作失误改变比例的大小，通过 MVIEW {XE "MVIEW"} 命令（快捷键 MV）可以将视口锁定（见图 5-118）。将布局视口的状态切换到模型，单击右下角状态栏中的"视口锁定"图标，也可以实现一样的效果（见图 5-119）。

图 5-118

图 5-119

在模型空间中修改模型的比例或者修改模型尺寸的时候，布局空间里的尺寸将会自动变化以保持一致。但是有时候个别尺寸并没有跟随发生变化，这是因为尺寸和模型的关联不完善。通过 PROPERTIES {XE "PROPERTIES"} 命令（快捷键 Ctrl+1）启动"特性"面板，查看没有变化的特性，会看到"关联"处显示为"部分"（见图 5-120）。"关联"显示为"否"或者"部分"的时候，说明尺寸标注有问题，尺寸和对象之间的关联不完善。

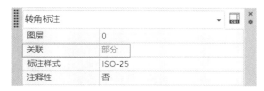

图 5-120

这种情况下，可以使用 DIMREASSOCIATE {XE "DIMREASSOCIATE"} 命令（见图 5-121）对关联不完善的尺寸标注进行修复（见图 5-122）。

图 5-121

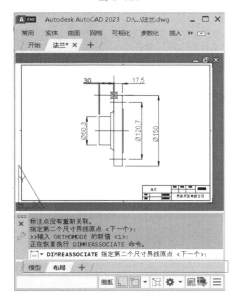

图 5-122

此外，虽然尺寸和对象关联成功，但是有时候改变模型空间的对象后，布局空间的对象尺寸并没有一起改变（见图 5-123）。此时切换到布局空间，输入更新关联标注 DIMREGEN｛XE "DIMREGEN"｝命令，按回车键之后，尺寸和对象就自动进行了关联（见图 5-124）。

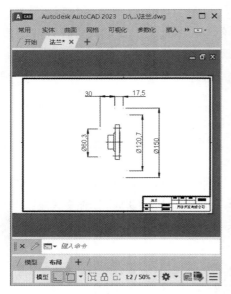

图 5-123

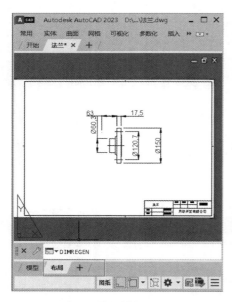

图 5-124

当创建尺寸标注的时候，如果新建的尺寸标注和图形没有关联，需要检查 DIMASSOC｛XE｝变量的设置，看数值是否为"2"（见图 5-125）。各数值含义见表 5-2。

表 5-2　数值的含义

变量数值	含　义
0	创建分解标注
1	创建非关联标注
2	创建关联标注

图 5-125

在命令行窗口中输入 OPTIONS，打开"选项"对话框，在"用户系统配置"选项卡中可以看到"关联标注"选项，勾选"使新标注可关联"复选框，也可以将 DIMASSOC 变量的值恢复为"2"（见图 5-126）。

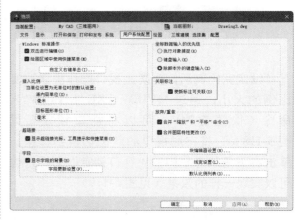

图 5-126

第6章

AutoCAD 常见问题及对策

使用 AutoCAD 绘图，经常会遇到很多问题。本章对一些常见问题的解决方法进行了总结，供大家参考。

6.1 DWG 文件出问题了该怎么办

如果 DWG 文件出现了问题，甚至无法打开的话，这里总结了四种解决方法（见表 6-1）。

表 6-1　四种解决方法

第一种	使用 AUDIT｛XE "AUDIT"｝命令进行检查
第二种	使用 RECOVER｛XE "RECOVER"｝命令对文件进行修复
第三种	使用备份文件 .bak 进行复原
第四种	使用临时文件 .sv$ 进行复原

第一种方法是使用 AUDIT 命令，可以对当前正在使用的图形文件进行完整性检查并完成修复。除了直接输入 AUDIT 命令检查外，在"图形实用工具"中可以找到它的图标（见图 6-1）。

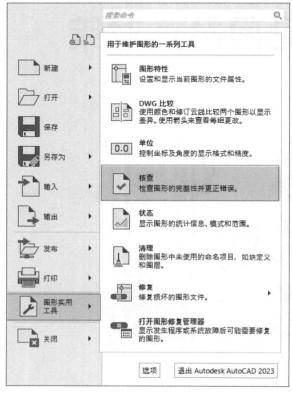

图 6-1

打开检查命令之后，命令行窗口中将会提示"是否更正检测到的任何错误"（见图 6-2），选择"是"就可以对当前的文件进行检查。

图 6-2

第二种方法是使用修复命令。修复命令有两个：一个是 RECOVER 命令，它可以帮助我们打开损坏的文件并进行修复；另一个是 RECOVRALL {XE "RECOVRALL"} 命令，它对被参照文件一起执行检查和修复。在"图形实用工具"中可以找到"修复"选项（见图 6-3），打开之后可以看到这两个命令（见图 6-4）。

图 6-3

图 6-4

比如，执行"使用外部参照修复"命令，在弹出来的对话框中选择"修复图形文件"选项就可以对文件进行修复（见图 6-5）。

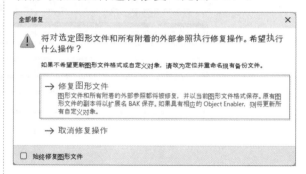

图 6-5

第三种方法就是找到当前需要修复文件的备份文件，然后将备份文件的扩展名 .bak 修改为 .dwg，尝试复原备份文件。备份文件会自动保存在 DWG 图形文件所在的同一个文件夹中（见图 6-6）。

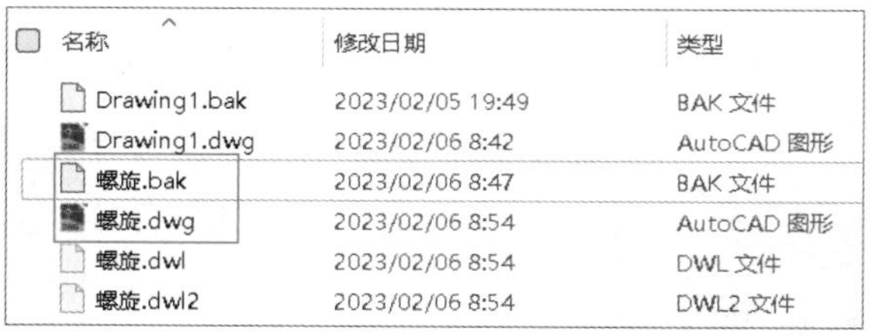

名称	修改日期	类型
Drawing1.bak	2023/02/05 19:49	BAK 文件
Drawing1.dwg	2023/02/06 8:42	AutoCAD 图形
螺旋.bak	2023/02/06 8:47	BAK 文件
螺旋.dwg	2023/02/06 8:54	AutoCAD 图形
螺旋.dwl	2023/02/06 8:54	DWL 文件
螺旋.dwl2	2023/02/06 8:54	DWL2 文件

图 6-6

如果看不到文件的扩展名，则需要取消勾选"文件夹选项"对话框中的"隐藏已知文件类型的扩展名"复选框（见图 6-7）。

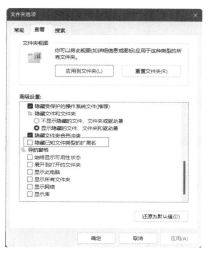

图 6-7

另外，如果想让备份文件保存到一个指定的位置，可以使用 MOVEBAK 命令更改备份文件的地址（见图 6-8）。

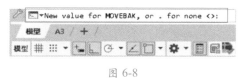

图 6-8

第四种方法是指在"选项"对话框里面设定了"自动保存"文件的时候（见图 6-9），在

保存间隔的时间内会自动生成一个临时文件。临时文件的扩展名为 .sv$（见图 6-10），它的保存位置在"选项"对话框里面（见图 6-11）。将扩展名 .sv$ 修改为 .dwg 后，可以对图形进行复原。

图 6-9

图 6-10

图 6-11

另外，需要注意的是，.sv$ 文件将会在原文件关闭后自动消失。

6.2　图形不在画面中间的解决办法

若想删除某个对象，选择对象后按 Del 键是一种常用的方法。但是有时候，当输入 ZOOM {XE "ZOOM"} 命令（快捷键 Z），然后输入 A 选择全部显示的时候（见图 6-12），你会发现

图形并没有显示到画面的中间 [正常情况下，ZOOM 的"全部（A）"选项会将当前文件的所有图形根据窗口的大小自动缩放，使全部图形显示到画面的正中间]。

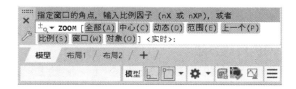

图 6-12

这是由于我们在绘图作业过程中在图纸上残留了某些很难看到的"垃圾"，比如说某个点等。这些"残留的点"会被作为图形的一部分全部显示出来（见图 6-13）。

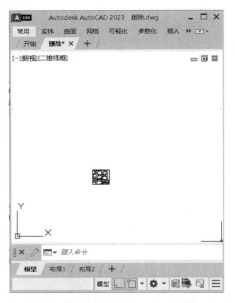

图 6-13

特别是当 DWG 图形内容非常多，文件非常大的时候，若其中残留的部分非常小，使用 Del 命令一个一个寻找并删除，操作非常烦琐。在这里可以活用删除功能 ERASE {XE "ERASE"} 命令（快捷键 E），让 AutoCAD 找到那些不需要的图形。除了在命令行窗口里输入 ERASE 命令启动删除命令外，打开任意一个 DWG 文件，在"常用"选项卡的"修改"选项板里面，也可以看到"删除"图标（见图 6-14）。

图 6-14

下面以图 6-13 为例，介绍图形不在画面中间的解决方法。

Step 01 首先输入 ERASE 命令（快捷键 E），按回车键；然后输入 ALL（见图 6-15），按回车键后，软件会将整个 DWG 文件的所有图形都处于选择的状态（画面中所有选择到的图形将会变为暗灰色）。

图 6-15

Step 02 在这里输入 R（见图 6-16），按回车键后，选择不需要删除的图形（选择到的图形会恢复为高亮显示），然后按回车键，选择到的图形以外的所有图形将会被删除。

图 6-16

Step 03 到这里操作就结束了。我们来验证一下操作的结果，在命令行窗口里输入 ZOOM（快捷键 Z），输入 A 后按回车键，可以看到图形正常显示到了画面的中间（见图 6-17）。

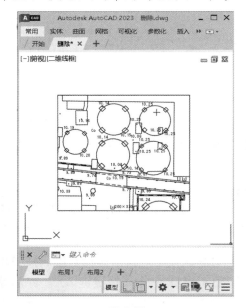

图 6-17

在 ERASE 命令中，除了刚才使用的 ALL 和 R 两个功能外，还有很多其他可以使用的选项，大家根据自己的需求尝试即可（见图 6-18）。

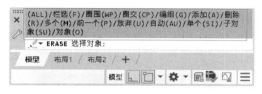

图 6-18

除了 ERASE 命令外，还可以使用 PURGE {XE "PURGE"} 命令将隐藏在图纸内部的一些不再使用的块、线型、标注样式等清除。它不但可以帮助我们删除和清理图形里面不需要的部分，更会让图纸变得轻量化（见图 6-19）。打开 DWG 文件，单击左上角的"A"图标，在"图形实用工具"里面也可以找到 PURGE 这个清理工具（见图 6-20）。

另外，AutoCAD 准备了很多删除的方法。例如，4.1 节介绍的 OVERKILL 命令，4.2 节介绍的 FS 命令，希望大家能在工作中活用它们。

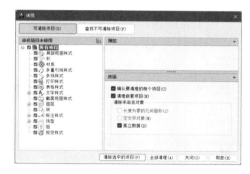

图 6-19

图 6-20

6.3 图纸打开速度慢的解决办法

有时候看起来体积很小的一个 DWG 图纸文件，但是打开它却花费了很长时间。这个问题产生的因素有很多，可能是电脑本身的性能和处理速度慢，但在这里仅从图纸文件本身有哪些可以改善的地方为出发点给大家解说一下。

1. 整理图层

使用图层命令 LAYER {XE "LAYER"}（快捷键 LA）打开图层特性管理器（见图 6-21），将没有使用的图层、不需要的图层以及图层过滤器删除。从其他图纸中复制图形过来时，无形中会带来一些图层，而图层数量过于臃肿庞大对打开图纸的速度有一定的影响。此外，冻结的图层以及非表示的图层也需要经常整理。

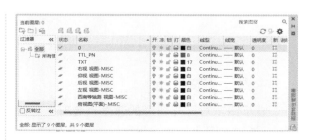

图 6-21

2. 清理数据

使用清理命令 PURGE {XE "PURGE"}（快捷键 PU）打开"清理"对话框，将可清除的项目、孤立数据都清除（见图 6-22）。

图 6-22

3. 外部参照的管理

用参照命令 XFER｛XE "XFER"｝打开"外部参照"面板，将断了链接的外部参照全部拆离或者重新链接（见图 6-23）。

图 6-23

4. 显示线宽的关闭

显示线宽对打开图形的速度也会有一定的影响，通过右下角的状态栏可以关闭该功能（见图 6-24）。

图 6-24

5. 图形比例的整理

在图纸之间图形的复制粘贴过程中，很多图

形比例都会被复制过来。通过 SCALELISTEDIT ｛XE "SCALELISTEDIT"｝命令，打开"编辑图形比例"对话框，可以进行确认（见图 6-25）。

图 6-25

欧特克公司准备了专门有清理比例列表的小工具。根据下面的网址打开浏览器后，单击 ZIP 文件并下载就可以使用了（见图 6-26）。

https://knowledge.autodesk.com/zh-hans/support/autocad/downloads/caas/downloads/downloads/CHS/content/scale-list-cleanup-utility-for-autocad-20212023.html

图 6-26

6. 加载应用程序的确认

AutoCAD 允许加载自定义的应用程序来协助绘图工作，包括 SCR 的脚本文件、LISP 文件、VBA 宏文件，等等（见图 6-27）。当这些文件出问题时，将会直接影响文件的打开速度。

图 6-27

7. 圆弧和圆的平滑度确认

输入 OPTIONS｛XE "OPTIONS"｝命令，打开"选项"对话框，在"显示"选项卡中可以找到"显示精度"选项组（见图 6-28），其中的平滑度数值过高，将会增加电脑的负担，让文件变得非常沉重。另外，通过 VIEWRES｛XE "VIEWRES"｝命令，在命令行窗口中输入数值也可以修改平滑度的精度（见图 6-29）。

以上介绍了 7 个问题的解决方法。另外，参考 6.2 节的方法，在绘图范围以外的地方，对不需要的对象进行删除，也会起到一定的作用。

图 6-28

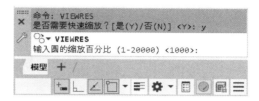

图 6-29

6.4 缺少字体及参照文件的解决办法

当打开外部提供的 DWG 文件时，想必大家都看到过缺少字体（见图 6-30）或者缺少参照文件（见图 6-31）的提示。

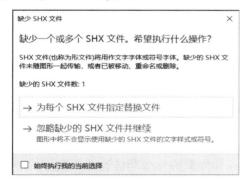

图 6-30

图 6-31

为避免传递文件的时候缺少字体和参照文件，使用电子传递命令 ETRANSMIT｛XE "ETRANSMIT"｝传递文件，将会非常好地解决这个问题。另外，打开 DWG 文件后，单击左上角的"A"图标，在"输出"选项下也可以找到"电子传递"命令（见图 6-32）。

图 6-32

具体使用方法如下。

Step 01 启动"电子传递"命令，在"创建传递"对话框中，可以看到需要传递的图形文件和传递的设置。在这里可以添加文件和修改设置（见图 6-33）。

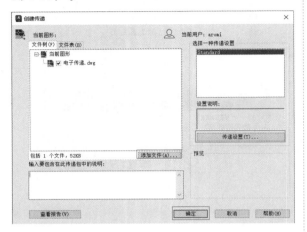

图 6-33

Step 02 单击"确定"按钮后，将会打开"修改传递设置"对话框，将"动作"选项组中的"绑定外部参照"设置为"绑定"，勾选"包含选项"选项组中的"包含字体"复选框（见图 6-34）。

图 6-34

Step 03 单击"确定"按钮后，确认传递设置是否正确，再继续单击"确定"按钮（见图 6-35）。

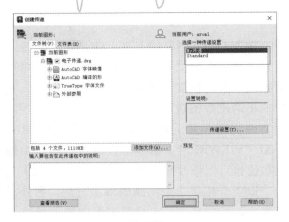

图 6-35

Step 04 一个包含了参照和字体的 ZIP 文件就制作好了（见图 6-36）。

名称	修改日期	类型	大小
电子传递 - My传递.zip	2022/10/24 6:32	ZIP 文件	599 KB

图 6-36

Step 05 打开这个 ZIP 文件，可以看到图形中所有使用的字体被自动整理到了一个文件夹中（见图 6-37）。

名称	修改日期	类型	大小
Fonts	2022/10/24 6:34	文件夹	
acad.fmp	2021/2/4 22:08	AutoCAD 字体映像	1 KB
电子传递.dwg	2022/10/24 6:32	DWG 文件	52 KB
电子传递.txt	2022/10/24 6:32	text file	2 KB

图 6-37

在和外部协作公司进行图纸交流的时候，可以用这种方法制作操作说明。大家都按照这种方法来交换图纸，就不会发生缺少字体和参照文件的现象了。

6.5 工具条的显示与隐藏

使用 AutoCAD 的时候，有时候命令行窗口突然不见了，或者状态栏没有了。特别是使用命令 CleanScreenON｛XE "CleanScreenON"｝（快捷键 Ctrl+0）进行全屏表示，将绘图区域显示到最大，然后使用命令 CleanScreenOFF ｛XE "CleanScreenOFF"｝关闭了全屏表示的时候，部分操作面板和工具条无法恢复全屏表示前的状态。碰见这种情况该怎么办呢？

绘图区域周围的工具条主要有 4 个，即文件选项卡、布局选项卡、状态栏和命令行窗口。它们都对应的有自己的命令或者系统变量，通过命令可以重新调出它们。

打开任意一个图形，绘图区域左上角的文件选项卡（见图 6-38）是我们常用的工具，非常方便打开多个文件及切换文件。如果找不到它的话，通过命令 FILETA｛XE "FILETA"｝可将其显示出来。另外，FILETABCLOSE｛XE "FILETABCLOSE"｝命令可以关闭它。

图 6-38

左下角的布局选项卡（见图 6-39）可以切换布局空间。如果找不到它的话，可以通过修改系统变量 LAYOUTTAB 的数值来控制其显示或隐藏（见表 6-2）。

图 6-39

表 6-2　LAYOUTTAB 系统变量

LAYOUTTAB 数值	功　能
1	显示
0	隐藏

右下角的状态栏（见图 6-40）是绘图工作中必须使用的工具条。它也有一个系统变量 STATUSBAR｛XE "STATUSBAR"｝，通过修改数值可以显示或隐藏它（见表 6-3）。

图 6-40

表 6-3　STATUSBAR 系统变量

STATUSBAR 数值	功　能
1	显示
0	隐藏

命令行窗口（见图 6-41）也是我们必须使用的工具条。如果在绘图区域看不到命令行窗口的话，可以通过 COMMANDLINE｛XE "COMMANDLINE"｝命令来显示。隐藏命令行窗口的命令为 COMMANDLINEHIDE｛XE "COMMANDLINEHIDE"｝。另外，也可以通过 Ctrl+9 快捷键来切换显示或者隐藏命令行窗口（见图 6-42）。

图 6-41

图 6-42

除了上面的 4 个重要工具条外，其他的比如工具选项板，图纸集管理器等，可以从本书的附录 4 里面查阅到相对应的快捷键，这里就不再一一介绍。

6.6 系统变量监视的编辑与操作

使用 SAVEAS 命令保存 DWG 文件的时候，在默认环境下，将会弹出"图形另存为"对话框（见图 6-43）。但有时候只是在命令行窗口里面提示输入文件格式（见图 6-44），"图形另存为"对话框却没有弹出来。

图 6-43

图 6-44

这是因为 FILEDIA {XE "FILEDIA"} 变量值被改变为 0，它的默认值为 1。FILEDIA 的系统变量被改变的原因有很多，比如 LISP 文件突然中断，在绘图过程中的某个操作突然中断，等等。使用 AutoCAD 进行绘图设计，让系统变量不自动发生变化是很难保证的。当系统变量发生变化的时候，可以使用系统变量监视功能 SYSVARMONITOR {XE "SYSVARMONITOR"} 来实现在线通知，并可以快捷修复被改变的系统变量。

使用方法很简单。打开任意一个 DWG 文件，在命令行窗口中输入 SYSVARMONITOR 命令，按回车键后，将会弹出"系统变量监视"对话框，单击右边的"编辑列表"按钮（见图 6-45）。

图 6-45

将会打开"编辑系统变量列表"对话框，在这里可以设定想监视的系统变量（见图 6-46）。

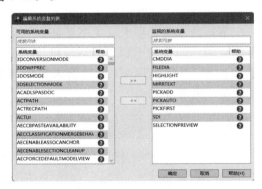

图 6-46

设定完成后，单击"确定"按钮，关闭"编辑系统变量列表"对话框，返回到"系统变量监视"对话框，勾选"启用气泡式通知"复选框，然后单击最下面的"确定"按钮关闭对话框（见图 6-47）。到这里设定就结束了。

在绘图过程中，如果有系统变量发生变化，在画面的右下角就会看到"系统变量已更改"的通知（见图 6-48）。

图 6-47

图 6-48

单击"单击以查看更改"链接，就可以查看哪个系统变量被更改了。继续单击右边的"全部重置"按钮（见图 6-49），就可完成系统变量的修复工作（见图 6-50）。

图 6-49

图 6-50

6.7 遇到问题的解决途径

在使用 AutoCAD 的过程中，难免会遇到各种问题，或者自己不知道的操作方法，这是正常的。AutoCAD 自推出以来几乎每年都有新的版本，每个版本都会有新的功能出现，想完全掌握 AutoCAD 的所有功能是件很困难的事情，而且也没有必要去学习所有的功能，能熟练掌握与自己工作相关的操作即可。但是遇到了不熟悉的功能或者问题该怎么办呢？欧特克的技术支持和社区提供了非常好的解决问题的途径。

打开欧特克中国的网站 https://www.autodesk.com.cn/，进入技术支持的渠道有很多，一般是找到网页最下面的"联系技术支持"（见图 6-51），从这里单击它进去。

图 6-51

继续单击"订购后支持"按钮（见图 6-52）。

图 6-52

这里选择"软件使用帮助"选项（见图6-53）。

图 6-53

选择自己使用的软件和版本号，然后单击"请参见选项"按钮（见图6-54）。

图 6-54

Autodesk 公司在此提供了两个选项，一个是"预约电话"，一个是"创建案例"。这里选择"创建案例"选项（见图6-55）。

图 6-55

然后将自己的问题及相关的文件添加进去并提交（见图6-56），欧特克的技术人员将会在一个工作日内回复问题。

图 6-56

另外，也可以到欧特克社区论坛里面提问，在欧特克的首页上可以找到该论坛（见图6-57）。

图 6-57

单击最上面的"AutoCAD 综合讨论区"选项（见图6-58）。

图 6-58

这里聚集了很多专家和欧特克的相关人员，将自己的问题发布在这里也是一个非常好的方法。此外，讨论区里面沉淀了多年的关于AutoCAD的技术解答,在这里来检索一下问题，也是一个常用的手段（见图6-59）。

图 6-59

自动化篇

在"自动化篇"部分，我们将深入讨论如何通过编程和自动化技术提升 AutoCAD 绘图的效率。第 7 章专注于 AutoLISP 语言的应用，从 LISP 的基本概念开始，详细介绍了编写第一个 AutoLISP 程序的方法、基本运行流程等。此外，还探讨了使用 Visual LISP 进行调试的技巧，以及如何通过 LISP 培养良好的编程习惯。

第 8 章进一步展示了 AutoLISP 编程实例和一些小技巧，如高效创建图层，利用 AutoLISP 来填充图案，实现快速打断等操作。这一章还涵盖了使用 DXF 组码绘图，建立自己的库文件，编译 LISP 文件，以及高效利用启动组等高级技巧。每个实例都旨在帮助大家更好地理解和运用 LISP 语言，从而提升绘图效率。

第 9 章转向与外围软件的连携，探索通过与其他软件整合进一步实现自动化和效率提升，包括使用表格文件进行数据统计，批量修改块文件属性，生成和运用 SCR 文件，以及使用 AcCoreConsole 和 ScriptPro 进行批处理等。这一章还特别提到了 PDF 文件与图层的联动，以及如何利用 DWGPROPS 和文件夹关联来优化工作流程。

第**7**章

高效率绘图必用 LISP

如果你想摆脱冗长枯燥的重复设计，高效绘图，有效地提升 AutoCAD 绘图速度的话，请一定花费一些时间来学习和掌握 AutoLISP 的使用方法。在这里说明一下，本书后面所叙述的 LISP，在没有特别注释的情况下，就是指 AutoLISP。

7.1 LISP 简介

如果你经常参加 Autodesk 公司举办的各种线上线下教学课程以及交流活动的话，LISP 这个词或多或少都可能听到过。没有接触过的朋友可能马上联想到的就是代码，给人一种很复杂的感觉。其实你完全不必担心，只要掌握了它的运行规则，即使是一个没有任何编程经验的小白，也可以自由驾驭它来高效率地工作。我们是软件的使用者，不是软件的设计者，只要秉持这个态度，你就会发现使用 LISP 将是非常简单的一件事情。

AutoLISP 是 LISP 语言的一种，为 AutoCAD 专用。它诞生于 1985 年，到 2024 年已经经历了 39 年有余。除了 AutoLISP 以外，AutoCAD 可以处理的语言还有 VBA、VB.NET 等，但是笔者首推 AutoLISP。在这一章将结合实际绘图工作中所遇到的问题，介绍使用 AutoLISP 解决问题的方法和步骤，以提高工作效率。

LISP 的全称为 LIST PROCESSOR，开发于 1958 年，其中比较有名的是 Common Lisp。虽然 LISP 是一种很古老的语言，但是近些年在人工智能的研究领域仍然有人采用 LISP 语言。

AutoLISP 作为 LISP 语言的一种，基本构造和 LISP 是一样的。但是它追加了很多专用命令，这些命令只能在 AutoCAD 上使用。

简单来说，LISP 就是 AutoCAD 能理解的一种语言。它架起了我们和 AutoCAD 直接沟通的桥梁，可以帮助我们实现很多自动化的操作以及高效的绘图功能。那么使用 LISP 来操作和绘图，对我们有哪些好处呢？

（1）作图的自动化。

我们在绘图中有很多重复的动作，有很多需要批量处理的文件，这些都可以交给 LISP 来处理，它对提高效率以及绘图的准确性都有非常大的帮助。

（2）命令的自动化。

比如经常使用的自动保存命令、视图全画面表示命令等，都可以使用 LISP 实现一键操作。

（3）无版本之分。

无论是以前的 AutoCAD 2000 版本，还是最新的 AutoCAD 2024 版本，LISP 的程序都可以运行。它不用随着 AutoCAD 每年版本的升级而去做相应的调整。这也是众多二次开发用户采用 LISP 进行编程的原因之一。

（4）免费使用。

书写 LISP 语言不需要专门的软件，AutoCAD 已经内置了 LISP 的编辑器 Visual LISP，在命令行窗口里输入 VLISP｛XE "VLISP"｝即可启动它（见图 7-1）。

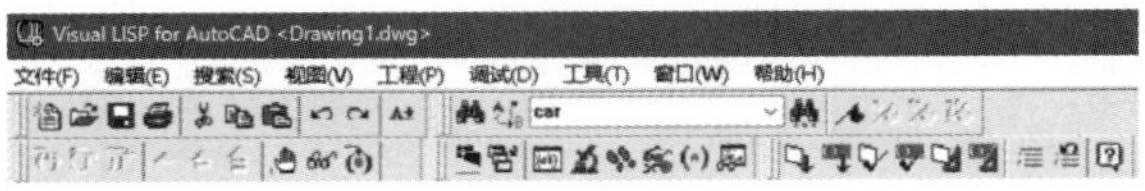

图 7-1

（5）Windows 和 Mac 系统都可以使用。

AutoLISP 在 Windows 系统和 Mac 系统上都可以运行和使用。从 2022 版本开始，AutoLISP 在网络版的 AutoCAD 中也可以运行了。

在这里需要大家注意以下两点。

（1）并不是所有的 AutoCAD 版本都可以使用 AutoLISP。AutoCAD LT 版本将无法使用 AutoLISP（从 2022 年开始，Autodesk 公司不再发行 AutoCAD LT 版本）。

（2）从 2022 年开始，不用安装的 AutoCAD 网络版可以运行 AutoLISP 文件。上传的 AutoLISP 文件会自动保存到欧特克公司预备的网盘中，文件只需要上传一次，只要你有访问的权限，在任何一台电脑上都可以打开并使用，这对喜欢使用网络版 AutoCAD 的朋友来说是一个非常好的消息。关于网络版的详细介绍请参阅 9.10 节的说明。

7.2 第一个 LISP 程序

启动 AutoCAD，新建一个文件，在命令行窗口中输入下面一段简单的文字（见图 7-2）。

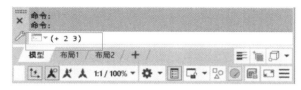

图 7-2

注意："+"和"2"之间有一个半角空格，"2"和"3"之间也有一个半角空格。

按回车键，如果看到"5"这个数值显示出来的话（见图 7-3），恭喜你的第一个 LISP 程序成功了。

图 7-3

其中，图 7-2 中"(+ 2 3)"这一段文字的含义如表 7-1 所示。

表 7-1　文字的含义

文 字	含 义
(	整个函数范围的开始
+	AutoLISP 函数。它后面所有的数字将被累加
2	单纯的数字
3	单纯的数字
)	整个函数范围的结束。和第一行的"("相呼应

简单地说，这就是使用 LISP 来进行加法运算的方法，和我们小学时的"2+3=5"是一样的。但是 LISP 有自己的运行规则，我们需要遵循它的规则才行。

此时我们不需要去搞明白为什么前后要添加括号，为什么"+"放置在最前面，而不是数字的中间。如果想运行 LISP 的话，只需遵循它的运行规则即可。马克思说过一句话：当你学习外国语的时候，忘记自己的母语你会发现学习将会如此的轻松。我们学习 LISP 语言也是一样的道理。

"+"符号的本身就是 LISP 的一个函数，LISP 的函数都需要被括号包含；"+"后面所有的数字将全部累计叠加起来，并能将计算结果返回；最后的括号表示"+"这个函数的包含范围。同理，减号、乘号和除号都是 LISP 的一个函数（在本书的附录中有介绍），它们的运行方法都是这样的。

AutoCAD 的命令行窗口对 LISP 很重要，它是我们通过 LISP 和软件通话的窗口，LISP 运行后的结果也会通过这个窗口显示。1.3 节介绍过命令行窗口拉宽的作用，希望大家在学习 LISP 的时候也能保持这个好习惯。

7.3　LISP 运行的基本流程

LISP 的运行很简单，只需要一个 LISP 的文件即可。LISP 的文件扩展名为 .lsp 或者 .lisp。另外，使用 AutoCAD 的标准功能，也可以编译 LISP 文件，被编译后的 LISP 文件后缀为 .fas（参阅 8.11 节），它也拥有和 lsp 文件一样的运行结果。

首先将 LISP 的相关文件放到一个固定的共用文件夹里，以方便 AutoCAD 本身识别和团队其他成员使用（可参阅 2.2.2 小节或 7.5 节），这里以共用文件夹 11_LISP 为例来说明 LISP 文件的使用步骤。

Step 01 新建一个 DWG 文件，然后在命令行窗口里输入命令 APPLOAD {XE "APPLOAD"}（快捷键 AP），按回车键（见图 7-4）。

图 7-4

Step 02 将会弹出"加载/卸载应用程序"对话框，选择 11_LISP 这个共用文件夹，找到自己要加载的 LISP 文件，然后单击"加载"按钮（见图 7-5）。

图 7-5

Step 03 第一次加载的时候，会出现如图 7-6 所

示的对话框。先单击"加载一次"按钮，然后再单击"关闭"按钮。

图 7-6

在这里需要说明一下。如果是自己制作的 LISP 文件或者对 LISP 文件的来源很信任，就可以选择"始终加载"，因为 LISP 文件本身也有可能是病毒文件。

Step 04 到这里，就将 LISP 文件和 AutoCAD 相关联起来，可以在命令行窗口里输入 LISP 文件定义的命令进行使用了。

在出版社的网站里面可以下载本书后续所介绍的各种 LISP 文件。另外，欧特克官方的社区网站、网络上也有很多可以免费下载的 LISP 文件，大家可以参阅上面的方法将文件放置在自己的电脑中并进行尝试。

7.4 AutoLISP 的基本体型

如果想自己去编辑和修改 LISP 文件，让 LISP 来为我们服务，那么它的一些基本规则和基本函数的使用方法是必须掌握的。

在 7.2 节使用了一段 LISP 的计算程序：(+ 2 3)。

不知道大家注意到了没有，这段程序的前后都有括号，整个程序是在一组括号里面保存着。这是 AutoLISP 一个非常重要的特征，所有完整的表达式都是用括号来区分和完成的。括号对 LISP 来说，就如同我们人类依赖于空气一样，因此，整个程序从头到尾到处充斥着括号。

像这样的 LISP 程序，不但可以进行计算，还可以重复完成绘图操作以及控制 AutoCAD

的命令。对初学者来说，刚开始就能用 LISP 程序实现计算、绘图和命令控制是不现实的。大家需要点滴积累，循序渐进后才能逐步掌握 LISP 的全貌。在这里，笔者建议初学者先从使用 LISP 来控制 AutoCAD 的命令入手，因为只需要掌握 LISP 的一些基本运行规则，然后采用模板套用的方法来编辑 LISP 文件，就可以非常简单地运行 LISP。

表 7-2 是一个 LISP 的基本结构，它就是一种 LISP 的模板，我们只需要记住这种标准

格式，就能自定义命令来控制 AutoCAD 的各种命令，实现重复操作。

表 7-2　LISP 的基本结构

1	(
2	defun c:XXX()
3	(command-s "YYY")
4	(princ)
5	)

上面这段程序的含义如表 7-3 所示。

表 7-3　LISP 基本结构的含义

1	与第 5 行相呼应，表示整个自定义的范围
2	自定义一个命令的名称为 XXX
3	执行 AutoCAD 命令 YYY
4	确保程序执行结束后，不显示任何返回数据
5	和第 1 行相呼应，程序结束

整个流程非常简单实用。首先定义一个命令，通过它调用 AutoCAD 的命令，最后结束命令。就是这样简单的一个基本结构，却可以帮助我们做很多事情。

另外，在上面的基本结构中，还可以看到 LISP 的一些基本运行规则（见表 7-4）。

表 7-4　LISP 的一些基本运行规则

序　号	规则说明
1	每一个表达式都是在"（）"（括号）里面，而且括号必须成对出现
2	空格为半角
3	defun 函数用于定义新的命令在 AutoCAD 中使用
4	command-s 函数用于调用 AutoCAD 的标准命令
5	princ 函数是整个程序的结束语，与程序的功能无关
6	LISP 的函数不需要前后加双引号""""，AutoCAD 的命令需要前后添加双引号""""
7	LISP 程序不区分大小写

在书写语句的时候，我们尽量令一个表达式占一行，以方便我们阅读和今后检查。

那么怎样套用上面的基本结构和基本运行规则来制作 LISP 文件？在这里举一个例子进行说明。比如，在绘图的过程中会经常使用视口缩放比例命令 ZOOM（快捷键 Z），然后输入 A，按回车键后，整个图纸的内容将会自动根据视口的大小全部显示（见图 7-7）。

图 7-7

这时可以将上面的操作编辑为一个 LISP 文件，以方便使用。首先给这个 LISP 文件定义一个名称，在这里起名为 GX-ZA-v1.lsp，再套用前面的基本结构，将 XXX 改为 GX-ZA-v1，将 YYY 改为 ZOOM，然后追加"_A"就可以了（见表 7-5）。

表 7-5　GX-ZA-v1.lsp

1	(
2	defun c:GX-ZA-v1()
3	(command-s "._Zoom" "_A")
4	(princ)
5	)

上面程序各行的含义如表 7-6 所示。

表 7-6　GX-ZA-v1.lsp 各行的含义

1	自定义命令范围开始
2	自定义命令为 GX-ZA-v1
3	启动视口缩放比例命令 ZOOM，然后执行全范围表示选项"A"
4	程序结束
5	自定义命令范围结束

使用编辑器编程的话，就是图 7-8 这样的形式，最后将它保存为 GX-ZA-v1.lsp 的形式即可使用。具体编辑器的详细说明，请参阅 7.6 节。

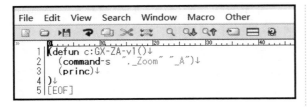

图 7-8

不知道大家注意到了没有，上面的程序在 ZOOM 命令的前面添加了"._"符号，在全范围表示"A"的前面添加了"_"符号，它们的含义如表 7-7 所示。

表 7-7 符号的含义

符　号	含　义
点（ . ）	为了防止 AutoCAD 中所采用的命令被改造而失效
下划线（ _ ）	在使用其他语言的时候不会受影响

若不添加上面这些符号，大部分情况下也是没有问题的。但是欧特克的帮助文件中建议在编写程序的时候添加这些符号。

按照 7.3 节的介绍将 LISP 文件导入之后，在命令行窗口里面输入 GX-ZA-V1，然后按回车键，ZOOM 的全范围显示命令就被执行了。

如果想再追加一个动作，比如 ZOOM 命令执行完之后，想让 LISP 继续执行保存文件的动作，可以如法炮制，在执行 ZOOM 命令这一行的下面再追加一行图形保存命令 QSAVE{XE "QSAVE"}，即可实现图纸的保存。命令如下：

```
(command-s  "._Qsave" ")
```

在这里要注意，所有的程序都是从上到下按顺序执行的，也就是说，想在 ZOOM 命令执行的后面再执行 QSAVE 命令的话，在程序中就需要将 ZOOM 命令放在 QSAVE 命令的上面（见图 7-9）。

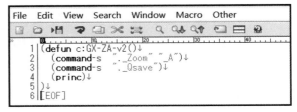

图 7-9

这样在执行 GX-ZA-v2.lsp 命令的时候，画面全部显示后，就会自动保存当前图形的状态。

大家可以看到，上面的程序只使用了三个 AutoLISP 的函数（见表 7-8）。

表 7-8 函数的功能

函　数	功　能
defun	用于自定义
command-s	引用 AutoCAD 的命令
princ	结束当前的操作

只要我们掌握了 LISP 的基本流程和基本体型，就这三个函数也能带来很高效的操作。

需要强调一点，在书写程序的时候，要养成添加备注的习惯。在 LISP 程序中，";"符号可以让后面的内容不被程序处理，我们可以通过这个方法来为程序添加注释和说明。比如上面的 GX-ZA-v2.lsp，就可以这样来添加注释（见表 7-9）。

表 7-9　GX-ZA-v2.lsp

1	(
	；函数命令开始
2	defun c: GX-ZA-v2 ()
	；定义了一个新的命令，名称为 GX-ZA-v2
3	(command-s "._Zoom" "_A")
	；执行 Zoom 命令，参数 "_A" 表示自动缩放以显示整个绘图区域

（续表）

	`(command-s "._Qsave")`
	; 执行 Qsave 命令，它是 AutoCAD 的快速保存操作
4	`(princ)`
	;princ 函数用于清除 AutoCAD 命令行，避免输出多余的信息
5	`)`
	; 函数命令结束。此括号表示 AutoLISP 函数定义的结束

另外，也可以将 GX-ZA-v2.lsp 命令放置到工具选项板里，直接单击工具选项板里面的图标即可执行该命令（见图 7-10）。具体的操作方法参见 8.14 节。

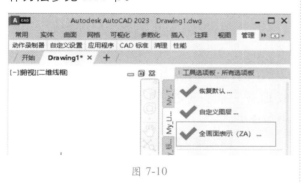

图 7-10

AutoLISP 里面的函数很多，功能也很多。我们没有必要全部去学习，掌握了它的基本结构之后，一边使用一边学习是完全可行的。网络上公开的免费 LISP 程序数不胜数，有用的可以拿来用，根据自己的需要再加工即可。

本章下面会介绍一些具体的实例，这些实例的 LISP 文件都可以从出版社的网站中下载。只有在实际的使用过程中举一反三，才能很好地体会 LISP 的用法和内涵，希望这些实例能给你带来更多的灵感。

7.5 高效运用 LISP 的方法

7.3 节介绍了添加 LISP 文件的基本流程，但是当你有很多 LISP 文件的时候，一个一个地去添加将会非常烦琐，效率也很低。特别是共用的 LISP 文件夹，每次添加一个 LISP 文件或者修改现有的 LISP 文件，整个团队的人员都要按照 7.3 节的方法操作一遍，会给大家带来疲惫感。通过本节的设定，可以解决这个问题，也是笔者推荐大家使用的方法。

Step 01 ▷ 首先建立一个 LISP 文件专用的文件夹，命名为 11_LISP。在 2.2.2 小节里讲过，这个文件夹为共用文件夹，为方便其他电脑或者人员使用，建议放置到公司的网站或者云盘里面。

Step 02 ▷ 启动 AutoCAD，任意新建一个文件，在空白处右击，选择最下面的"选项"命令（见图 7-11）。

Step 03 ▷ 打开"选项"对话框后，切换到最左面的"文件"选项卡，在"支持文件搜索路径"

下面添加文件夹 11_LISP。添加完毕后，单击右边的"上移"按钮，将这个路径放置到最上方（见图 7-12）。（如果这一步已在 2.2.2 小节里设定，可以忽略。）

图 7-11

图 7-12

之所以将自定义的文件路径上移至最上面，是因为如果有不同版本的同名文件，AutoCAD 将会按照排序的先后执行。另外，图 7-12 中的路径显示的是 Microsoft 公司提供的 OneDrive 的网盘，大家可以自行选择网盘并共享使用。

Step 04 在"受信任的位置"也将文件夹 11_LISP 追加进去（见图 7-13）。

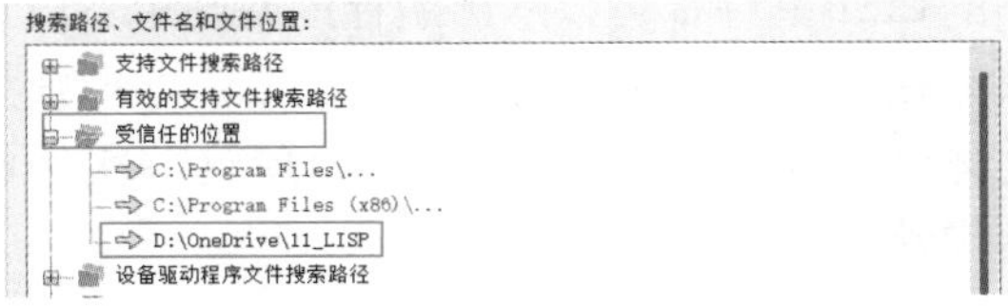

图 7-13

这一步操作的目的是今后添加和修改 LISP 文件时，图 7-6 中的安全确认对话框不会弹出。

Step 05 设定完毕后，单击右下角的"确定"按钮（见图 7-14），关闭"选项"对话框。

图 7-14

Step 06 制作一个 LISP 文件，命名为 acad.lsp，将它放到 11_LISP 文件夹里面。代码如下（为方便大家查看，在这里没有添加备注）。

```
(
defun s::startup ()
(load " GX-ZA-v2.lsp")
)
```

Step 07 打开 AutoCAD，新建一个文件，在命令行窗口里输入 CUI（XE "CUI"），按回车键，启动"自定义用户界面"对话框（见图 7-15）。

图 7-15

Step 08 找到"LISP 文件"，右击后选择"加载 LISP"命令（见图 7-16），将 acad.lsp 文件添加进去。

图 7-16

Step 09 单击右下角的"确定"按钮（见图 7-17），关闭"自定义用户界面"对话框。

图 7-17

至此所有设定就结束了。关闭 AutoCAD，再次启动软件后，ZA.lsp 文件就会自动被加载，在命令行窗口中输入 ZA 后（见图 7-18），就可以执行这个 LISP 文件了。

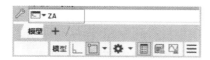

图 7-18

今后如果有新的 LISP 文件，比方说又新建了 ROO.lsp 这个 LISP 文件，首先将它放到共用的文件夹 11_LISP 里面，再打开 acad.lsp，在里面追加下面一段代码，然后保存即可。

```
(
defun s::startup ()
(load "ROO.lsp")
(load "ZA.lsp")
)
```

这样我们在修改 LISP 程序或者添加新的 LISP 文件的时候，就可以省去安全确认窗口的提示和操作了。

7.6 运用 Visual LISP 编辑器调试 LISP

Visual LISP 编辑器是 AutoCAD 提供的一个免费的程序，它已经内置在 AutoCAD 里面，无须再安装任何插件。打开一个 DWG 文件，在"管理"选项卡的"应用程序"选项板里面，就可以看到"Visual LISP 编辑器"图标（见图 7-19）。或者在命令行窗口里输入 VLISP｛XE "VLISP"｝命令，也可以启动 Visual LISP 编辑器。

图 7-19

第一次启动 Visual LISP 编辑器，会出现如图 7-20 所示的提示，选择下面的 AutoCAD Visual LISP 选项，就可以启动 AutoCAD 内置的 Visual LISP 编辑器。如果选择了上面的 Microsoft Visual Studio 和 AutoCAD autoLISP Extension 选项，则需要在电脑上安装 Microsoft 公司开发的另外一款产品 Visual Studio Code（简称 VS Code）才能使用。

图 7-20

如果第一次选择启动了 VS Code，后面想使用 Visual LISP 来编辑 LISP，但是启动 VLISP 命令时，图 7-20 中的对话框不再显示，无法完成切换。这时需要在命令行窗口里输入系统变量 LISPSYS，将数值修改为 0 后，再重新启动 AutoCAD，就可以使用 Visual LISP 了。

启动 Visual LISP 编辑器后，我们会看到图 7-21 中的画面，它和一般的文本编辑软件一样，保存和字体调整等基本功能都可以在最上面的菜单栏中进行设定（见图 7-22）。

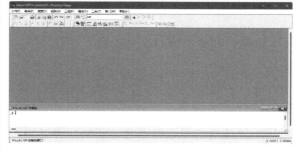

图 7-21

图 7-22

最下面的 Visual LISP 控制台，就相当于 AutoCAD 中的命令行窗口（见图 7-23）。

图 7-23

使用 Visual LISP 编程和调试 LISP 文件的时候，首先需要选择"新建文件"命令（见图 7-24）。

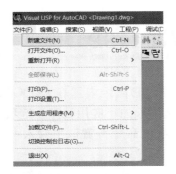

图 7-24

然后在新建的文件里面输入或者复制 LISP 程序（见图 7-25），此时程序里面的文字会根据类型自动发生变化，以方便大家浏览和确认。

图 7-25

LISP 文件编译完成后，打开工具选项板，单击"检查编辑器中的文字"按钮，编译的文字将会被检查一遍，检查的结果会显示到"编译输出"面板里面（见图 7-26）。

图 7-26

检查没有问题后，继续单击工具选项板里

面的"加载编辑器中的文字"按钮，就可以在 AutoCAD 中执行此 LISP 程序（见图 7-27）。

图 7-27

使用 Visual LISP 编辑器来调试 LISP 文件的时候，无须使用命令 APPLOAD（快捷键 AP）加载 LISP 文件即可运行。

另外，当需要确认程序里面变量的值的时候，在变量前面追加"!"符号，输入到命令行窗口后按回车键即可（见图 7-28）。

图 7-28

在 Visual LISP 编辑器中选择变量，然后右击，找到"添加监视"命令（见图 7-29）。

我们可以添加多个变量，一边调试，一边通过"监视"窗口确认变量的结果（见图 7-30）。

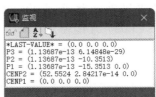

图 7-29　　　　　图 7-30

以上就是 Visual LISP 编辑器的工作流程和基本的使用方法。当然它的功能还有很多，在这里就不再一一叙述，大家可在具体的实践中进行体验和学习。

第8章

LISP 编程实例和小技巧

8.1 使用 LISP 高效创建图层

　　前面介绍了 LISP 的基本流程及调试 LISP 的方法。从这一节开始，将针对工作中常用的一些场景，以举例的形式介绍怎样使用前面介绍的方法来制作 LISP，实现高效绘图。

　　AutoCAD 允许我们利用颜色来控制印刷的方法，使用这种方法的时候需要提前预备好索引颜色号码（比如 240、160 和 80 这样的图层）。下面我们讲解一下通过 LISP 来高效、快捷地创建这种图层的方法。

　　首先我们要创建一个图层（见表 8-1）。

表 8-1　新建图层的名称和颜色

图层名称	240
图层颜色	240

　　参照 7.4 节中表 7-4 的基本结构，我们结合 LAYER 命令，就可以这样书写 LISP 的程序（见表 8-2）。

表 8-2　GX-LA240-v1

```
1   (
2   defun c:GX-LA240-v1 ()
3   (command-s ".-LAYER" "_N" "240" "_C" "240" "240" "")
4   (princ)
5   )
```

　　表 8-2 的第 3 行就是创建表 8-1 所要求的内容。再扩展一下，追加一个线宽为 0.30mm 的图层（见表 8-3）。

表 8-3　线宽为 0.30mm 的图层信息

图层名称	240_Large Line
图层颜色	240
图层线宽	0.30mm

我们就只需要在表 8-2 中 command-s 这一行的下面再追加一行，做如下的修改即可（见表 8-4）。

表 8-4　GX-LA240-v2

```
1  (
2  defun c: GX-LA240-v2 ()
3  (command-s ".-LAYER" "_N" "240" "_C" "240" "240" "")
4  (command-s ".-LAYER" "_N" "240_Large Line" "_C" "240" "240_Large Line"
   "_LW" "0.30" "240_Large Line" "")
5  (princ)
6  )
```

表 8-4 的第 4 行，就是表 8-3 所要求的内容。如法炮制，我们就可以很快制作出索引颜色号码为 240、160 和 80 三个印刷用的图层，以及三个颜色不同的线宽图层，并且无须去手动添加它们，直接使用自定义的命令 LA240 后，就可以自动添加这 6 个图层（见表 8-5）。

表 8-5　GX-LA240-v3

```
1   (
2   defun c: GX-LA240-v3 ()
3   (command-s ".-LAYER" "_N" "240" "_C" "240" "240" "")
4   (command-s ".-LAYER" "_N" "240_Large Line" "_C" "240" "240_Large Line" "_LW"
    "0.30" "240_Large Line" "")
5   (command-s ".-LAYER" "_N" "160" "_C" "160" "160" "")
6   (command-s ".-LAYER" "_N" "160_Large Line" "_C" "160" "160_Large Line" "_LW"
    "0.30" "160_Large Line" "")
7   (command-s ".-LAYER" "_N" "80" "_C" "80" "80" "")
8   (command-s ".-LAYER" "_N" "80_Large Line" "_C" "80" "80_Large Line" "_LW"
    "0.30" "80_Large Line" "")
9   (princ)
10  )
```

将上面的代码用编辑器书写出来，命名为 GX-LA240-v3.lsp 并保存到自己的电脑中（见图 8-1）。

图 8-1

图 8-2 使用了导入 LISP 文件到 AutoCAD 的方法，在命令行窗口里输入 GX-LA240-v3，按回车键后，在图层特性管理器中就可以看到新建好的图层（见图 8-2）。

通过这个方法就可以批量、快速创建自己需要的图层。扫描本页的二维码可以下载到 GX-LA240.zip 压缩文件，里面包含 GX-LA240-v1、GX-

LA240-v2 和 GX-LA240-v3 这三个 LISP 文件。

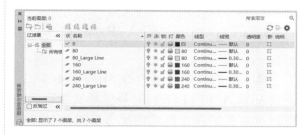

图 8-2

8.2　运用 LISP 培养绘图好习惯

外出之前将窗户关上，大门锁好，这是大家已经养成的习惯。绘图也一样，当完成一张 DWG 图纸，需要在部门内浏览审核或者递交给外部之前，希望大家能养成一些好习惯，下面的命令可以帮我们实现（见表 8-6）。

表 8-6　绘图好习惯养成的常用命令

序　号	命　　令	功　　能
1	ZOOM	将绘图的范围全部显示出来
2	UCS	将坐标恢复为世界坐标
3	LAYER	将图层切换回 0 图层
4	SHADEMODE	将视觉样式切换到二维线框模式

无论是为了别人还是为了自己，完成绘制工作之后保留几个操作习惯非常有用。否则当别人打开图纸的时候，就会有不习惯、不舒服的感觉。我一直认为这样的操作习惯是一名技术工作者的职业素养，虽然它们都是些很小的细节。

表 8-6 中命令的具体操作如下。

第 1 行的缩放视口比例的 ZOOM 命令：需要通过选择"全部（A）"项来完成绘图范围的显示（见图 8-3）。

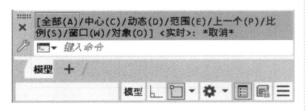

图 8-3

第 2 行的 UCS 命令：右击画面左下角的坐标图标，然后在弹出的快捷菜单中选择"世界"选项，就可以将其恢复为世界坐标（见图 8-4）。

图 8-4

第 3 行的 LAYER 命令：和 LAYER 相关的变量里面，有一个设置为当前图层的变量 CLAYER，可以通过它将当前的图层切换为默认的 0 图层（见图 8-5）。

图 8-5

第 4 行的视觉样式命令 SHADEMODE：通过 VISUALSTYLES 打开视觉样式管理器，可以将当前的视觉样式切换为二维线框模式（见图 8-6），使用 SHADEMODE 命令也可以实现同样的效果（见图 8-7）。

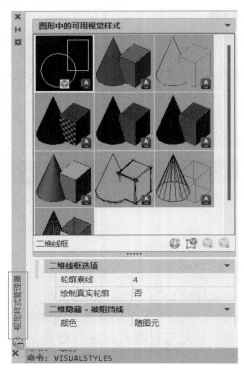

图 8-6

图 8-7

这几个命令虽然操作起来不那么烦琐，但如果我们一个一个逐步操作，时间长了就会有疲惫感。

这时 AutoLISP 的作用就表现出来了。用

前面几节所介绍的方法可以很快编辑出下面这一段代码（见表 8-7）。GX-ZZ 是这个程序的自定义命令，大家可以根据自己的需要进行更换。通过执行 GX-ZZ，就可以轻松地一步完成上面这些操作。

表 8-7　GX-ZZ.lsp

```
1   (
2   (defun c:GX-ZZ ()
3   ;;; 显示绘图全部范围
4   (command-s "._Zoom" "_A")
5   ;;; 将坐标恢复为世界坐标
6   (command-s "._UCS" "_W")
7   ;;; 将图层切换回 0 图层
8   command-s "._Clayer" "0")
9   ;;; 将视觉样式切换到二维线框模式
10  (command-s "._SHADEMODE" "2")
11  ;;; 保存图纸
12  (command-s "._Qsave")
13  (princ)
14  )
```

具体每一行代码的含义就不再一一讲解了，第 3、5、7、9 和 11 行是每一个 command-s 函数所执行操作的解释。除了表 8-6 中的几个命令外，在程序的最后还添加了自动保存当前图形状态的 QSAVE｛XE "QSAVE"｝操作。图 8-8 是将这段程序在编辑器中书写的样子。

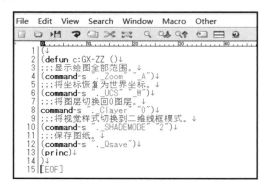

图 8-8

将程序保存为 GX-ZZ.lsp，按照前面的介绍就可以执行和操作了。

8.3 添加尺寸、填充和参照用的图层

在 4.5 节中介绍了怎样活用尺寸、填充和参照三个特殊图层。如果使用 LISP，无须手动输入图层的名称和颜色等设定，就可以一次性全部创建出来。

在这里自定义命令为 GX-DHX，文件名为 GX-DHX.lsp，LISP 程序的具体内容如表 8-8 所示。

表 8-8　GX-DHX.lsp

```
1   (
2   defun c: GX-DHX ()
3   (command-s ".-LAYER" "_N" " My_DIM " "_C" "54" " My_DIM " "")
4   (command-s ".-LAYER" "_N" " My_HP " "_C" "54" " My_HP " "")
5   (command-s ".-LAYER" "_N" " My_XF " "_C" "54" " My_XF " "")
6   (command-s "._DIMLAYER" "My_DIM")
7   (command-s "._HPLAYER" "My_HP")
8   (command-s "._XREFLAYER" "My_XF")
9   (princ)
10  )
```

表 8-8 中 command-s 函数各行的含义如表 8-9 所示。

表 8-9　command-s 函数各行的含义

行　号	含　义
3	创建 My_DIM 图层，并设定图层的颜色为 54
4	创建 My_HP 图层，并设定图层的颜色为 54
5	创建 My_XF 图层，并设定图层的颜色为 54
6	将标注用图层指定为 My_DIM
7	将填充用图层指定为 My_HP
8	将参照用图层指定为 My_XF

新建 DWG 图形后，只需在命令行窗口中输入自定义的 GX-DHX 命令，即可完成这三个特殊图层的创建，并指定了颜色。当然线型、线的粗细都可以通过 LISP 来设定，这里就不再一一叙述了。GX-DHX.lsp 文件可以扫描书中二维码下载和使用。

另外，参照 8.12 节活用启动组功能，当打开 DWG 文件的时候也可以自动创建这三个图层。

8.4 使用 LISP 来控制参照

输入 XREF{XE "XREF"}命令，打开"外部参照"选项板后，可以看到"卸载（U）"和"重载（R）"这两个功能（见图 8-9），它们是参照功能中最常用的两个功能，特别是参照文件数量众多的时候，它们就大显威力了。

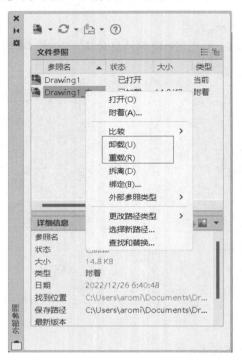

图 8-9

但每次都这样打开选项板再去使用卸载和重载功能，长时间的操作会令人疲惫。我们可以将这两个功能通过 LISP 来实现一键执行。

参阅前面介绍的基本结构，具体的程序可以编写如下（见表 8-10）。

表 8-10　GX-XF.lsp

```
1   (
2   defun c:XFU ()
3   (command-s "._-Xref" "_U" "*")
4   (princ)
5   )
6   (
```

（续表）

```
7   (defun c:XFR ()
8   (command-s "._-Xref" "_R" "*")
9   (princ)
10  )
```

在编辑器中的代码如图 8-10 所示。

图 8-10

这个程序包含了两个自定义命令，一个是第 2 行的"XFU"，一个是第 7 行的"XFR"。将这个程序命名为 XFU.lsp，保存到电脑的 LISP 共用文件夹里（XFU.lsp 文件可以扫描前言二维码获取）。

另外，将这两个命令放置到工具选项板里面，只需单击图标就可实现参照图形的重载和卸载（见图 8-11）。将 LISP 命令添加到工具选项板的方法请参阅 8.14 节的介绍。

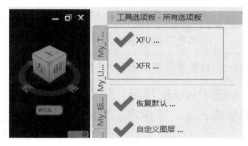

图 8-11

8.5 使用 LISP 绘制云线

AutoCAD 有自己的云线功能 REVCLOUD。本节介绍的 LISP 云线，将在默认的云线功能的基础上有所改进。和 AutoCAD 的默认云线功能相比，它有以下三个优点。

（1）可以利用正交命令 ORTHOMODE（快捷键 F8）简单实现水平和垂直的云线。默认的云线功能无法使用正交功能来绘制云线。

（2）可以将绘制的云线自动分类到指定的图层里。

（3）可以将绘制的云线自动切换为指定的颜色。

这个程序具体的编写思路是：先利用 LAYER {XE "LAYER"} 命令创建一个云线使用的图层，并设置好颜色，然后利用 REVCLOUD {XE "REVCLOUD"} 命令设定云线的半径，最后使用 CHANGE {XE "CHANGE"} 命令将多段线转换为云线。

结合上面的思路，LISP 的具体程序如下所示（见表 8-11）。在这里自定义的命令设定为 GX-PLL，大家可以根据自己的需要自行调整。具体 command-s 函数所执行的操作，请参阅第 3、5 和 7 行的注释。第 4 行的图层名称和颜色设定以及第 6 行的云线半径设定，也可以根据自己的需要进行适当的修改。

表 8-11　GX-PLL.lsp

```
1   (
2   defun c:GX-PLL ()
3   ;;; 生成图层 PLL，颜色为 240
4   (command-s ".-LAYER" "_N" "PLL" "_C" "240" "PLL" "")
5   ;;; 设定云线半径为 50
6   (command-s "._REVCLOUD" "_A" 50 50 "_O" pause "_N")
7   ;;; 将多段线放到 PLL 图层
8   (command-s "._CHANGE" (entlast) "" "_P" "_LA" "PLL" "")
9   (princ)
10  )
```

使用编辑器编辑后（见图 8-12），将它命名为 GX-PLL.lsp 并保存到 LISP 的共用文件夹中。

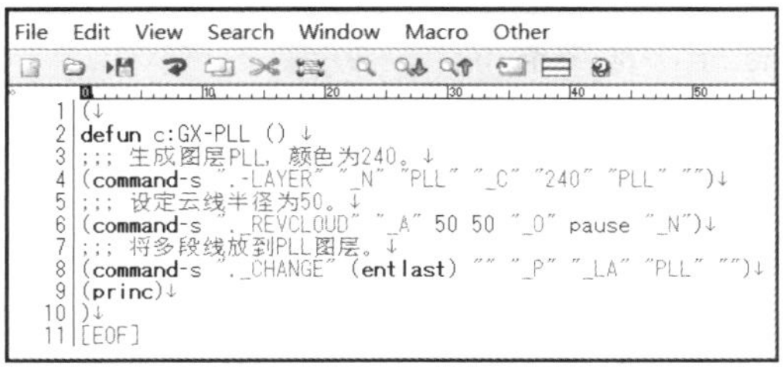

图 8-12

具体的使用方法也很简单。打开画面右下角状态栏里面的正交模式（快捷键 F8），先使用多段线命令 PLINE（快捷键 PL）绘制好需要的范围。启动 PLL.lsp 的自定义命令，单击刚才绘制好的多段线即可完成操作（见图 8-13）。图 8-13 中，提前将 PLL.lsp 中的命令放置到了工具选项板中，在工具选项板中自定义名称为"红色云线"。当想使用 PLL.lsp 的时候，只需单击"红色云线"图标即可。具体的将 LISP 文件和工具选项板关联在一起的方法，请参阅 8.14 节。

另外，查看图层，可以看到名称为 PLL 的图层也自动创建好了（见图 8-14）。这就说明 PLL.lsp 程序的运行是没有问题的。

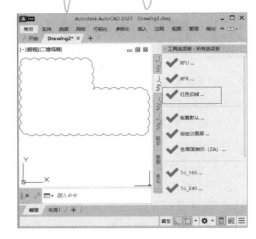

图 8-13

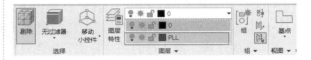

图 8-14

8.6 使用 LISP 生成带图形的连续数字

在绘图的过程中，带圆圈的数字、带三角形的数字和带正方形的数字等符号，在标注数量或者统计图形数据中是经常需要使用的（见图 8-15）。利用 MTEXT{XE "MTEXT"}命令（快捷键 T）、CIRCLE {XE "CIRCLE"} 命令（快捷键 C）以及 POLYGON {XE "POLYGON"} 命令（快捷键 POL）等一个一个地制作它们固然可以，但是效率非常低。这里介绍一下怎样利用 LISP 来自动生成这些数字。

本节介绍的这个 LISP 程序，最终有 6 个命令可以供我们使用（见表 8-12）。命令的名称大家可以根据自己的需要进行修改。第 1 个自动生成带圆圈数字的 SERN_CIRCLE_A 和第 2 个需要设定生成带圆圈数字的 SERN_CIRCLE_M 将重点讲解，其他 4 个功能相似。

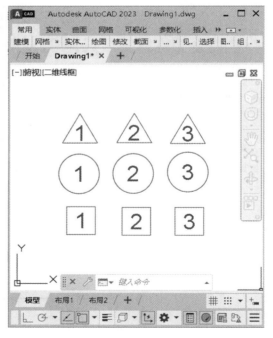

图 8-15

表 8-12   6 个自定义命令

命 令	功 能
SERN_CIRCLE_A	无须设定，自动生成带圆圈的数字
SERN_CIRCLE_M	需要设定，生成带圆圈的数字
SERN_TRIANGLE_A	无须设定，自动生成带三角形的数字
SERN_TRIANGLE_M	需要设定，生成带三角形的数字
SERN_SQUARE_A	无须设定，自动生成带正方形的数字
SERN_SQUARE_M	需要设定，生成带正方形的数字

8.6.1　GX-SERN_CIRCLE_A

下面介绍生成带圆圈数字的一些设定，比如圆的半径值、文字的高度等，可以提前编辑到程序里面（见表 8-13）。

表 8-13   GX-SERN_CIRCLE_A.lsp

```
1   (
2   defun c:GX-SERN_CIRCLE_A()
3   (setq n 1)
4   (setq R 10)
5   (setq MH 8)
6   (
7   repeat 20
8   (setq PT (getpoint "DO ONE CLICK"))
9   (command "circle" PT R)
10  (command "text" "J" "MC" PT MH "" n)
11  (setq n(1+ n))
12  )
13  )
```

从表 8-13 中可以看到，这个程序和前几节介绍的不太一样，除了 command-s 函数以外，里面新使用了两个函数（见表 8-14），这两个函数也是 LISP 中常用的基础函数。

表 8-14   setq 函数和 repeat 函数的功能

函 数	功 能
setq	将一个或多个符号的值设置为相应表达符号的值
repeat	对循环中的每个表达式按照指定的次数进行求值计算

表 8-13 中 LISP 各行的含义如表 8-15 所示。

表 8-15　程序的含义

1	与第 13 行相呼应，表示整个程序范围开始
2	自定义一个命令，命令的名称为 GX-SERN_CIRCLE_A
3	定义一个变量 n，赋予它的值为 1。在这里的意思为连续添加的数字起始值为 1
4	定义一个变量 R，赋予它的值为 10。数值 10 将作为自动生成的圆的半径值，可以按需求自由修改
5	定义一个变量 MH，赋予它的值为 8。数值 8 在这里将作为文字的高度，可以按需求自由修改
6	与第 12 行相呼应，repeat 函数范围开始
7	定义循环次数。这里 20 的意思为从第 8 行到第 10 行的内容循环 20 次。也就是说，连续生成的数值将会自动从 1 增加到 20。
8	定义一个变量 PT，单击画面一个点后将其赋予 PT
9	执行圆命令 circle，其中，PT 为圆的圆心，即第 8 行在画面上单击的点；R 为圆的半径，即第 4 行定义的变量 R
10	执行文字命令，其中，J 设定文字的对正，MC 设定文字的对正为居中，PT 设定文字的中心点为 PT（也就是在画面上单击的点），MH 设定文字的高度为 MH（也就是第 5 行设定的值），半角空白设定文字的角度为默认值，n 设定文字的数值
11	赋予变量 n 的值为每次叠加数值 1
12	与第 6 行呼应，repeat 函数范围结束
13	与第 1 行呼应，自定义函数 GX-SERN_CIRCLE_A 结束

　　我们将程序命名为 GX-SERN_CIRCLE_A.lsp，保存到共用文件夹中。当再次启动 AutoCAD 后，SERN_CIRCLE_A 命令就可以使用了。在命令行窗口中输入命令，然后在画面中的任意地方连续单击，就可以自动获得半径为 10mm，文字高度为 8mm 的带圆圈的连续数字（见图 8-16）。每单击一次，数值就会自动增加 1，直至 20 为止。

图 8-16

8.6.2　GX-SERN_CIRCLE_M

在执行程序的时候，如果希望能自由输入圆圈的半径和文字的高度，可以参考表 8-13 中的内容进行修改（见表 8-16）。

表 8-16　GX-SERN_CIRCLE_M.lsp

```
1   (
2   defun c:GX-SERN_CIRCLE_M()
3   (setq n 1)
4   (setq R(getreal " 半径 ="))
5   (setq MH (getreal" 文字高度 ="))
6   (repeat 20
7   (
8   setq PT (getpoint "DO ONE CLICK"))
9   (command "circle" PT R)
10  (command "text" "J" "MC" PT MH "" n)
11  (setq n(1+ n))
12  )
13  )
```

在上面的程序中又有了一个新的函数：getpoint，其功能是暂停程序，让用户输入数值。

利用 getpoint 函数，就可以让程序在执行的过程中暂停，以获取我们输入的半径和文字高度数值。getpoint 函数也是一个常用的函数，希望大家能通过这个例子理解并活用它。

将表 8-16 的内容保存到 GX-SERN_CIRCLE_M.lsp 里面并再次启动 AutoCAD 后，在命令行窗口中输入 GX-SERN_CIRCLE_M，根据命令行的提示，先输入圆的半径（见图 8-17），再输入文字的高度（见图 8-18），就可以获得带圆圈的连续数字了。

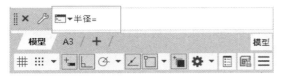

图 8-17

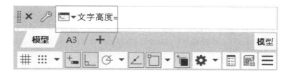

图 8-18

8.6.3　生成带三角形和正方形的数字

理解了自动生成带圆圈数字的程序之后，带三角形和正方形的连续数字生成的程序就很好理解了。

利用多边形 POLYGON 命令，只需要将表 8-13 中第 9 行的 circle 命令改为 POLYGON 命令就可以实现。下面是已经修改好的自动生成带三角形数字的程序（见表 8-17），除了第 9 行外，其他部分和表 8-13 的内容一样。

表 8-17　GX-SERN_TRIANGLE_A.lsp

```
1   (
2   defun c:GX-SERN_CIRCLE_A3()
3   (setq n 1)
4   (setq R 10)
5   (setq MH 8)
6   (
7   repeat 20
8   (setq PT (getpoint "DO ONE CLICK"))
9   (command "polygon" "3" PT "I" R)
10  (command "text" "J" "MC" PT MH "" n)
11  (setq n(1+ n))
12  )
13  )
```

同理，如果想实现带正方形的连续数字，将第 9 行中的数值 3 更改为 4 即可，具体程序就省略了。

GX-SERN_CIRCLE_A3.lsp 文件可以扫码下载，它包含了表 8-12 中的 6 个自定义命令，大家在自己的电脑上实际运行一下，就可以很快掌握并能活用这个程序。

8.7 使用 DXF 组码绘图

前面几节主要围绕着使用 command 函数来提高 AutoCAD 命令设置以及重复性操作的效率。除了操作命令外，command 函数还可以帮助我们进行自动绘图工作。比如，如果想使用 LISP 来自动绘制一个半径为 200mm 的圆，要求如表 8-18 所示。

表 8-18 绘制一个圆的要求

项　　目	参　　数
圆心的 XY 坐标值	(0, 150)
圆的半径	200mm
圆的线宽	0.50mm

我们利用 command 函数的话，就可以这样来编程（见表 8-19）。在命令行窗口中输入自定义的命令 GX-C200-v1，就可以绘制出表 8-18 要求的圆。

表 8-19 GX-C200-v1.lsp

```
1   (
2   defun c:GX-C200-v1 ()
3   (command "._circle" '(0 150) 200)
4   (command "chprop" (entlast) "" "lw" 0.50 "")
5   (princ)
6   )
```

表 8-19 中 command 函数的含义如表 8-20 所示。

表 8-20 command 函数的含义

序号	函数的含义
3	启动圆命令 CIRCLE {XE "CIRCLE"}（快捷键 C），在坐标值为 (0, 150) 的地方绘制半径为 200mm 的圆
4	使用 CHPROP {XE "CHPROP"} 命令再次捕捉上一步的对象（刚才的圆），然后将宽度修改为 0.50mm

上面的程序虽然使用 command 函数可以绘制一个圆，但是为了高效绘图，与其他程序顺畅衔接，不采用 command 函数，而是使用 entmake 函数，并结合 DXF 组码来进行自动绘图编程，这是大部分技术人员的选择。

比如，同样绘制表 8-18 中半径为 200mm 的圆，使用 entmake 函数和 DXF 组码的话就可以这样写（见表 8-21）。

表 8-21　GX-C200-v2.lsp

```
1   (
2   defun c:GX-C200-v2 ()
3   (
4   entmake
5   '((0 . "circle")
6   (10 0.0 150.0 0.0)
7   (40 . 200.0)
8   (370 . 0.50)
9   )
10  )
11  (princ)
12  )
```

表 8-21 的程序中，第 5 ～ 8 行的开始数字 0、10、40、370 就是 DXF 组码，每一个组码后面的值为其类型或者数据，这就是 DXF 的基本结构。组码的英文为 Dot Pair（也有人翻译为群码）。每一个组码数值的含义是固定的，而且没有必要去记忆，我们可以通过查询 AutoCAD 的帮助文件来获得它。

了解了什么是组码，我们再回头看一下表 8-21 程序中 entmake 函数和 DXF 组码部分的含义（见表 8-22）。

表 8-22　entmake 函数和 DXF 组码部分的含义

3	entmake 函数的范围，与第 10 行相呼应
4	启用 entmake 函数
5	启用圆命令，组码 0 的含义为图元类型
6	圆心坐标值的设定，组码 10 的含义为圆心点，圆心坐标为（0.0, 150.0, 0.0）
7	圆半径的设定，组码 40 的含义为圆半径，半径长度为 200.0mm
8	圆线宽的修改，组码 370 的含义为线宽，线宽的数值为 0.50mm
9	结束圆绘制命令，与第 5 行对应
10	结束 entmake 函数操作，与第 1 行对应

从上面的例子不难看出，组码是成对出现的，而且每一对组码的前后必须用"（）"来开始和结束，这是 DXF 编程一个很大的特点。

如果你习惯了 command 函数的话，再来看 entmake 的编码将会非常不适应，它没有command 函数那么直观简洁。但是在实际绘图过程中，像开启捕捉等这样的设定受绘图环境的影响很大，而 entmake 函数就不会出现这样的情况。另外，和 entmake 函数相比，command 函数的运行速度相对慢一些。因此，在 AutoCAD 的操作简化方面，使用 command 函数是没有问题的；但是在实际绘图方面，建议大家使用 Entmake 函数进行操作。

在 AutoCAD 的帮助文件里面可以获得 DXF 组码的通用信息以及常用对象的组码一览表（见图 8-19），我们可以参考帮助文件使用组码来进行程序的编写。

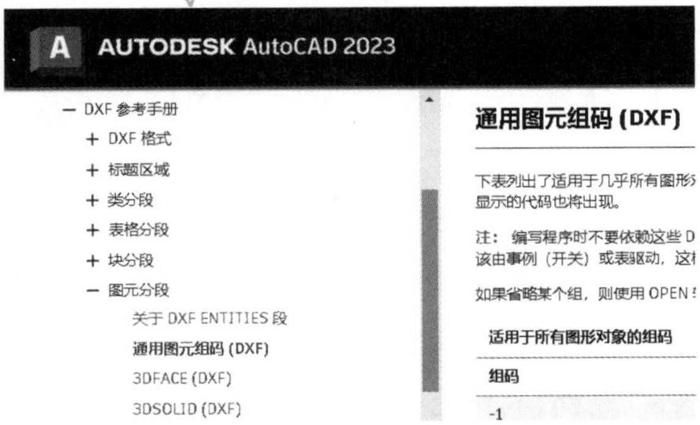

图 8-19

8.8 拿来用主义 1：使用 LISP 制作填充图案

使用 AutoLISP 工作，"拿来用主义"这个精神非常重要。在工作中遇到了问题时，如果想用 LISP 来解决，首先想到的不应该是编程序，而是应该查找一下有没有类似的程序可以使用。因为 AutoLISP 公开 35 年有余，网络上可以免费下载的 LISP 随处可见，软件本身的帮助功能、社区服务等都是我们"淘金"的好地方。在这里希望大家能时刻保持一个理念：我们是一名技术工作者，不是一名程序员。虽然这一章讲了很多关于 LISP 编程方面的内容，但其目的是帮助大家理解它。我们始终不能忘记：LISP 只是一个工具而已。因此，希望大家能一直保持"拿来用主义"这个心态，并充分利用好当今高度丰富的网络信息，来为设计工作节省时间和提高效率。

下面就举例说明怎样将拿来的 LISP 程序快速服务于我们的工作。在工作中，特别是绘制建筑方面的平面图时，像下面这样的方格图案会经常遇到（见图 8-20）。

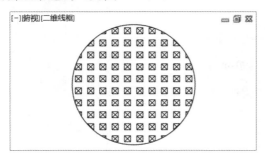

图 8-20

使用 AutoCAD 绘制它的方法有很多。比如，利用偏移命令 OFFSET｛XE "OFFSET"｝（快捷键O)先将所有的直线等间隔偏移出来，

然后再利用修剪功能 TRIM｛XE "TRIM"｝（快捷键 TR）一个一个来制作（见图 8-21）。

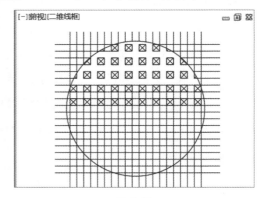

图 8-21

又如，可以先绘制一个形状，再利用矩形阵列功能 ARRAYRECT｛XE "ARRAYRECT"｝（快捷键 AR）也可以绘制（见图 8-22）。

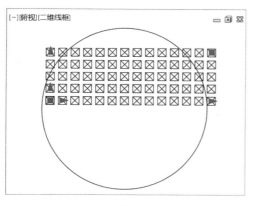

图 8-22

但是使用上面这些方法，当图形数量很多的时候，重复操作将会令人疲惫，也很容易发生人为失误。另外，当移动图形的时候，难免会发生错位。在这里换一种思维，给大家介绍怎样通过自定义填充图案的功能来高效率完成这样的图形。

图案填充命令 HATCH｛XE "HATCH"｝（快捷键 H）不但可以在封闭的空间里进行非常快速的图案填充，其透明度、角度和比例也都可以自由调整和设定（见图 8-23）。在绘图过程中，充分利用图案填充的这个功能，很多时候都会带来事半功倍的效果。

图 8-23

但是 AutoCAD 默认的填充图案很少，无法完全满足工作中的实际需求，这就需要我们自己去创建和定义填充图案。创建填充图案的方法很多，在这里介绍一下利用 LISP 高效创建自定义图案的方法和步骤。

Step 01 首先，就是用"拿来主义"的思维方式，这样的 LISP 代码不用编译和书写，通过检索就可以很快在网上找到下面这样的免费公开的 LISP 链接。

https://cadtips.cadalyst.com/patterns/hatch-maker

打开链接后很快就会看到一个叫 Hatch Maker 的文件，单击右边的 Download This TIP 处（见图 8-24），就可以直接下载到 LISP 文件 HatchMaker.lsp。

图 8-24

这个 LISP 文件虽然很古老了（2005 年编译），但是在 AutoCAD 2023 版本中也可以运行。无论是 AutoCAD 的旧版本还是新版本，都可以运行和使用是 AutoLISP 一个非常好的特点。

Step 02 按照 7.5 节的介绍，将下载的 LISP 文件 HatchMaker.lsp 放置到 LISP 共用文件夹 11_LISP 里面，并修改 acad.lsp 文件（见表 8-23）。

表 8-23　修改 acad.lsp 文件

```
(defun s::startup ()
(load "ABC.lsp")
(load "ROO.lsp")
(load "HatchMaker.lsp")
)
```

保存文件后启动 AutoCAD，就不会有烦琐的确认窗口弹出，并能立即使用这个 LISP 定义的两个命令：Drawhatch 命令（填充图案的制作）和 Savehatch 命令（填充图案的保存）。

Step 03 LISP 文件的准备工作到这里就结束了。下面新建一个 DWG 文件，在命令行窗口里面输入 Drawhatch 命令，按回车键后，将会出现一个 1mm×1mm 的正方形和一个对话框（见图 8-25），单击"确定"按钮关闭对话框即可。这里需要注意，只能使用直线功能 LINE｛XE "LINE"｝和点功能 POINT｛XE "POINT"｝来绘制填充图案，并且绘制的范围必须为显示的正方形内部。

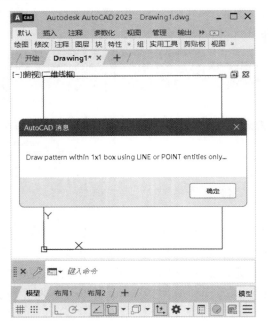

图 8-25

Step 04 还有一个关键的地方，就是为方便绘制，需要打开图形栅格模式 GRIDMODE（快捷键 F7）和启动捕捉模式 SNAPMODE（快捷键 F9）（见图 8-26）。

图 8-26

将光标放置到图形栅格上面，右击后启动"网格设置"命令（见图 8-27）。

图 8-27

在打开的"草图设置"对话框里面，需要将"栅格间距"的 X 轴和 Y 轴两个地方都调整为 0.01（见图 8-28）。

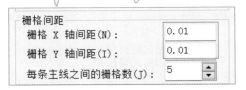

图 8-28

在用直线命令 LINE 绘制填充图案的时候，直线的起点和终点必须在这个栅格的交界处，否则绘制的填充图案保存时将会出现错误。

Step 05 栅格设置完成后，开始绘制填充图案。利用直线命令 LINE 在指定的正方形内部可以很快绘制出填充图案（见图 8-29）。

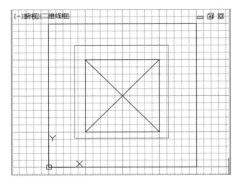

图 8-29

Step 06 绘制完成之后，在命令行窗口里面输入 Savehatch，按回车键后，将会弹出文本窗口（见图 8-30），直接按回车键。

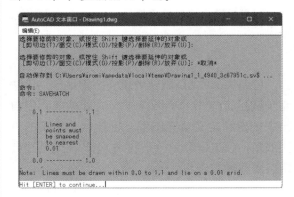

图 8-30

Step 07 选择制作的填充图形后，按回车键确定（见图 8-31）。

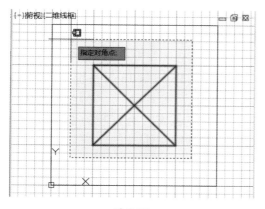

图 8-31

Step 08 命令行窗口提示为这个图形输入提示信息，在这里输入 MyHatch 后，按回车键（见图 8-32）。

图 8-32

Step 09 将会弹出如图 8-33 所示的对话框，在这里需要注意，选择的文件夹必须支持文件搜索路径（详细设定请参阅 7.5 节），其中①处选择使用共用文件夹 11_LISP，②处文件名任意，在这里命名为 MyHatch，在③处单击"保存"按钮，就可以看到 11_LISP 文件夹里面生成了 MyHatch.pat 文件。

图 8-33

Step 10 打开 MyHatch.pat 文件（见图 8-34），

可以看到除了第一行是设置的文件名称和文件说明外，其他内容很难看懂。

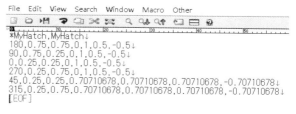

图 8-34

Step 11 重新启动 AutoCAD 之后，就可以使用自定义的图案了。新建一个 DWG 文件，比方说利用圆命令 CIRCLE {XE "CIRCLE"}（快捷键 C）绘制一个直径为 1000mm 的圆，然后继续输入填充命令 HATCH {XE "HATCH"}（快捷键 H），单击圆内部任意地方，在"图案填充"处可以选择刚才自定义的 MyHatch 图案（见图 8-35）。

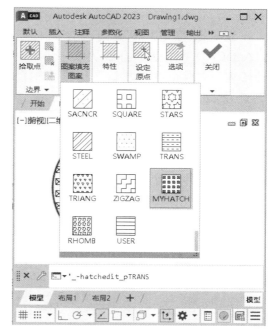

图 8-35

Step 12 通过"特性"命令适当调整一下比例，就可以很快得到图 8-36 所示的图形。

Step 13 保存文件。

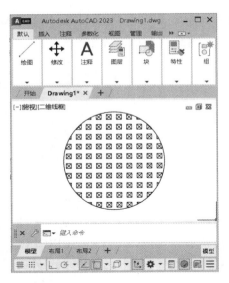

图 8-36

这样通过 LISP 就可以创建自己想要的填充图案了。希望大家能在绘图设计工作中活用这个功能。

另外，在 Express Tools 里面有一个 Super Hatch 命令（见图 8-37），它能使用块和外部参照等填充图案，有兴趣的读者可以参阅 AutoCAD 的帮助文件。

图 8-37

8.9　拿来用主义 2：使用 LISP 实现快速打断

在设计过程中，需要经常使用打断操作。AutoCAD 有默认的打断功能，任意新建一个 DWG 文件，在"默认"选项卡的"修改"选项板里面可以找到两个打断命令，一个是 BREAK {XE "BREAK"}，一个是 BREAKATPOINT{XE "BREAKATPOINT"}（见图 8-38）。BREAK 命令是在选择好的两点之间进行打断，并将两点之间的对象删除，使其形成间隔的状态；BREAKATPOINT 命令是选择一点后将对象分为两个部分。

图 8-38

BREAKATPOINT 命令在设计操作中经常用到。但是使用它的时候需要选择好对象，然后才能执行打断命令。如果打断的对象很多，长时间的操作会令人疲惫。

在这里介绍一下另一个"拿来用"的 LISP 程序——SCISSORS.lsp。它可以简化打断操作，从而实现高效绘图。我们可以在下面这个网站中下载到这个 LISP 文件（见图 8-39）。

图 8-39

下载地址如下：

https://allaboutcad.com/another-break-objects-quickly-autolisp-routine/

打开网页之后，单击 download the AutoLISP file here 链接（见图 8-40），就可以直接下载 SCISSORS.lsp 文件。

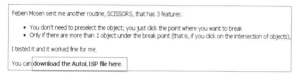

Febien Mosen sent me another routine, SCISSORS, that has 3 features:
You don't need to preselect the object; you just click the point where you want to break
Only if there are more than 1 object under the break point (that is, if you click on the intersection of objects),
I tested it and it worked fine for me.
You can download the AutoLISP file here.

图 8-40

参照 7.5 节，将下载的 LISP 文件 SCISSORS.lsp 放置到 LISP 共用文件夹 11_LISP 里面，并按照表 8-24 中第 6 行修改 acad.lsp 文件后保存。

表 8-24　修改 acad.lsp 文件

```
1  (
2  defun s::startup ()
3  (load "ABC.lsp")
4  (load "ROO.lsp")
5  (load "HatchMaker.lsp")
6  (load "SCISSORS.lsp")
7  )
```

Autodesk AutoCAD 2023 Drawing1.dwg
Give me the break point...
3008.4355
1479.4199

图 8-41

首先新建一个 DWG 文件，输入矩形命令 RECTANG {XE "RECTANG"}（快捷键 REC），任意绘制一个矩形。接着在命令行窗口中输入 SCISSORS，按回车键后，光标旁边就会出现提示 Give me the break point...（见图 8-41）。

然后不用选择图形，直接单击矩形图形的任意处，就可将矩形分为两个多段线（见图 8-42）。

Autodesk AutoCAD 2023 Drawing1.dwg

图 8-42

结合 1.1 节的自定义右键单击设定，在空白处右击后，就可以一直操作鼠标进行连续打断。可能你觉得它只是少操作了一步，比方说要连续操作三次打断，通过比较（见表 8-25）可以看到，传统的打断操作需要 9 步才能完成，但是 LISP 的打断操作只需要 6 步即可完成。

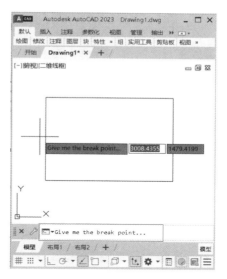

表 8-25　打断步骤比较

	传统的打断操作	LISP 的打断操作
步骤 1	单击“修改”面板里面的打断图标	在命令行窗口中输入 scissors
步骤 2	选择打断对象	

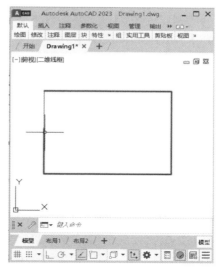

（续表）

	传统的打断操作	LISP 的打断操作
步骤 3	单击鼠标，第一次打断	单击鼠标，第一次打断
步骤 4	在空白处右击	在空白处右击
步骤 5	选择打断对象	
步骤 6	单击鼠标，第二次打断	单击鼠标，第二次打断
步骤 7	在空白处右击	在空白处右击
步骤 8	选择打断对象	
步骤 9	单击鼠标，第三次打断	单击鼠标，第三次打断

另外，参照 8.14 节将 SCISSORS 命令放置到工具选项板中（见图 8-43），操作将会更加便捷。

也许你觉得，和标准功能比起来不就是节省了一步吗？"水滴石穿"想必是大家都明白的道理，我们的时间就是这样一点一滴节约出来的。

图 8-43

8.10 建立自己的库文件

经常使用 LISP 编辑程序，渐渐你会积累一些自己常用的内容。每次编辑都要去书写同样的内容，非常低效。我们可以通过建立自己专用的 LISP 库文件来解决这个问题。将自己常用的代码以库文件的形式保存后，直接从中调用这些文件即可。

具体的操作方法是：首先创建一个库专用的 LISP 文件，命名为 GX-Library.lsp，在里面建立 OFF 函数和 ON 函数。其中第 1 ～ 7 行为 OFF 函数的内容，第 9 ～ 15 行为 ON 函数的内容（见表 8-26）。

表 8-26　GX-Library.lsp

（续表）

```
1    (
2    defun OFF (/)
3    (setvar "CMDECHO" 0 )
4    (setvar "MENUECHO" 1 )
5    (setvar "FILEDIA" 0 )
6    (prin1)
7    )
8
9    (
10   defun ON (/)
11   (setvar "CMDECHO" 1 )
12   (setvar "MENUECHO" 0 )
13   (setvar "FILEDIA" 1 )
14   (prin1)
15   )
```

将 GX-Library.lsp 保存到 LISP 的共用文件夹里。这样以后编写程序的时候，只需要调用 OFF 和 ON 这两个自定义的函数即可。我们不用另外再建立一个库文件，可以一直在 GX-Library.lsp 里将自定义的函数追加下去。

比如，新编写的一个创建图层的 LISP 文件 GX-240.lsp（见表 8-27），如果需要使用 ON 函数，就可以如同下面第 3 行这样，直接输入"（ON）"，这对高效编程有很大的帮助。第 5 行的"（OFF）"也是一个道理。

表 8-27　GX-240.lsp

1	(
2	defun c:GX-240 ()
3	(ON)
4	(command-s ".-LAYER" "_N" "240" "_C" "240" "240" "")
5	(OFF)
6	(princ)
7	)

8.11　编译 LISP 文件递交外部的方法

我们将 LISP 文件直接递交给外部的时候，自己辛辛苦苦编译的程序内容有时候不想让对方接触到，或者不想让对方对内容进行修改，这个时候需要将 LISP 进行编译，之后再递交给对方，编译后的文件后缀为 .fas。详细步骤如下。

图 8-45

Step 01　首先需要在 AutoCAD 自带的 Visual LISP 编辑器里操作。新建一个 DWG 文件，切换到"管理"选项卡后，在"应用程序"选项板里面可以看到"Visual LISP 编辑器"图标（见图 8-44），单击它即可。

图 8-44

Step 02　第一次打开 Visual LISP 编辑器的时候，将会出现图 8-45 所示的对话框，选择 AutoCAD Visual LISP 选项，具体操作见 7.6 节。

Step 03　Visual LISP 编辑器启动后，会出现两个空白的窗口，编译文件需要使用下面的"Visual LISP 控制台"窗口（见图 8-46）。

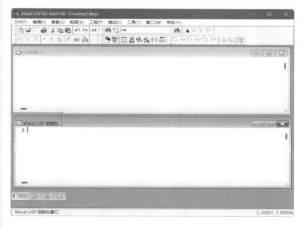

图 8-46

Step 04　在操作之前，需要确认编译的 LISP 文件是否在支持文件搜索路径的文件夹中（详细设定请参阅 7.5 节）。比如，这里选择共用文件夹 11_LISP 里面的 ABC.lsp 程序作为编译的对象，将下面一行程序输入到控制台的空白部分（见图 8-47）。

```
(vlisp-compile 'st "ABC.lsp" "ABC.fas")
```

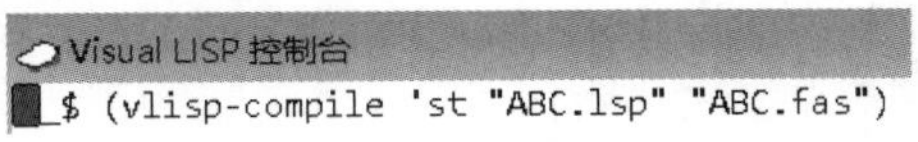

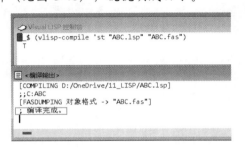

图 8-47

vlisp-compile 函数的用途是将 lsp 文件格式转换为 fas 格式。上面一行程序的含义为，使用 vlisp-compile 函数将 ABC.lsp 文件格式转换为 ABC.fas。这里 fas 格式的文件名称可以自定义，不用和 lsp 的文件名称一致。

Step 05 按回车键之后，如果看到"编译完成"字样（见图 8-48），就说明成功了。

图 8-48

Step 06 在这里需要注意，Visual LISP 编辑器默认的保存地址为 Windows 自带的标准文档文件夹，在"文档"文件夹里面就可以找到这个 ABC.fas 文件（见图 8-49）。

图 8-49

Step 07 用一般的记事本打开 ABC.fas 文件，你会发现里面全是乱码，无法阅读（见图 8-50）。

图 8-50

以上操作就结束了。如果想确认 ABC.fas 文件是否有效，直接将其拖入一个空白的 DWG 文件并确认是否运行即可。这里需要注意，编译后的 .fas 文件将无法返回 .lsp 文件，需要我们自己保存和管理编译前的原始文件。

8.12 活用启动组

如果在打开 DWG 文件的同时，就想激活某个命令的话，可以使用"启动组"功能。比如，打开一个瓶盖图形（见图 8-51），此时它并没有处于画面的中间，而是位于偏左上方，它所在的图层也不是默认的 0 图层。如果这样的图纸很多的话，每次打开都要手动调整，非常低效。但借助 LISP 的"启动组"功能就可以很简单地解决这个问题。

Step 01 首先制作一个 LISP 程序（见表 8-28），命名为 GX-Startup.lsp 后保存，并放置到共用文件夹里面（请参阅 7.5 节）。

第 2、3 和 4 行的含义见表 8-29。

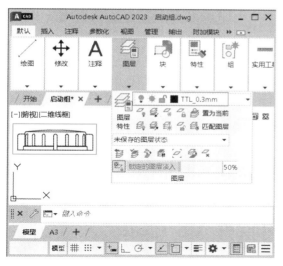

图 8-51

表 8-28　GX-Startup.lsp

1	(
2	defun s::startup ()
3	(command-s "._Zoom" "_E")
4	(command-s "._Clayer" "0")
5	)

表 8-29　程序的含义

2	在图形初始化的时候自动执行命令
3	启动 ZOOM 命令，并全范围显示
4	将当前图层设置为 0 图层

Step 02 新建一个 DWG 图形，在"管理"选项卡的"应用程序"选项板里找到"加载应用程序"按钮（见图 8-52），单击它后启动"加载／卸载应用程序"对话框（见图 8-53）。通过输入命令 APPLOAD（快捷键 AP）也可以达到同样的效果。

图 8-52

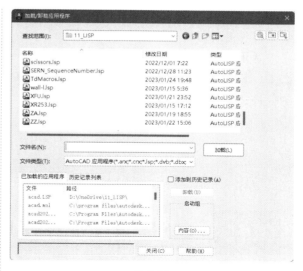

图 8-53

Step 03 在"加载／卸载应用程序"对话框中，单击"启动组"栏中的"内容"按钮（见图 8-54），或者直接按 Alt+O 快捷键，就可以打开"启动组"对话框（见图 8-55）。

图 8-54

图 8-55

Step 04 单击图 8-55 中的"添加"按钮，找到刚才制作的 MyStartup.lsp 文件，添加后单击"关闭"按钮（见图 8-56）。关闭"加载／卸载应用程序"对话框，重启 AutoCAD，MyStartup.lsp 就会处于一直激活的状态，当打开任何一张图形时，它都会被自动同步执行画面全范围显示状态和将图层切换为 0 图层。

活用这个方法，只需要修改 GX-Startup.lsp 文件，打开文件后就可以自动执行 AutoCAD 的各种命令。

图 8-56

8.13 LISP 编程推荐使用的软件 VS Code

在这里给大家推荐一款免费的软件 Visual Studio Code（VS Code）。这是 Microsoft 公司开发的一款产品（见图 8-57），在 Windows 和 Mac OS 系统上都可以运行。它不仅是一款普通的代码编辑器，还提供了众多强大的功能，这令其成为编写 LISP 程序的理想选择。

图 8-57

首先，VS Code 支持多种编程语言，包括 LISP，它具有语法高亮显示、代码自动完成、错误检测等基本功能，这些都是编程时的重要辅助功能。对于 LISP 编程来说，这些功能可以极大地提高编写和调试代码的效率。

其次，VS Code 的可扩展性是其另一个亮点。通过安装扩展程序，用户可以增强其功能，使其适应不同的编程需求。对于 LISP 开发者来说，有很多专门为 LISP 设计的扩展功能，如 LISP 语言支持（见图 8-58）、代码格式化工具等，这些都可以简化编程过程。

图 8-58

再次，VS Code 还具有出色的用户界面和可定制性。它的界面简洁直观，新手和经验丰富的开发者都能快速上手。用户可以根据个人喜好自定义界面的主题、字体和颜色方案，这不仅提升了编程的愉悦感，也有助于提高代码的可读性。

从次，VS Code 具有良好的跨平台性能。无论是在 Windows、Mac OS 还是 Linux 操作系统上，它都能提供一致的用户体验。这对于那些需要在不同操作系统间切换工作环境的开发者来说尤为重要。

此外，VS Code 还内置了强大的调试工具。这些工具可以帮助 LISP 程序员快速定位和修复代码中的错误。它们支持断点设置、变量观察、调用栈查看等功能，极大地简化了调试过程（见图 8-59）。

图 8-59

VS Code 另一个值得一提的优点是其集成终端。这个功能允许用户直接在编辑器中运行命令行，无须切换到另一个窗口。这为需要频繁使用命令行的 LISP 开发者提供了巨大的便利。

最重要的是，VS Code 对 Git 等版本控制系统（https://git-scm.com/）提供了原生支持。它的集成 Git 功能让用户可以轻松地提交、拉取、合并和比较代码变更，这对于团队协作和项目管理至关重要。

最后，VS Code 的社区支持也非常活跃。在遇到问题时，你可以轻松地找到解决方案或获得社区成员的帮助。此外，定期更新和改进确保了软件的现代性和高效性。VS Code 的社区主要有以下两个地方（见表 8-30）。

表 8-30　VS Code 的社区

社　区	网　址
官方社区	https://code.visualstudio.com/
Github 社区	https://github.com/microsoft/vscode

综合以上特点，VS Code 显然是一个功能全面、易于使用且高度可定制的编程工具，非常适合用 LISP 以及其他多种编程语言的开发。无论是个人项目还是专业团队合作，VS Code 都能提供强大的支持。

8.14　使用工具选项板管理 LISP

使用的 LISP 命令多了，不但文件管理烦琐，还存在一个问题——怎样记忆这些自定义的 LISP 名字并快速启动它。本节将介绍怎样活用工具选项板来管理并启动 LISP。

在 2.4 节详细说明了工具选项板的使用方法。利用工具选项板来管理 LISP 文件也是一个非常好的工作习惯。

首先我们需要让 LISP 处于激活状态，在此前提下以 8.2 节 ZZ.lsp 这个 LISP 命令为例，来介绍将自定义命令 ZZ 添加到工具选项板的步骤。

将 LISP 的命令添加到工具选项板有两种方法，一种是通过自定义命令设定宏，一种是直接修改工具选项板里面已经存在的 LISP 工具的特性面板。

8.14.1　自定义命令

Step 01 输入工具选项板命令 TOOLPALETTES {XE "TOOLPALETTES"}（快捷键 Ctrl+3），

自建一个 LISP 用的选项卡，名称为 My_LISP（见图 8-60）。

图 8-60

Step 02 输入 CUI {XE "CUI"} 命令，启动"自定义用户界面"对话框（见图 8-61）。

图 8-61

Step 03 单击对话框左下角的"自定义"图标（见图 8-62）。

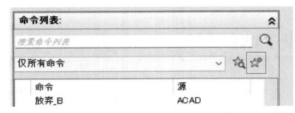

图 8-62

Step 04 在"仅所有命令"下拉列表中选择"自定义命令"选项（见图 8-63）。

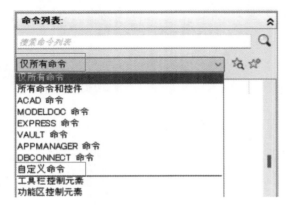

图 8-63

Step 05 这样就可以找到刚才创建的自定义命令（见图 8-64）。

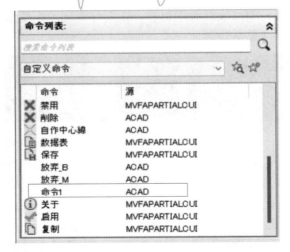

图 8-64

Step 06 单击"命令1"选项，在右边的"特性"面板中修改名称（见图 8-65）。

图 8-65

Step 07 自定义名称的选择可以随意，但是因为它将显示在工具选项板中，所以起一个容易理解的名字更好。在这里起名为"恢复默认…"（见图 8-66）。

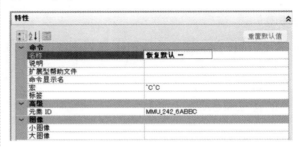

图 8-66

Step 08 单击"特性"面板的"宏"栏，在最右边会出现 图标（见图 8-67，不单击将无法出出现）。单击该图标，打开"长字符串编辑器"对话框（见图 8-68），输入文本后单击"确定"按钮。

^C^C_ZZ

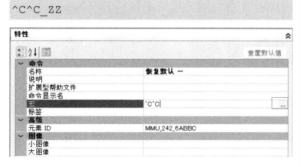

图 8-67

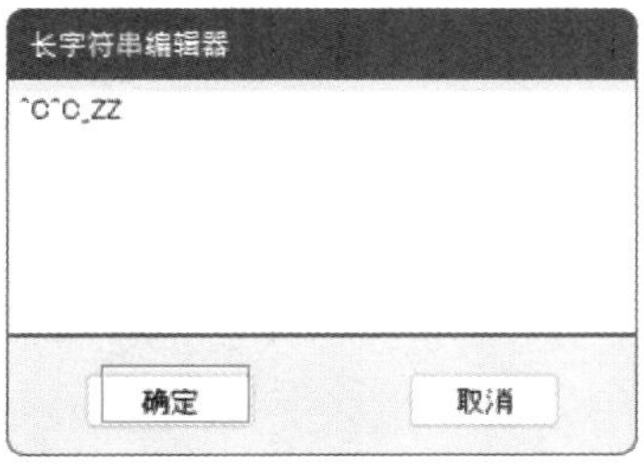

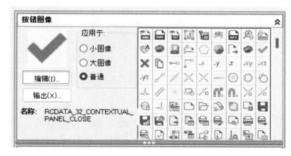

图 8-70

图 8-71

Step 12 在"命令列表"面板中，用鼠标按住自制的"恢复默认…"命令，将它拖曳到工具选项板的空白处后松开（见图 8-72），就可以将自定义命令添加到工具选项板里。最后单击图 8-71 中的"确定"按钮，关闭"自定义用户界面"对话框。

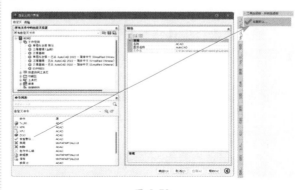

图 8-72

通过这个方法，我们将自己创建和常用的 LISP 命令添加到工具选项板的 My_LISP 选项卡里（见图 8-73），只需单击工具选项板里各个命令的图标即可执行它们，无须再去记忆这些 LISP 命令的名称，方便且实用。这是一种非常好的管理和使用 LISP 的方法。

图 8-68

Step 09 "说明"可以自由填写，"命令显示名"填写 LISP 的命令，也可以不填写（见图 8-69）。

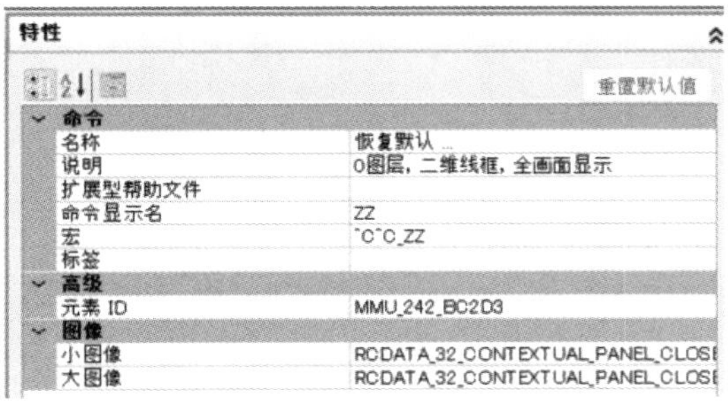

图 8-69

Step 10 在"自定义用户界面"对话框右上方的"按钮图像"面板中可以添加 AutoCAD 准备的各种图标。也可以单击"编辑"按钮（见图 8-70），自己设定。这个地方不添加图标也可以。

Step 11 以上工作全部完成后，单击"自定义用户界面"对话框右下方的"应用"按钮（见图 8-71）。

图 8-73

大家可以看到，这种方法不但能在工具选项板里启动命令，也可以给它添加键盘快捷键进行启动。

8.14.2　修改"工具特性"面板

通过修改"工具特性"面板，也可以直接启动 LISP 函数。具体的操作如下。

Step 01 在工具选项板里面找到命令样例"VisualLisp 表达式"（见图 8-74），利用它就可以很快自制出需要的工具。

图 8-74

Step 02 右击"VisualLisp 表达式"，选择"复制"命令（见图 8-75）。

Step 03 右击新复制过来的"VisualLisp 表达式"，选择"特性"命令（见图 8-76）。

图 8-75　　　　　图 8-76

Step 04 "工具特性"面板就会打开（见图 8-77）。

Step 05 参照图 8-78，在"名称"文本框中输入"执行 ZZ 命令"，在"命令字符串"文本框中输入"^C^C_ZZ"，然后单击"确定"按钮。

图 8-77　　　　　图 8-78

Step 06 到此设定就结束了（见图 8-79），直接单击工具选项板中的"执行 ZZ 命令"选项，就可以启动 LISP。

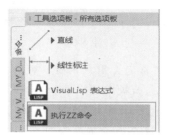

图 8-79

第**9**章
多软件协同工作实现高效自动化

要想利用 AutoCAD 高效地绘图和设计，和外围软件的紧密、协同工作是不可缺少的。特别是当我们想自动批量处理 CAD 文件的时候，使用 AutoCAD 自身的功能已经无法满足我们的需求。

这一章介绍的方法，都是我通过工作实践总结出来的。有些地方刚开始设定的时候可能有些复杂，但是当你掌握了它们的使用方法之后，这些工具带给我们的高效率是 AutoCAD 本身的命令所无法实现的。

9.1 使用表格文件统计数据

统计数据是绘图时需要经常做的。长度、面积和数量等数据，可以使用数据提取命令 DATAEXTRACION｛XE "DATAEXTRACION"｝结合表格文件轻松计算出来。

比如一个平面图（见图 9-1），需要统计图纸中所有多段线的总长度。

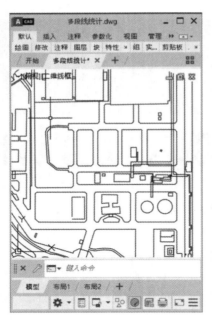

图 9-1

使用 AutoCAD 本身的测量命令 DIST {XE "DIST"} （快捷键 DI）一个一个计算所有多段线的长度很不现实。这种情况下，可以使用 DATAEXTRACION 命令，将多段线的信息全部提取出来，保存到 Excel 表格文件里面之后，利用 Excel 的功能就能很快完成统计。具体的操作方法如下。

Step 01 输入 DATAEXTRACION 命令，将会弹出如图 9-2 所示的对话框，选中"创建新数据提取"单选按钮后，单击"下一步"按钮。

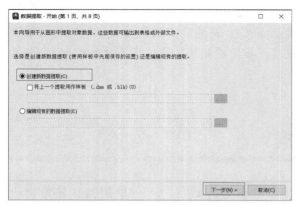

图 9-2

Step 02 保存这次操作的文件，地址任意。这

里命名为"多段线统计"，"文件类型"为 dxe，单击"保存"按钮（见图 9-3）。

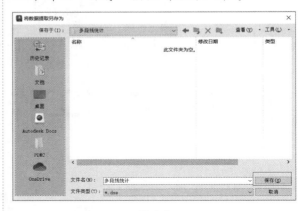

图 9-3

Step 03 选中"图形 / 图纸集"单选按钮，单击"下一步"按钮（见图 9-4）。

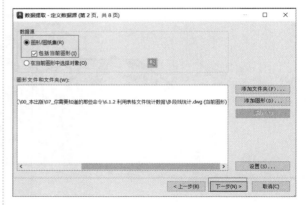

图 9-4

Step 04 保留"二维多段线"的选中状态，继续单击"下一步"按钮（见图 9-5）。

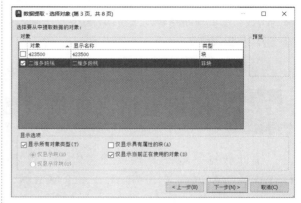

图 9-5

Step 05 在右边的"类别过滤器"栏，仅勾选"几何图形"选项，左面的"特性"栏就可以筛选出"长度"。使"长度"以外的特性都处于非选择状态后，单击"下一步"按钮（见图9-6）。

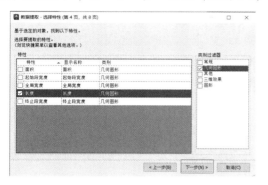

图 9-6

Step 06 图形里面的所有二维多段线和其长度就被显示了出来，单击"下一步"按钮（见图9-7）。

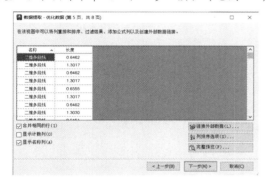

图 9-7

Step 07 在这里勾选"将数据输出至外部文件"复选框，并单击 ⋯ 图标，选择好保存的地址后，单击"下一步"按钮（见图9-8）。

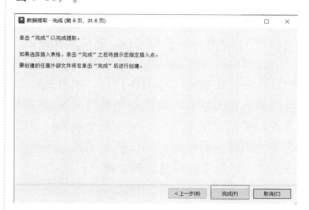

图 9-8

Step 08 单击"完成"按钮（见图9-9）。打开设置的表格文件，可以看到所有的长度数据（见图9-10）。

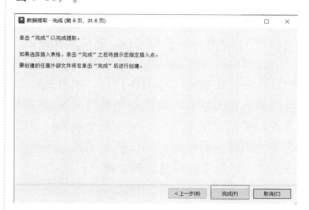

图 9-9

图 9-10

另外，DATAEXTRACION 命令图标在"插入"选项卡的"链接和提取"选项板里面可以找到（见图9-11）。

图 9-11

9.2 批量修改块文件属性

在 DWG 图形中，如果想批量修改块文件，使用 ATTOUT｛XE "ATTOUT"｝命令和 ATTIN｛XE "ATTIN"｝命令连携表格文件，将会非常高效。

比方说有 5 个阀门块，每个阀门块都用属性显示名称和编号（见图 9-12）。如果想修改阀门的名称和编号，双击每个阀门，可以打开属性编辑器（见图 9-13）一个一个编辑，但是这将会非常浪费时间。本节将介绍通过连携表格文件，批量修改属性块的步骤。

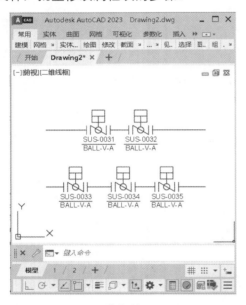

图 9-12

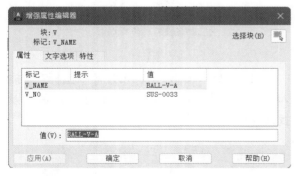

图 9-13

Step 01 首先任意选择一个阀门块，在命令

行窗口里输入命令 SELECTSIMILAR｛XE "SELECTSIMILAR"｝，其他阀门块将会自动选中（见图 9-14）。

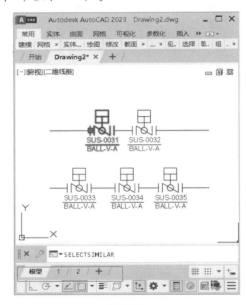

图 9-14

选择一个阀门块后右击，选择"选择类似对象"命令（见图 9-15），也可以选中所有的阀门块。

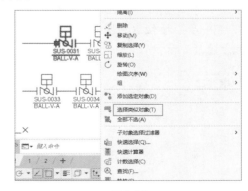

图 9-15

Step 02 在所有阀门块处于选中的状态下，在

命令行窗口里输入 ATTOUT 命令，按回车键后，将会弹出 Enter output filename 对话框（见图 9-16），将文件命名，设置后缀为 .txt，并保存到自己电脑中即可。

图 9-16

Step 03 打开 Excel，新建一个空白文件，单击"数据"选项卡中的"从文件 /CSV"图标（见图 9-17）。

图 9-17

Step 04 这时将会弹出"导入数据"对话框，选择前面保存的 txt 文件后单击"导入"按钮（见图 9-18）。

图 9-18

Step 05 然后单击"加载"按钮（见图 9-19）。

图 9-19

Step 06 至此，DWG 块文件的属性就全部显示到了表格中（见图 9-20）。

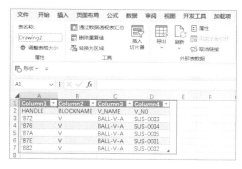

图 9-20

此时利用 Excel 表格的编辑功能，就可以非常方便地对所有属性进行统一的编辑，比如，名称和编号可以快速完成修改（见图 9-21）。

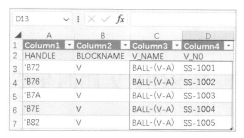

图 9-21

Step 07 将 Excel 文件以"文本文件（制表符分隔）"格式保存到任意地方，名称随意（见图 9-22）。

图 9-22

Step 08 返回 DWG 文件，在命令行窗口中输入 ATTIN 命令后按回车键，将会弹出 Enter input filename 对话框。我们选择上一步保存的 txt 文件，再单击"打开"按钮（见图 9-23）。

Step 09 所有的阀门块属性就批量修改完毕了（见图 9-24）。

这种方法能批量修改块的属性，它不但效率高，也能大大减少重复操作所带来的人为失误。

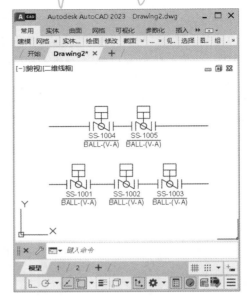

图 9-24

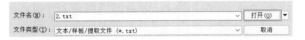

图 9-23

9.3 SCR 文件的生成

在绘图的时候，对于操作图形所使用的各种命令以及变量，AutoCAD 允许以文字叙述的方式生成后缀为 .scr 格式的脚本文件保存后，通过 SCRIPT｛XE "SCRIPT"｝命令（快捷键 SCR）再生这个 SCR 脚本文件，这样就可以非常简单地实现一系列的重复操作以及批量文件处理。

这就要求我们学会制作 .scr 脚本文件。本节先介绍通过 AutoCAD 文本窗口制作 SCR 脚本文件的传统方法，在 9.4 节将会介绍使用免费的小工具来制作 SCR 文件的方法。

利用 AutoCAD 自身携带的文本窗口来制作 SCR 脚本文件，是一种非常简洁的编写 SCR 脚本的方法。文本窗口的命令为 TEXTSCR｛XE "TEXTSCR"｝（快捷键 F2），在命令行窗口里输入 TEXTSCR 按回车键后，文本窗口就会弹出来（见图 9-25）。文本窗口里面完整地记录着每一个操作，利用这些记录就可以制作出需要的 SCR 脚本文件。

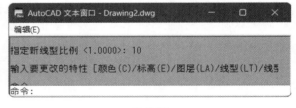

图 9-25

在"视图"选项卡的"选项板"选项板里，可以找到"文本窗口"图标（见图 9-26）。另外，文本窗口和命令行窗口是相关联的，根据命令行窗口的状态，启动文本窗口的快捷键也不一样。如果命令行窗口是固定的（见图 9-27），按 F2 键可以打开文本窗口；如果命令行窗口是浮动的（见图 9-28），需要按 Ctrl+F2 快捷键来打开文本窗口。

图 9-26

图 9-27

图 9-28

怎样利用文本窗口来制作 SCR 脚本文件？这里以一个实际的图形为例。有一个实线的五角星图形（见图 9-29），制作一个 SCR 脚本文件，可以自动将图形修改为加粗后的点线图形（见图 9-30）。

- 直线的宽度：从默认值（见图 9-29）改为 0.5mm（见图 9-30）。
- 直线的类型：从默认值（见图 9-29）改为 dot（见图 9-30）。
- 线型的比例：从默认值（见图 9-29）改为 10（见图 9-30）。

图形的文件可以扫码下载，也可以自行

绘制五角星图形来按照步骤操作（尺寸大小随意）。

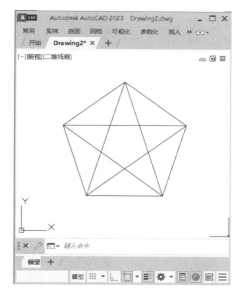

图 9-29

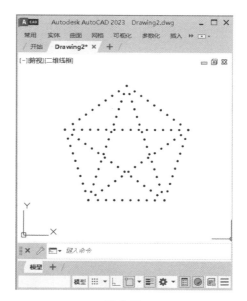

图 9-30

Step 01 打开五角星的 DWG 文件，其中为获得操作的文本内容，需要按照正常操作的方法先操作一遍。但是在操作之前，首先在命令行窗口里面输入撤销命令 UNDO {XE "UNDO"}，然后按 M 键给当前图形的状态做一个标记（见图 9-31）。这一步的操作和后面的 Step 14 相呼应（UNDO 命令的使用方法请参阅 2.7 节）。

图 9-31

Step 02 标记操作完成后，在命令行窗口里输入更改特性命令 CHANGE（见图 9-32），按回车键。

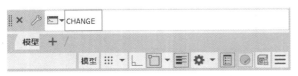

图 9-32

Step 03 选择对象为全部，输入 ALL（见图 9-33），按回车键。

图 9-33

Step 04 命令行窗口提示"选择对象"（见图 9-34），这里再按回车键。

图 9-34

Step 05 显示"指定修改点或 [特性（P）]"（见图 9-35），输入 P，按回车键。

图 9-35

Step 06 单击"线宽（LW）"项，或者直接输入 lw（见图 9-36）按回车键。再输入 0.5（见图 9-37），按回车键，将所有直线的宽度从默认值更改为 0.5。

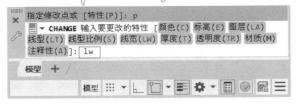

图 9-36

图 9-37

Step 07 继续输入 lt（见图 9-38），按回车键；再输入 dot 按回车键（见图 9-39），将线型更改为点线。

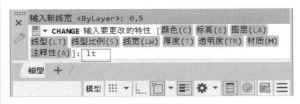

图 9-38

图 9-39

Step 08 在命令行窗口中输入 s（见图 9-40），按回车键；再输入数值 10（见图 9-41），按回车键，将线型比例更改为 10。

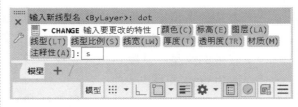

图 9-40

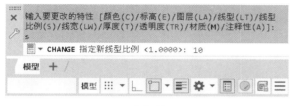

图 9-41

Step 09 按回车键，所有修改就会反映到五角星图形上（见图 9-42）。

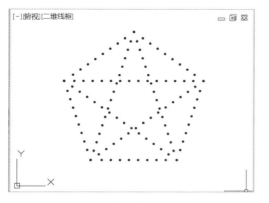

图 9-42

Step 10 下面继续在命令行窗口里输入命令 TEXTSCR {XE "TEXTSCR"}（快捷键 F2），按回车键，将会弹出文本窗口（见图 9-43），发现前面操作的步骤都显示在文本窗口中。

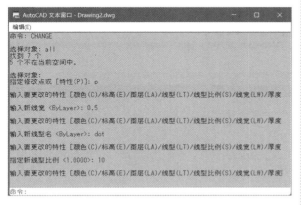

图 9-43

Step 11 启动 Windows 自带的笔记本，或者自己常用的软件，按 Ctrl+C 快捷键复制文本窗口里面"命令：CHANGE"以后所有的内容

（Step 01 操作的 UNDO 部分不需要复制），然后按 Ctrl+V 快捷键粘贴到记事本软件中（见图 9-44）。

图 9-44

Step 12 将 AutoCAD 在操作中的提示文字删除，仅保留操作命令，修改后的效果如图 9-45 所示。

图 9-45

Step 13 将上面的文件命名为 CHANGE，用后缀 .txt 进行保存。在保存文本的时候需要注意字符编码，当文本文件有汉字存在的时候，需要以 ANSI 的编码形式进行保存。保存完毕，再将后缀 .txt 修改为 .scr（见图 9-46），SCR 文件就制作完成了。

图 9-46

Step 14 返回刚才操作的 DWG 图形文件，在命令行窗口里输入命令 UNDO，单击 "后退" 项（见图 9-47），或者输入 B 后按回车键，将图形返回至图 9-29 所示的实线状态。

图 9-47

图 9-49

Step 15 在命令行窗口中输入运行脚本命令 SCRIPT（快捷键 SCR），或者直接单击 "管理" 选项卡里面的 "运行脚本" 图标（见图 9-48）。

图 9-48

Step 16 选择保存的 CHANGE.scr 文件后，单击 "打开" 按钮（见图 9-49）。

Step 17 在这一步可以看到，按回车键的同时，SCR 文件修改图形操作一瞬间就全部完成了（见图 9-50）。

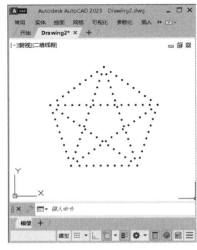

图 9-50

9.4 使用脚本文件自动制作小工具

本节介绍一个小工具，名字为 Auto-Layers-SCR，它可以帮助我们自动制作一个 SCR 文件来控制图层，而且是一个免费的小程序。可以从 GitHub 网站上下载它，下面是下载地址。

https://github.com/fuyossi/Auto-Layers-SCR

GitHub 网站是一个免费代码站托管平台，打开网页后如图 9-51 所示。

图 9-51

找到 Assets 下拉列表，32 位和 64 位的电脑对应的下载文件不一样，如果是 64 位操作系统的电脑，请下载 64bit.zip 文件（见图 9-52）。

图 9-52

文件下载之后，将它解压到电脑里一个适当的地方，打开文件夹（见图 9-53）。

图 9-53

双击 Auto Layers SCR.exe 文件，如果出现的对话框如图 9-54 所示，说明电脑里面没有安装 .NET6（.NET6 是微软公司的一款免费开源产品）。此时直接单击"是"按钮。

图 9-54

.NET6 的 下 载 网 页 就 会 弹 出 来（ 见图 9-55）。

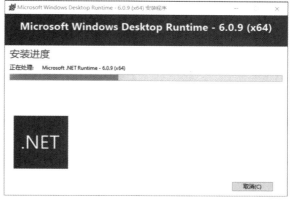

图 9-55

单击"下载"按钮之后，按照软件的提示很快就可以完成安装（见图 9-56 ～图 9-58）。

图 9-56

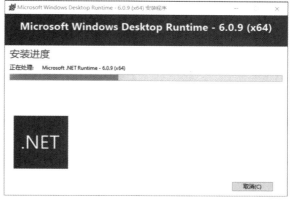

图 9-57

图 9-58

安 装 完 毕 后， 再 一 次 双 击 Auto Layers SCR.exe 文件，就可以启动它了（见图 9-59）。

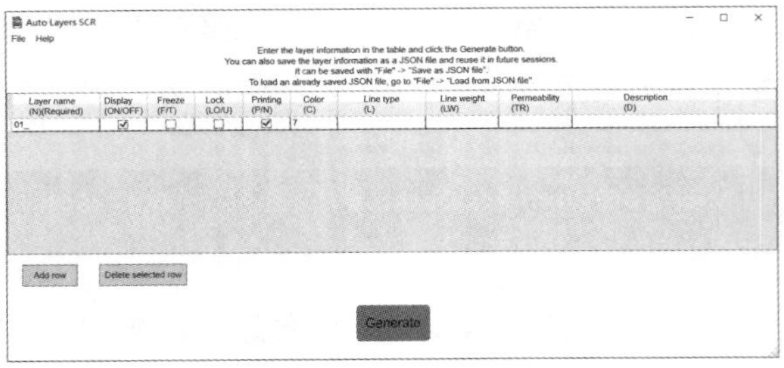

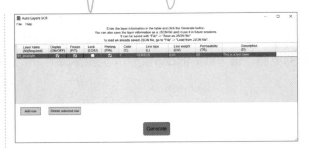

图 9-59

Auto Layers SCR 是一款自动生成图层用的 SCR 工具，软件上方的菜单和图层相对应，各个菜单的含义如表 9-1 所示。

表 9-1　各菜单的含义

菜　单	含　义
Layer name	图层名称
Display	图层显示 / 不显示
Freeze	图层冻结
Lock	图层锁定
Printing	图层印刷 / 不印刷
Color	图层颜色
Line type	图层线型的种类
Line weight	图层线型的粗细
Permeability	图层透明度
Description	图层说明

单击左下角的 Add row 按钮，可以自动追加图层的名称，并且图层的名称会以二位数字的顺序（如 01、02、03）自动累加（见图 9-60）。删除图层可单击 Delete selected row 按钮。按照顺序勾选和填写完图层的信息之后，单击最下面的 Generate 按钮（见图 9-61），指定保存的地址后，SCR 文件就生成了。

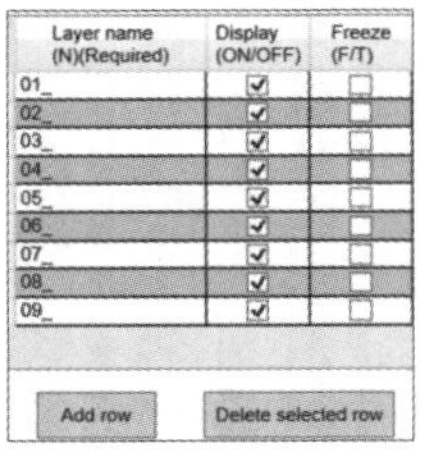

图 9-60

图 9-61

图 9-62 是生成好的 SCR 文件。

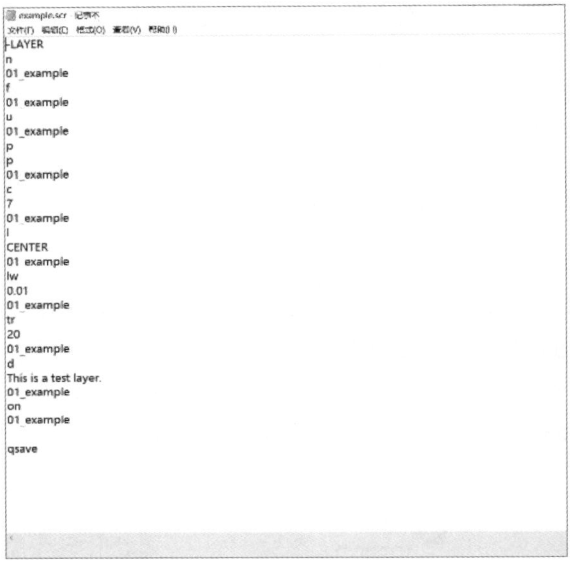

图 9-62

另外，用 Auto Layers SCR 制作的图层信息可以再次利用。单击 File 菜单，选择 Save as JSON file 命令，就可以保存图层信息。而 Load from JSON file 命令可以加载图层信息（见图 9-63）。

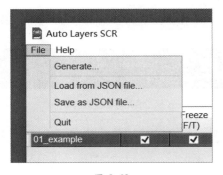

图 9-63

9.5 使用 AcCoreConsole 批处理文件

大批量的文件需要重复处理某一个地方的时候，使用 AcCoreConsole 是一个很好的选择（见图 9-64）。AcCoreConsole 在安装 AutoCAD 的时候就已经自动保存到了电脑里，地址如下。

C:\Program Files\Autodesk\AutoCAD XXXX\accoreconsole.exe（XXXX 为自己安装的 AutoCAD 版本数字）

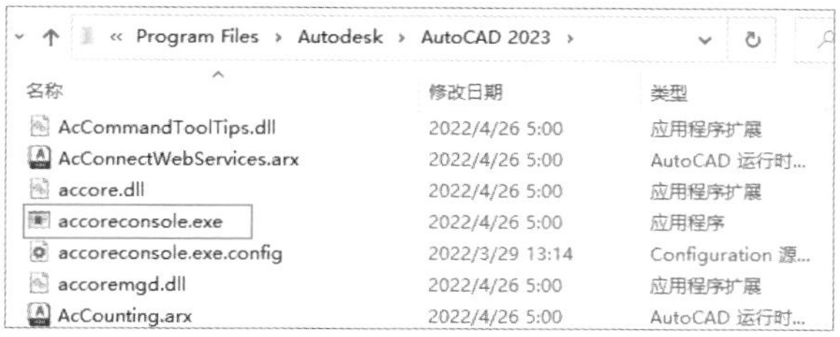

名称	修改日期	类型
AcCommandToolTips.dll	2022/4/26 5:00	应用程序扩展
AcConnectWebServices.arx	2022/4/26 5:00	AutoCAD 运行时...
accore.dll	2022/4/26 5:00	应用程序扩展
accoreconsole.exe	2022/4/26 5:00	应用程序
accoreconsole.exe.config	2022/3/29 13:14	Configuration 源...
accoremgd.dll	2022/4/26 5:00	应用程序扩展
AcCounting.arx	2022/4/26 5:00	AutoCAD 运行时...

图 9-64

运行 AcCoreConsole 可以实现在不启动 AutoCAD 的情况下，在 AutoCAD 后台修改和处理 DWG 文件，这样就省去了打开和关闭 AutoCAD 的动作，为大批量处理 DWG 文件创造了一个良好的环境。

运行 AcCoreConsole 后，准备一个脚本文件（scr 文件）和一个批处理文件（bat 文件），然后将需要批量处理的 DWG 文件和脚本文件以及批处理文件都放置在一个文件夹里面（见图 9-65），启动批处理文件，就可以批量处理文件夹里面的 DWG 文件了。

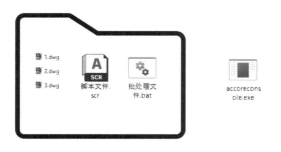

图 9-65

比如，现在需要批处理 DWG 文件里的图层，需要将所有文件里面名称为 GG 的图层，从全部的 DWG 文件中删除。使用 Ac Core Console 来操作的方法如下。

首先制作一个 scr 脚本文件，内容见表 9-2，保存文件为 DelLayer.scr。需要注意的是，第 4 行为空白行，不能省略和删除。

表 9-2　DelLayer.scr

1	_CLAYER
2	0
3	-LAYDEL N GG
4	
5	Y
6	QSAVE

然后制作一个批处理文件，保存为 DelLayer.bat。批处理文件的内容见表 9-3。

表 9-3　批处理文件的内容

1	@echo off
2	for %%i in (%~dp0*.dwg) do (
3	echo "%%i"
4	"C:\Program Files\Autodesk\AutoCAD 2023\accoreconsole.exe" /i "%%i" /s "%~dp0DelLayer.scr"
5	)
6	pause

另外，我们需要注意以下三点。

（1）如果你使用的是 2022 版本，需要将 2023 改为 2022。

（2）DelLayer 是脚本文件的名称，需要更换为你的脚本文件的名称。

205

（3）dp0 和脚本文件名称之间没有空格。

DelLayer.scr 和 DelLayer.bat 文件制作好之后，将它们放置到需要处理的 DWG 文件夹里面，双击 bat 文件，AcCoreConsole 运行窗口就会弹出来并开始执行操作（见图 9-66）。

另外，在 AcCoreConsole 运行之前，因为是在 AutoCAD 后台修改文件，需要令准备修改的文件处于关闭的状态，否则 AcCoreConsole 无法处理处于打开状态的文件。

图 9-66

9.6 ScriptPro

ScriptPro 是一款免费的工具，它可以批量处理 AutoCAD 的图纸文件，甚至还可以联系 9.5 节介绍的 AcCoreConsole，在 AutoCAD 的后台操作文件（见图 9-67）。

运行 ScriptPro 后，创建一个 scr 脚本文件。另外，ScriptPro 有自己专有的命令（见表 9-4），在制作脚本文件的时候可以将这些命令放进去。

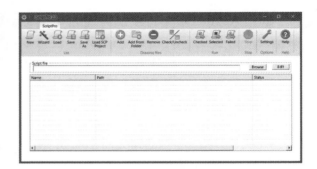

图 9-67

表 9-4 ScriptPro 专有命令的功能

命　令	功　能
<acet:cFolderName>	指定图形文件夹名称（目录名称）
<acet:cBaseName>	指定不带目录或扩展名的基本文件名
<acet:cExtension>	指定绘图文件的扩展名（.dwg、.dwt 或 .dxf）
<acet:cFileName>	指定带有扩展名的基本名称
<acet:cFullFileName>	指定带有路径和扩展名的完整文件名

9.6.1 安装 ScriptPro

ScriptPro 软件可以从 GetHub 网站上下载，下载地址如下。

https://github.com/ADN-DevTech/ScriptPro-installer

打开网址，然后单击 ScriptPro 2.0.msi，即可下载文件到自己的电脑里（见图 9-68）。

图 9-68

为方便安装，将下载后的文件放置到 C 盘中（见图 9-69）。

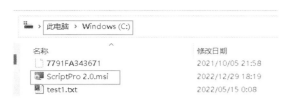

图 9-69

此文件在 Windows 10 和 Windows 11 下都可以运行，但是无法通过常规的方法直接安装，需要以管理员的身份通过命令提示符来安装这个工具。

以 Windows 11 为例，单击电脑上的"开始"图标，在搜索栏里输入 cmd 后，找到 Windows自带的命令提示符工具，然后选择"以管理员身份运行"选项启动命令提示符（见图 9-70）。

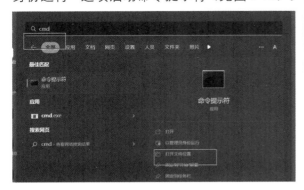

图 9-70

此时会弹出"用户账户控制"界面，直接单击"是"按钮（见图 9-71）。

图 9-71

命令提示符启动后的初始画面见图 9-72。

图 9-72

在"System32>"的后面，我们直接输入安装文件命令：

```
start "" "C:\ScriptPro 2.0.msi"
```

此命令的意思为启动 C 盘下面的 ScriptPro 2.0.msi。如果没有将文件放置到 C 盘下面，需要相应地修改地址（见图 9-73）。

图 9-73

按回车键后，安装 ScriptPro 的界面就成功在 Windows 11 系统上启动了（见图 9-74）。后面的操作和我们平时安装软件的操作相同，按照图 9-74～图 9-78 中的提示一直操作下去，最后单击 Close 按钮就完成了软件的安装（见图 9-78）。

图 9-74

图 9-75

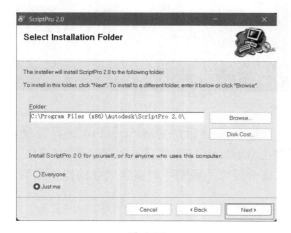

图 9-76

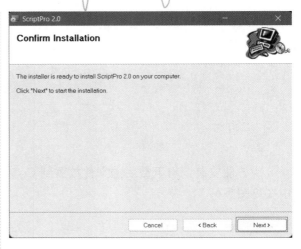

图 9-77

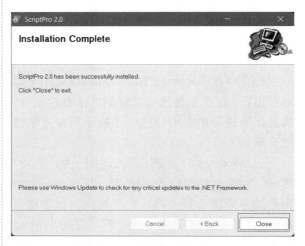

图 9-78

9.6.2 运行 ScriptPro

安装 ScriptPro 之后，双击软件图标，启动 ScriptPro（见图 9-79）。

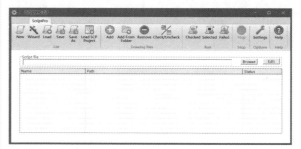

图 9-79

ScriptPro 的操作方法很简单，比如需要将制作好的批量 DWG 文件降低版本并转换为 DXF 文件后传递给外部，文件的名称也要统一修改。使用 ScriptPro 完成操作的方法如下。

首先制作一个 SCR 文件，SCR 文件的内容如表 9-5 所示，在这里将它保存为 dxf.scr 之后，放置到需要批量处理的 DWG 文件夹中。

表 9-5　SCR 文件的内容

```
1    FILEDIA 0
2    SAVEAS
3    dxf
4    v
5    2010
6
7    "<acet:cFolderName>\<acet:cBaseName>_20220715.dxf"
8    FILEDIA 1
```

打开 ScriptPro，单击 Wizard 图标（见图 9-80），在打开的对话框中，有三个地方需要设定（见图 9-81）。

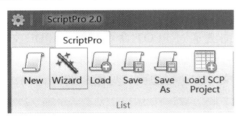

图 9-80

第一个地方是最上面的 Step 1，需要选择刚才制作的 SCR 文件；第二个地方是中间的 Step 2，需要添加将要处理的 dwg 文件；第三个地方是最下方的 Step 3，需要选择处理这些文件所使用 AutoCAD 版本，在这里可以选择 AcCoreConsole 来处理文件。三个地方设定好之后，单击最下方的 Finish 按钮关闭对话框（见图 9-81）。

返回到 ScriptPro 的开始画面，单击最上方的 Checked 图标（见图 9-82），开始进行处理。处理过程中，正在处理的文件会显示为黄色（见图 9-83）；所有的 DWG 文件处理结束，将有一份报告显示出来（见图 9-84）。

图 9-81

图 9-82

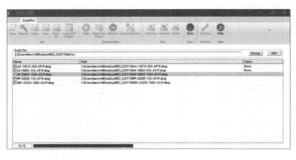

图 9-83

图 9-84

通过这种方法，连携 ScriptPro 和 AcCoreConsole 来批量修改图纸，对提高工作效率将会有很大的帮助。

9.7 PDF 文件和图层的连携

通过 AutoCAD 的印刷命令 PLOT{ XE "PLOT" }，能很快将 DWG 图纸转换为 PDF 形式的文件。同时，CAD 里面设定的图层信息也可以输入到 PDF 文件里面，令我们在 PDF 文件里面也能控制图层，实现显示以及非显示的切换。

比如说有一张设备图纸（见图 9-85）。

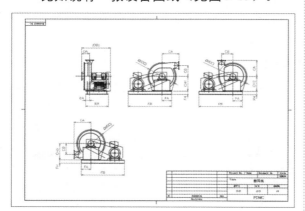

图 9-85

它有 0 ～ 5 共 6 个图层（见图 9-86）。

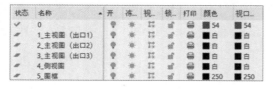

图 9-86

图纸通过 PLOT 命令转换为 PDF 文件之后，可以看到，图层的名称也忠实地反映到了 PDF 文件左边栏里面（见图 9-87）。

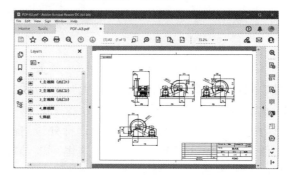

图 9-87

这样就可以根据自己的需要，在 PDF 文件里面实现图层的显示和非显示操作，只需单击图层名称前面的图标即可（见图 9-88）。比如说将 0 图层和 2、3 图层处于非显示的状态，PDF 文件就会实现和 DWG 文件一样的隐藏图层的效果。

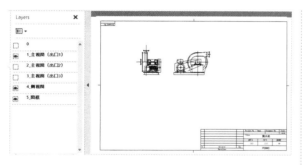

图 9-88

那么怎样制作这样的 PDF 文件呢？只需要注意下面两点。

AutoCAD 准备了很多 PDF 的打印机（见图 9-89），在进行印刷设定的时候，选择以 AutoCAD PDF 开头的打印机来输出 PDF 文件：

AutoCAD PDF（General Documentation）.pc3

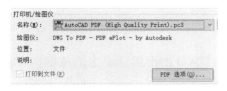

图 9-89

然后可以看到"PDF 选项"按钮（见图 9-90），单击后打开对话框。

图 9-90

确保"数据"栏中的"包含图层信息"复选框已被勾选，再单击"确定"按钮（见图 9-91），设定就结束了。

图 9-91

使用 Adobe 的 PDF 浏览软件来打开 PDF 文件，比如 Adobe Acrobat DC（见图 9-92），这是一款免费的软件。市面上关于 PDF 的软件很多，有图层浏览功能的也可以使用。

图 9-92

通过这种方法就可以将图层的信息添加到 PDF 文件里面。不使用 CAD 看图软件，仅使用 PDF 文件也能实现图层的显示和非显示操作。

9.8 使用 DWGPROPS 和文件夹关联

使用 Windows 电脑工作的人很多。我们可以利用图形特性 DWGPROPS 命令给 DWG 文件添加关键字，这样通过 Windows 系统的标记功能，就能迅速找到自己的文件（见图 9-93）。

图 9-93

首先，打开 DWG 文件，通过输入命令 DWGPROPS 打开图形特性对话框，也可以通过单击"图形特性"图标启动图形特性对话框（见图 9-94）。

图 9-94

打开图形特性对话框之后，切换到"概要"选项卡，可以看到"关键字"文本框，在这里输入与图形相关的关键字，单击"确定"按钮，关闭对话框（见图 9-95）。

找到保存这个 DWG 文件的文件夹，在空白处右击，然后勾选"标记"选项（见图 9-96），"标记"选项就会追加进来（见图 9-97）。

图 9-95

图 9-96

图 9-97

在 DWG 图形里面设定的关键字，就显示到了文件夹的"标记"处（见图 9-98）。

图 9-98

单击"标记"右边的下三角按钮（见图 9-99），通过对标记进行筛选（见图 9-100），很快就能找到自己想要的文件（图中的"基础命令""三维实体"和"坐标系"都是我在文件里面添加的关键字）。

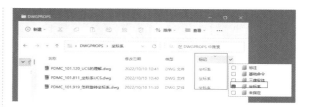

图 9-100

图 9-99

利用这种方法，将 DWG 文件和 Windows 系统的标准功能有效地连携在一起，对管理和查找文件会有很大的帮助。

9.9 使用 PowerShell 批量修改文件名称

制作好的 CAD 文件，经常会遇到必须修改名称的情况。比如图 9-101 中的"PDMC_"就是后来追加的。

PDMC_101.115_关于扫掠.dwg
PDMC_101.119_怎样进行坐标系管理.dwg
PDMC_101.120_UCS的理解.dwg
PDMC_101.121_三维基本操作.dwg
PDMC_101.121_坐标系和其它.dwg
PDMC_101.133_练习与操作.dwg
PDMC_101.144_关于模体的知识.dwg
PDMC_101.164_放样与导向的问题.dwg
PDMC_101.166_放样怎样操作.dwg

PDMC_101.233_拉伸面.dwg
PDMC_101.253_移动面复制面管理.dwg
PDMC_101.262_偏移删除面.dwg
PDMC_101.275_旋转着色面.dwg
PDMC_101.288_分割.dwg
PDMC_101.303_镜像对齐.dwg
PDMC_101.312_移动转和倒圆角.dwg
PDMC_101.333_三维体标注.dwg
PDMC_101.512_拉伸工具.dwg

图 9-101

如果逐个修改文件的名称效率非常低，在这种情况下可以利用 Windows 的标准功能 PowerShell 来批量修改文件的名称。

Step 01 打开需要修改名称的文件夹，按住 Shift 键，在空白的地方右击，在弹出来的菜单中选择"在此处打开 Powershell 窗口"命令（见图 9-102）。

图 9-102

Step 02 将会弹出 Windows PowerShell 窗口（见图 9-103）。

图 9-103

Step 03 比如，想将 dwg 文件夹中文件名里的"PDMC"改为"221011"，可以将下面的代码直接粘贴到 PowerShell 窗口中并按回车键（见图 9-104）。

```
Dir | Rename-Item -NewName { $_.name
-replace 'PDMC','221011' }
```

图 9-104

Step 04 可以看到，文件夹里所有图纸的名称全部更改了（见图 9-105）。

图 9-105

这是一种既简单又实用的方法，大批量的

图纸需要修改名称的时候都可以这样操作，即将它们放置到一个文件夹中，然后将下面代码中的"AAA"替换为修改前的文字，将"BBB"替换为修改后的文字。

```
Dir | Rename-Item -NewName { $_.name
-replace 'AAA','BBB' }
```

9.10　云端的 AutoCAD

　　AutoCAD 不但有 Windows 和 Mac OS 系统的电脑安装版本，它还有一个鲜为人知的网页版（见图 9-106）。我们无须安装它，只要电脑能上网就可以使用，甚至可以在平板上运行。

图 9-106

　　我们绘图所使用的一些基本操作和功能在网页版上都可以实现（见图 9-107）。比如，经常使用的图层功能、块功能、参照功能，等等。

图 9-107

　　另外，值得一提的是，从 2023 版本开始，网页版还添加了 LISP 功能（见图 9-108），这表示通过 LISP 也可以在网页版上实现一定水平的自动化操作。LISP 文件会一直保存在欧特克的云盘上，无须安装在电脑里面。
　　使用网页版的最大好处就是 CAD 文件无须任何设定，就可以自动保存到欧特克公司准备的云盘上（见图 9-109）。这样我们手中只需有一台平板即可确认图纸的信息。当然，我

们从自己的电脑上上传文件或者下载文件到本地都是可以的。

图 9-108

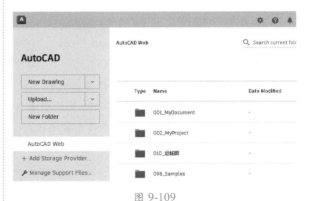

图 9-109

　　AutoCAD 网页版另一个方便之处就是可以实现共享功能（见图 9-110）。我们只需要将链接告诉对方，对方的电脑无须安装 AutoCAD，就可以通过网页浏览器观看共享的 CAD 图纸。

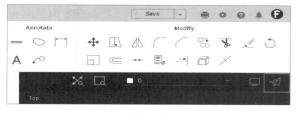

图 9-110

AutoCAD 网页版是一款单独的产品，它不是免费产品，但是价格非常低廉，在欧特克官方的网站上可以看到其一年使用权限的标准价格。希望大家试试 AutoCAD 的网页版。

9.11 将 Fusion 360 文件导入 AutoCAD

在工作中经常会使用各种各样不同规格的文件，特别是三维软件的格式，需要将它转换为与 AutoCAD 相对应的格式才能在 AutoCAD 上使用。在这样的情况下，我们连携 Fusion 360 来服务于 AutoCAD 将是一个非常好的工作方式（见图 9-111）。

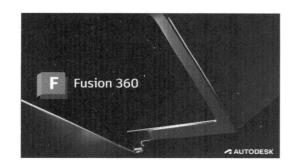

图 9-111

Fusion 360 有个人版、商业版和教育版本等。它是一款高性能的 3D 建模软件，在 Windows 和 Mac OS 系统中都可以下载、安装和使用。当今电脑的性能越来越优越，即使一台笔记本电脑也可以同时安装 Fusion 360 和 AutoCAD 进行建模设计和出图操作。

Fusion 360 最大的特点就是它是基于云工作的一款软件，正常的操作方式是电脑处于网络通畅的环境下。但是也可以选择脱机模式，就是在没有网络的情况下，允许连续使用 Fusion 360 最长两周。如果超过两周时间想继续在没有网络的环境下工作，需要在有网络的状态下，再完成一次脱机模式的申请。

Fusion 360 软件对应的文件格式很多，主

要的文件格式和对应的软件见表 9-6。我们将外部获得的文件，特别是三维格式的文件，先上传到 Fusion 360，利用 Fusion 360 的出图工具将三维转换为二维图纸后，再输出为 DWG 文件格式，为 AutoCAD 所用，转换流程见表 9-7。这将非常高效。

表 9-6 Fusion 360 软件对应的文件格式

文件格式	对应的软件
.fsd .fsz	Fusion 360
.dwg	AutoCAD
.iam .ipt	Autodesk Inventor
.sldort .sldasm	SolidWorks
.prt .g .neu .asm	ProE/Creo
.catpart .catproduct	CATIA
.prt	NX
.stl	3D Printer
.x_t .x_b	共通文件格式
.stp .step	
.dxf	
.igs .ide .iges	
.sat	
.obj	

表 9-7　转换的流程

外部获得的三维格式文件

↓

上传至 Fusion 360

↓

转换为二维图纸

↓

输出为 DWG 文件格式

↓

在 AutoCAD 上进行标注

利用 Fusion 360 来出图的具体操作步骤如下。

Step 01 首先启动 Fusion 360，单击左上角的"文件"图标，选择"上传"命令（见图 9-112）。

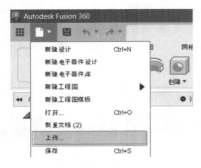

图 9-112

Step 02 打开"上传"对话框，继续单击"选择文件"按钮（见图 9-113）。也可以直接将准备上传的文件拖到这个对话框中来实现文件的加载。

图 9-113

Step 03 在右边的"所有文件"列表中可以找到自己将要上传的文件所对应的格式（见图 9-114），选择完成后，再单击图 9-113 右下角的"上传"按钮。

图 9-114

Step 04 这样就可以将模型上传到 Fusion 360 的云端，上传后的界面见图 9-115。

图 9-115

Step 05 单击左上角的"设计"按钮，可以找到"工程图"，打开菜单后选择"从设计"命令（见图 9-116）。

图 9-116

Step 06 通过"工程图"选项卡"创建"列表中的"投影视图"功能（见图 9-117），可以简洁快速地创建各种视图（见图 9-118）。

图 9-117

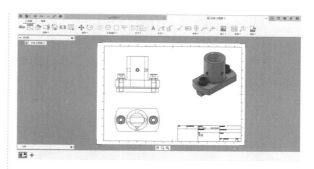

图 9-118

Step 07 再继续选择右边的"导出"|"导出DWG"命令，就可以在 AutoCAD 中操作和使用文件了（见图 9-119）。

另外，Fusion 360 也有自己的标注功能，在导出为 DWG 文件之前，可以使用这些功能来标注图纸（见图 9-120）。

图 9-119

图 9-120

Fusion 360 软件可以从欧特克官方网站上获得，关于 Fusion 360 的下载和安装方法，这里就不再做详细的介绍。

9.12 使用 VBA 和 AutoCAD 连携

AutoCAD 允许我们和 VBA（Visual Basic for Application）连携来绘图。打开任意一张 DWG 图纸，在"管理"选项卡的"应用程序"选项板里面，可以看到两个和 VBA 相关的图标，其中"Visual Basic 编辑器"用于编辑 VBA 文件，实际的操作需要选择下面的"运行 VBA 宏"（见图 9-121）。

图 9-121

图 9-122

第一次单击"Visual Basic 编辑器"或者"运行 VBA 宏"图标，都会出现提示（见图 9-122），我们需要按照显示的网页地址来安装 Microsoft Visual Basic 软件。地址为：

打开网页后，可以在欧特克公司的官方网站上下载到适用于 AutoCAD 的 Microsoft VBA 模块。这里提供了每一年的版本，我们需要安装和 AutoCAD 同年版本的 VBA 模块（见图 9-123）。

图 9-123

按照提示说明安装完毕，我们再次单击"Visual Basic 编辑器"或者"运行 VBA 宏"图标，就可以正常启动了，打开的界面如图 9-124 和图 9-125 所示。

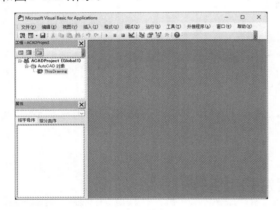

图 9-124

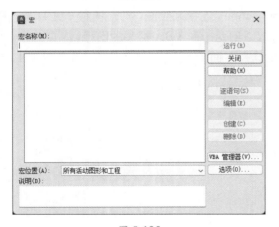

图 9-125

若要使用 VBA 和 AutoCAD 连携，我们需要学习 VBA 的语言。市面上与 VBA 相关的书籍和教程很多，这里就不再详细说明了。安装完 AutoCAD 后，在自己电脑里 AutoCAD 默认的文件夹下面有一个 Sample 文件夹（见图 9-126），里面有欧特克公司准备的各种 VBA 样本文件（见图 9-127），打开这些文件实际操作和运行一下，可以加深对 VBA 的理解。Sample 文件夹的地址如下：

C:\Program Files\Autodesk\AutoCAD 2023\Sample\VBA

图 9-126

图 9-127

比如，双击打开 Map2Globe.dwg 文件，刚开始会弹出一个警告提示对话框（见图 9-128），直接单击"打开"按钮。

图 9-128

可以看到一个背景为世界地图的图片（见图 9-129）。

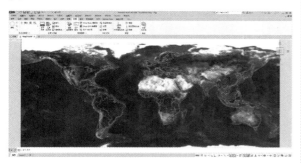

图 9-129

继续单击运行宏后，在弹出来的对话框中单击"启用宏"按钮（见图 9-130）。

图 9-130

继续单击右边的"运行"按钮（见图 9-131）。

图 9-131

一个用 VBA 制作的操作面板就会弹出，单击右下角的 Draw Map on Globe 按钮（见图 9-132）。

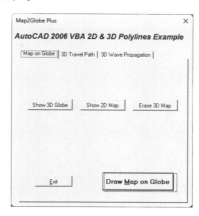

图 9-132

一个描绘着世界地图的地球仪就会展现出来（见图 9-133）。

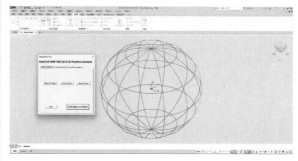

图 9-133

从简单的操作到复杂的图形，VBA 都可以轻松实现，有兴趣的读者可以将 VBA 语言活用到 AutoCAD 上，相信一定会对工作有很大的帮助。

附录 1

本书中创建的 AutoLISP 程序一览

章 节	名 称	内 容
1.1	GX-RightClick.lsp	自定义右键单击切换
1.2	GX-Dynamic.lsp	动态输入切换
1.6	GX-Default.lsp	状态栏环境设定
2.9	GX-ByLayer.lsp	设定对象 ByLayer 状态
3.7	GX-Align.lsp	Align 加强版
4.9	GX-Limits.lsp	Limits 环境设定
5.5	GX-Exp.lsp	批量转换布局空间到 DWG 文件
7.4	GX-ZA-v1.lsp	Zoom 全范围显示
7.4	GX-ZA-v2.lsp	Zoom 全范围显示和自动保存
7.5	acad.lsp	acad 文件制作
8.1	GX-LA240-v1.lsp	创建图层版本 1
8.1	GX-LA240-v2.lsp	创建图层版本 2
8.1	GX-LA240-v3.lsp	创建图层版本 3
8.2	GX-ZZ.lsp	常用命令初始化
8.3	GX-DHX.lsp	专用图层设定
8.4	GX-XF.lsp	参照功能中的卸载与重载
8.5	GX-PLL.lsp	云线和专用图层功能
8.6.1	GX-SERN_CIRCLE_A.lsp	连续生成带圆圈的数字 A 版本
8.6.2	GX-SERN_CIRCLE_M.lsp	连续生成带圆圈的数字 M 版本
8.6.3	GX-SERN_CIRCLE_A3.lsp	连续生成带三角形的数字
8.7	GX-C200-v1.lsp	绘制半径为 200 的圆版本 1

（续表）

章　节	名　称	内　容
8.7	GX-C200-v2.lsp	绘制半径为 200 的圆版本 2
8.10	GX-Library.lsp	库文件
8.10	GX-240.lsp	创建图层文件
8.12	DX-Startup.lsp	启动 LISP 文件

附录 2

本书中使用的 AutoCAD 命令索引

下面为本书讲解和说明的过程中使用的所有 AutoCAD 命令以及系统变量所在页数位置速查表。

附录 3

AutoCAD 命令一览表

下面是按照字母顺序排列的 AutoCAD 所有命令一览表（截至 AutoCAD 2023.1 版本）。

No	命　令
	A
1	ABOUT
	显示 AutoCAD 的产品版本信息的"关于"窗口将弹出。
2	ACADINFO
	将会在文档的文件夹里面自动生成 acadinfo.txt 文件，常规信息、系统变量设置均可查看。
3	ACISIN
	显示 ACIS 文件（sat 格式）加载对话框。
4	ACISOUT
	将选择的对象输出为 ACIS 文件（sat 格式）。
5	ACTBASEPOINT
	在动作录制器中设置一个参考基点。
6	ACTMANAGER
	启动动作宏管理器对话框。
7	ACTRECORD
	在动作录制器中，开始录制宏。
8	ACTSTOP
	在动作录制器中，停止录制宏。
9	ACTUSERINPUT
	在动作宏中暂停以等待用户输入。

No	命　令
10	ACTUSERMESSAGE
	将用户消息插入动作宏中。
11	ADCCLOSE
	关闭设计中心。
12	ADCENTER
	管理和插入诸如块、外部参照和填充图案等内容。
13	ADCNAVIGATE
	在"设计中心文件夹"选项卡中加载指定的图形文件、文件夹或网络路径。
14	ADDSELECTED
	创建一个新对象，该对象与选定对象具有相同的类型和常规特性，但具有不同的几何值。
15	ADJUST
	调整选定参考底图（DWF、DWFx、PDF 或 DGN）或图像的淡入度、对比度和单色设置。
16	ALIASEDIT
	创建、修改和删除 AutoCAD 命令别名。
17	ALIGNSPACE
	基于模型空间和图纸空间中指定的对齐点，在布局视口中调整视图的平移和缩放因子。
18	ALIGN
	在二维和三维空间中将对象与其他对象对齐。
19	AMECONVERT
	将 AME 实体模型转换为 AutoCAD 实体对象。
20	ANALYSISCURVATURE
	在曲面上显示渐变色，以评估曲面的曲率变化。
21	ANALYSISDRAFT
	在三维模型上显示渐变色，以便评估某部分与其模具之间是否具有足够的空间。
22	ANALYSISIOPTIONS
	设置斑纹、曲率和拔模分析的显示选项。
23	ANALYSISZEBRA
	将条纹投影到三维模型上，以便分析曲面连续性。
24	ANIPATH
	保存相机在三维模型中移动或平移的动画。

No	命　令
25	ANNORESET
	重置选定注释性对象在不同比例下的位置。
26	ANNOUPDETE
	更新现有注释对象，使之与其样式的当前特性相匹配。
27	APERTURE
	控制对象捕捉靶框大小。
28	APPAUTOLOADER
	列出或重新加载应用程序插件文件夹中的所有插件。
29	APPLOAD
	加载和卸载应用程序，定义启动时加载的应用程序。
30	APPSTORE
	打开 Autodesk App Store 网站。
31	ARCHIVE
	将当前图纸集文件打包存储。
32	ARCTEXT
	沿圆弧放置文字。
33	ARC
	创建圆弧。
34	AREA
	计算对象或所定义区域的面积和周长。
35	ARRAYCLASSIC
	使用传统对话框创建阵列。
36	ARRAYCLOSE
	保存或放弃对阵列源对象所做的更改，并退出阵列编辑状态。
37	ARRAYEDIT
	编辑关联阵列对象及其源对象。
38	ARRAYPATH
	沿路径或部分路径均匀分布对象副本。
39	ARRAYPOLAR
	围绕中心点或旋转轴在环形阵列中均匀分布对象副本。

No	命　令
40	ARRAYRECT
	按行和列排列对象的副本，并可以设置高度。
41	ARRAY
	创建按指定方式排列的对象副本。
42	ARX
	加载、卸载 ObjectARX 应用程序并提供相关信息。
43	ATTACHURL
	将超链接附着到图形中的对象或区域。
44	ATTACH
	将外部文件（例如其他图形、光栅图像、点云、协调模型和参考底图）作为参照插入。
45	ATTDEF
	创建用于在块中存储数据的属性定义。
46	ATTDISP
	控制图形中所有块属性的可见性。
47	ATTEDIT
	更改块中的属性信息。
48	ATTEXT
	将与块关联的属性数据、文字信息提取到文件中。
49	ATTIN
	从外部制表符分隔的 ASCII 文件输入块属性值。
50	ATTIPEDIT
	更改块中属性的文本内容。
51	ATTOUT
	将块属性值输出为以制表符分隔的 ASCII 格式的外部文件。
52	ATTREDEF
	重定义块并更新关联属性。
53	ATTSYNC
	将块定义中的属性更改应用于所有块参照。
54	AUDIT
	检查图形的完整性并更正某些错误。

No	命　令
55	AUTOCONSTRAIN
	根据对象相对于彼此的方向，将几何约束应用于对象的选择集。
56	AUTOPUBLISH
	将图形自动保存为 DWF、DWFx 或 PDF 文件后发布至指定位置。
	B
57	BAUTIONBAR
	在块编辑器中，控制参数对象的动作栏。
58	BACTIONSET
	指定与动态块中的动作相关联的对象选择集。
59	BACTIONTOOL
	向动态块中添加动作。
60	BACTION
	向动态块中添加动作。
61	BASE
	为当前图形设置插入基点。
62	BASSOCIATE
	将动作与动态块中的参数相关联。
63	BATTMAN
	管理选定块的属性。
64	BATTORDER
	指定块属性的顺序。
65	BAUTHORPALETTECLOSE
	关闭块编辑器中的"块编写选项板"窗口。
66	BAUTHORPALETTE
	打开块编辑器中的"块编写选项板"窗口。
67	BCLOSE
	关闭块编辑器。
68	BCONSTRUCTION
	将块几何图形转换为可能会隐藏或显示的构造几何图形。

No	命 令
69	BCOUNT
	为选择集或整个图形中的每个块创建实例数量报告，并在命令窗口中显示结果。
70	BCPARAMETER
	将约束参数应用于选定的对象，或将标注约束转换为参数约束。
71	BCYCLEORDER
	更改动态块参照夹点的循环次序。
72	BEDIT
	在块编辑器中打开块定义。
73	BESETTINGS
	显示"块编辑器设置"对话框。
74	BEXTEND
	将对象扩展为块。
75	BGRIPSET
	创建、删除或重置与参数相关联的夹点。
76	BLEND
	在两条选定直线或曲线之间的间隙中创建样条曲线。
77	BLOCK ?
	列出块定义中的对象，输入块名或选择插入的块，并指定对象类型或列出所有对象。
78	BLOCKICON
	为 AutoCAD 设计中心中显示的块生成预览图像。
79	BLOCKREPLACE
	将指定块的所有实例替换为不同的块。
80	BLOCKSPALETTECLOSE
	关闭"块"选项板。
81	BLOCKSPALETTE
	显示"块"选项板，可用于将块和图形插入到当前图形中。
82	BLOCKTOXREF
	将指定块的所有实例替换为外部参照。
83	BLOCK
	从选定的对象中创建一个块定义。

No	命 令
84	BLOOKUPTABLE
	为动态块定义显示或创建查询表。
85	BMPOUT
	将选定对象以与设备无关的位图格式保存到文件中。
86	BOUNDARY
	从封闭区域创建面域或多段线。
87	BOX
	创建三维实体长方体。
88	BPARAMETER
	向动态块中添加带有夹点的参数。
89	BREAKATPOINT
	在指定点处将选定对象打断为两个对象。
90	BREAKLINE
	创建特征线，以及包含特征线符号的多段线。
91	BREAK
	在两点之间打断选定对象。
92	BREP
	删除三维实体和复合实体的历史记录以及曲面的关联性。
93	BROWSER
	启动系统注册表中定义的默认 Web 浏览器。
94	BSAVEAS
	用新名称保存当前块的副本。
95	BSAVE
	保存当前块。
96	BSCALE
	相对于其插入点缩放块参照。
97	BTABLE
	将块的变量存储在块特性表中。
98	BTESTBLOCK
	在块编辑器内显示一个窗口，以测试动态块。

No	命　令
99	BTRIM
	将对象修剪为块。
100	BURST
	分解选定的块，同时保留块图层，并将属性值转换为文字对象。
101	BVHIDE
	使对象在动态块中的当前可见性状态下不可见，或在所有可见性状态下均不可见。
102	BVSHOW
	使对象在动态块中的当前可见性状态下可见，或在所有可见性状态下均可见。
103	BVSTATE
	创建、设置或删除动态块中的可见性状态。
	C
104	CAL
	内联几何计算器。在命令栏中用于计算数学和几何表达式。
105	CAMERA
	设置相机位置和目标位置，以创建并保存对象的三维透视视图。
106	CDORDER
	按选定对象的颜色编号排列其绘图顺序。
107	CENTERDISASSOCIATE
	从中心标记或中心线定义的对象中删除其关联性。
108	CENTERLINE
	创建与所选线和线性多段线线段关联的中心线几何图形。
109	CENTERMARK
	在选定的圆或圆弧的中心处创建关联的十字形标记。
110	CENTERREASSOCIATE
	将中心标记或中心线对象关联或者重新关联至选定的对象。
111	CENTERRESET
	将中心线重置为在 CENTEREXE 系统变量中指定的当前值。
112	CHAMFEREDGE
	为三维实体边和曲面边建立倒角。

No	命 令
113	CHAMFER
	为两个二维对象的边或三维实体的相邻面创建斜角或者倒角。
114	CHANGE
	更改现有对象的特性。
115	CHECKSTANDARDS
	检查当前图形中是否存在标准冲突。
116	CHPROP
	更改对象的特性。
117	CHSPACE
	在模型空间和图纸空间之间传输选定对象。
118	CHURLS
	提供一种方法，用来编辑以前为选定对象附着的 URL。
119	CIRCLE
	创建圆。
120	CLASSICGROUP
	打开传统"对象编组"对话框。
121	CLASSICIMAGE
	管理当前图形中的参照图形文件。
122	CLASSICINSERT
	使用经典版本的 INSERT 命令，将块或图形插入到当前图形中。
123	CLASSICLAYER
	打开传统图层特性管理器。
124	CLASSICXREF
	管理当前图形中的参照图形文件。
125	CLEANSCREENOFF
	恢复使用 CLEANSCREENON 之前的显示状态。
126	CLEANSSCREENON
	清除工具栏和可固定窗口（命令行窗口除外）。
127	CLIPIT
	使用直线和曲线剪裁外部参照或图像。

No	命 令
128	CLIP
	将选定对象（如块、外部参照、图像、视口和参考底图）修剪到指定的边界。
129	CLOSEALLOTHER
	关闭所有其他打开的图形，当前图形除外。
130	CLOSEALL
	关闭当前所有打开的图形。
131	CLOSE
	关闭当前图形。
132	COLOR
	设置新对象的颜色。
133	COMMANDLINEHIDE
	隐藏命令行窗口。
134	COMMANDLINE
	显示命令行窗口。
135	COMMANDMACROSCLOSE
	关闭"命令宏"选项板。
136	COMMANDMACROS
	打开可以管理和使用命令宏建议的"命令宏"选项板。
137	COMPARECLOSE
	关闭"DWG 比较"工具栏并结束比较。
138	COMPAREEXPORT
	将比较结果输出到新图形文件（称为"快照图形"）中。
139	COMPAREIMPORT
	将比较图形中的对象输入到当前图形中。
140	COMPAREINFO
	提供一种插入或复制两个比较图形文件特性信息的方法。
141	COMPARE
	将指定的图形文件与当前图形文件进行比较，在修订云线中使用颜色亮显差异。
142	COMPILE
	将图形文件和 PostScript 字体文件编译成 SHX 文件。

No	命　令
143	CONE
	创建三维实体圆锥体。
144	CONSTRAINIBAR
	显示或隐藏对象上的几何约束。
145	CONSTRAINTSETTINGS
	控制约束栏上几何约束的显示。
146	CONVERTCTB
	将颜色相关的打印样式表（CTB）转换为命名打印样式表（STB）。
147	CONVERTOLDLIGHTS
	将以先前图形文件格式创建的光源转换为当前格式。
148	CONVERTOLDMATERIALS
	转换旧材质以使用当前材质格式。
149	CONVERTPSTYLES
	将当前图形转换为命名或颜色相关打印样式。
150	CONVERT
	转换传统多段线和图案填充以用于更高的产品版本。
151	CONVTOMESH
	将三维对象（例如多边形网格、曲面和实体）转换为网格对象。
152	CONVTONURBS
	将三维实体和曲面转换为 NURBS 曲面。
153	CONVTOSOLID
	将符合条件的三维对象转换为三维实体。
154	CONVTOSURFACE
	将对象转换为三维曲面。
155	COORDINATIONMODELATTACH
	将参考文件（例如 Navisworks 的 NWD 和 NWC 文件）插入到协调模型中。
156	COPYBASE
	将选定的对象与指定的基点一起复制到剪贴板。
157	COPYCLIP
	将选定的对象复制到剪贴板。

No	命　令
158	COPYHIST
	将命令行历史记录复制到剪贴板。
159	COPYLINK
	将当前视图复制到剪贴板中以便链接到其他 OLE 应用程序。
160	COPYM
	使用"重复""阵列""定数等分"和"定距等分"选项复制多个对象。
161	COPYTOLAYER
	将一个或多个对象复制到其他图层。
162	COPY
	在指定方向上按指定距离复制对象。
163	COUNTAREACLOSE
	取消计数选择区域。
164	COUNTAREA
	定义要计数对象或块实例的区域。
165	COUNTCLOSE
	关闭"计数"工具栏并退出计数。
166	COUNTFIELD
	创建设置为当前计数值的字段。
167	COUNTLISTCLOSE
	关闭"计数"选项板。
168	COUNTLIST
	打开"计数"选项板以显示和管理计数的块。
169	COUNTNAVNEXT
	缩放到计数结果中的下一个对象。
170	COUNTNAVPREV
	缩放到计数结果中的上一个对象。
171	COUNTTABLE
	在图形中插入包含块名称和每个块相应计数的表格。
172	COUNT
	计数并高亮显示图形中所选中的对象。

No	命　令
173	CUIEXPORT
	将主 CUIx 文件中的自定义设置输出到企业或局部 CUIx 文件。
174	CUIIMPORT
	将企业或局部 CUIx 文件中的自定义设置输入到主 CUIx 文件。
175	CUILOAD
	加载自定义文件（CUIx）。
176	CUIUNLOAD
	卸载 CUIx 文件。
177	CUI
	管理产品中自定义的用户界面元素。
178	CUSTOMIZE
	自定义工具选项板和工具选项板组。
179	CUTBASE
	将选定对象与指定的基点一起复制到剪贴板，并将它们从图形中删除。
180	CUTCLIP
	将选定的对象复制到剪贴板，并将其从图形中删除。
181	CVADD
	将控制点添加到 NURBS 曲面和样条曲线。
182	CVHIDE
	关闭所有 NURBS 曲面和曲线的控制点的显示。
183	CVREBUILD
	重新生成 NURBS 曲面和曲线的形状。
184	CVREMOVE
	删除 NURBS 曲面和曲线上的控制点。
185	CVSHOW
	显示指定 NURBS 曲面或曲线的控制点。
186	CYLINDER
	创建三维实体圆柱体。

No	命 令
	D
187	DATAEXTRACTION
	从外部源提取图形数据，并将数据合并至数据提取表或外部文件。
188	DATALINKUPDATE
	将数据更新至已建立的外部数据链接或从已建立的外部数据链接更新数据。
189	DATALINK
	显示"数据链接"对话框。
190	DBCCLOSE
	关闭"选择数据对象"对话框。
191	DBCCONFIGURE
	打开"配置数据源"对话框。
192	DBCDEFINELLT
	打开"选择数据对象"对话框。
193	DBCONNECT
	提供至外部数据库表的接口。
194	DBLIST
	列出图形中每个对象的数据库信息。
195	DCALIGNED
	约束不同对象上两个点之间的距离。
196	DCANGULAR
	约束直线段或多段线段之间的角度、由圆弧或多段线圆弧扫掠得到的角度，或对象上三个点之间的角度。
197	DCCONVERT
	将关联标注转换为标注约束。
198	DCDIAMETER
	约束圆或圆弧的直径。
199	DCDISPLAY
	显示或隐藏与对象选择集关联的动态约束。
200	DCFORM
	指定要创建的标注约束是动态约束还是注释性约束。

No	命　令
201	DCHORIZONTAL
	约束对象上的点或不同对象上两个点之间的 X 距离。
202	DCLINEAR
	根据尺寸界线原点和尺寸线的位置创建水平、垂直或旋转约束。
203	DCRADIUS
	约束圆或圆弧的半径。
204	DCVERTICAL
	约束对象上的点或不同对象上两个点之间的 Y 距离。
205	DELAY
	在脚本中提供指定时间的暂停。
206	DELCONSTRAINT
	从对象的选择集中删除所有几何约束和标注约束。
207	DETACHURL
	删除图形中的超链接。
208	DGNADJUST
	调整 DGN 参考底图的淡入度、对比度和单色设置。
209	DGNATTACH
	将 DGN 文件作为参考底图插入当前图形中。
210	DGNCLIP
	根据指定边界修剪选定 DGN 参考底图的显示。
211	DGNEXPORT
	从当前图形创建一个或多个 DGN 文件。
212	DGNIMPORT
	将数据从 DGN 文件输入到新的 DWG 文件或当前 DWG 文件,具体方式取决于 DGNIMPORTMODE 系统变量。
213	DGNLAYERS
	控制 DGN 参考底图中图层的显示。
214	DGNMAPPING
	允许用户创建和编辑用户定义的 DGN 映射设置。

No	命　令
215	DIGITALSIGN
	将数字签名附着到图形，如果进行了未经授权的更改，将删除该图形。
216	DIMALIGNED
	创建对齐线性标注。
217	DIMANGULAR
	创建角度标注。
218	DIMARC
	创建圆弧长度标注。
219	DIMBASELINE
	从上一个标注或选定标注的基线处创建线性标注、角度标注或坐标标注。
220	DIMBREAK
	在标注和尺寸界线与其他对象的相交处打断，或恢复标注和尺寸界线。
221	DIMCENTER
	创建圆和圆弧的非关联中心标记或中心线。
222	DIMCONSTRAINT
	对选定对象或对象上的点应用标注约束，或将关联标注转换为标注约束。
223	DIMCONTINUE
	创建从上一个标注或选定标注的尺寸界线开始的标注。
224	DIMDIAMETER
	为圆或圆弧创建直径标注。
225	DIMDISASSOCIATE
	删除选定标注的关联性。
226	DIMEDIT
	编辑标注文字和尺寸界线。
227	DIMEX
	将命名标注样式及其设置输出到外部文件。
228	DIMIM
	从外部文件中输入命名标注样式及其设置。
229	DIMINSPECT
	为选定的标注添加或删除检验信息。

No	命　令
230	DIMJOGGED
	为圆和圆弧创建折弯标注。
231	DIMJOGLINE
	在线性标注或对齐标注中添加或删除折弯线。
232	DIMLINEAR
	创建线性标注。
233	DIMORDINATE
	创建坐标注。
234	DIMOVERRIDE
	控制选定标注中使用的系统变量的替代值。
235	DIMRADIUS
	为圆或圆弧创建半径标注。
236	DIMREASSOC
	将测量值恢复为替代或修改的标注文字。
237	DIMREASSOCIATE
	将选定的标注关联或重新关联至对象或对象上的点。
238	DIMREGEN
	更新所有关联标注的位置。
239	DIMROTATED
	创建旋转线性标注。
240	DIMSPACE
	调整线性标注或角度标注之间的间距。
241	DIMSTYLE
	创建和修改标注样式。
242	DIMTEDIT
	移动和旋转标注文字并重新定位尺寸线。
243	DIM
	使用单个命令创建多个标注和标注类型。
244	DISTANTLIGHT
	创建平行光。

No	命　令
245	DIST
	测量两点之间的距离和角度。
246	DIVIDE
	创建沿对象的长度或周长等间隔排列的点对象或块。
247	DONUT
	创建实心圆或较宽的环。
248	DOWNLOADMANAGER
	报告当前下载的状态。
249	DRAGMODE
	控制进行拖动的对象的显示方式。
250	DRAWINGRECOVERYHIDE
	关闭图形修复管理器。
251	DRAWINGRECOVERY
	显示可以在程序或系统故障后修复的图形文件列表。
252	DRAWORDER
	更改图像和其他对象的绘制顺序。
253	DSETTINGS
	设置栅格和捕捉、极轴和对象捕捉追踪、对象捕捉模式、动态输入和快捷特性。
254	DVIEW
	使用相机和目标来定义平行投影或透视视图。
255	DWFADJUST
	调整 DWF 或 DWFx 参考底图的淡入度、对比度和单色设置。
256	DWFATTACH
	将 DWF 或 DWFx 文件作为参考底图插入到当前图形中。
257	DWFCLIP
	设置裁剪边界来修改 DWF 或 DWFx 参考底图。
258	DWFFORMAT
	设置特定命令中的输出默认格式为 DWF 或 DWFx。
259	DWFLAYERS
	控制 DWF 或 DWFx 参考底图中图层的显示。

No	命 令
260	DWGCONVERT
	为选定的图形文件转换图形格式。
261	DWGHISTORYCLOSE
	关闭"图形历史"选项板。
262	DWGHISTORY
	打开"图形历史记录"选项板，其中显示了由支持的云存储提供程序维护的当前图形的版本历史记录。
263	DWGLOG
	在访问每个图形文件时，为其创建和维护单个日志文件。
264	DWGPROPS
	设置和显示当前图形的文件特性。
265	DXBIN
	输入 AutoCAD DXB（二进制图形交换）文件。
	E
266	EATTEDIT
	在块参照中编辑属性。
267	EATTEXT
	将块属性信息输出为表格或外部文件。
268	EDGESURF
	在四条相邻的边或曲线之间创建网格。
269	EDGE
	更改三维面的边的可见性。
270	EDITSHOT
	以运动或不运动方式编辑保存的命名视图。
271	EDITTIME
	跟踪图形的活动编辑时长。
272	ELEV
	设置新对象的标高和拉伸厚度。
273	ELLIPSE
	创建椭圆或椭圆弧。

No	命 令
274	ERASE
	从图形中删除对象。
275	ETRANSMIT
	将一组文件打包以进行网络传递。
276	EXOFFSET
	偏移选定的对象。
277	EXPLAN
	显示指定 UCS 的 XY 平面的正交视图，而不改变视图的比例。
278	EXPLODE
	将复合对象分解为其组件对象。
279	EXPORTDWFX
	创建 DWFx 文件，可以替代页面设置选项。
280	EXPORTDWF
	创建 DWF 文件，并使用户可在逐张图纸上设置各个页面设置替代。
281	EXPORTLAYOUT
	为当前布局空间，创建并另存为模型空间的图形。
282	EXPORTPDF
	从模型空间中的单个布局、所有布局或指定区域生成 PDF 文件。
283	EXPORTSETTINGS
	输出到 DWF、DWFx 或 PDF 文件时，调整页面设置和图形选择。
284	EXPORTTOAUTOCAD
	创建可在 AutoCAD 等产品和工具集的早期版本中打开的图形文件。
285	EXPORT
	以其他文件格式保存图形中的对象。
286	EXPRESSMENU
	加载 AutoCAD Express Tools 菜单并在菜单栏上显示 Express 菜单。
287	EXPRESSTOOLS
	加载 AutoCAD Express Tools 库，将 Express 文件夹放置在搜索路径中，并在菜单栏上加载并放置 Express 菜单。

No	命 令
288	EXTEND
	扩展对象以与其他对象的边相接。
289	EXTERNALREFERENCESCLOSE
	关闭"外部参照"选项板。
290	EXTERNALREFERENCES
	打开"外部参照"选项板。
291	EXTRIM
	修剪由选定的多段线、直线、圆、圆弧、椭圆、文字、多行文字或属性定义指定的剪切边上的所有对象。
292	EXTRUDE
	从封闭区域的对象创建三维实体，或从具有开口的对象创建三维曲面。
	F
293	FIELD
	创建带字段的多行文字对象，该对象可以随着字段值的更改而自动更新。
294	FILETABCLOSE
	隐藏位于绘图区域顶部的文件选项卡。
295	FILETAB
	显示位于绘图区域顶部的文件选项卡。
296	FILLETEDGE
	为实体对象边建立圆角。
297	FILLET
	创建两个二维对象的圆角或倒角，或者三维实体的相邻面。
298	FILL
	控制诸如图案填充、二维实体和宽多段线等填充对象的显示。
299	FILTER
	创建一个要求列表，对象必须符合这些要求才能包含在选择集中。
300	FIND
	查找指定的文字，然后可以有选择性地将其替换为其他文字。
301	FLATSHOT
	基于当前三维图形的视图来创建二维平面图。

No	命 令
302	FLATTEN
	将三维几何图形转换为投影的二维表示。
303	FREESPOT
	创建自由聚光灯（未指定目标的聚光灯）。
304	FREEWEB
	创建自由光域灯光（未指定目标的光域灯光）。
305	FS
	创建接触选定对象的所有对象的选择集。
	G
306	GATTE
	全局更改，用于指定块的全部实例的属性值。
307	GCCOINCIDENT
	约束两个点使其重合，或者约束一个点使其位于曲线（或曲线的延长线）上。
308	GCCOLLINEAR
	使两条或多条直线段沿同一直线方向。
309	GCCONCENTRIC
	将两个圆弧、圆或椭圆约束到同一个中心点。
310	GCEQUAL
	将选定圆弧和圆的尺寸重新调整为相同半径，或将选定直线的尺寸重新调整为相同长度。
311	GCFIX
	将点和曲线锁定在位。
312	GCHORIZONTAL
	使直线或点对位于与当前坐标系的 X 轴平行的位置。
313	GCPARALLEL
	使选定的直线彼此平行。
314	GCPERPENDICULAR
	使选定的直线位于彼此垂直的位置。
315	GCSMOOTH
	将样条曲线约束为连续，并与其他样条曲线、直线、圆弧或多段线保持 G2 连续性。

No	命 令
316	GCSYMMETRIC
	使选定对象受对称约束，相对于选定直线对称。
317	GCTANGENT
	将两条曲线约束为保持彼此相切或其延长线保持彼此相切。
318	GCVERTICAL
	使直线或点对位于与当前坐标系的 Y 轴平行的位置。
319	GEOGRAPHICLOCATION
	将地理位置信息指定给图形文件。
320	GEOLOCATEME
	显示或隐藏在模型空间中对应当前位置的坐标处的指示器。
321	GEOMAPIMAGEUPDATE
	从联机地图服务更新地图图像并且可以重置其分辨率，以便提供最佳的屏幕查看效果。
322	GEOMAPIMAGE
	将联机地图的一部分捕获到称为地图图像的对象，然后将其嵌入在绘图区域中。
323	GEOMAP
	在当前视口中通过联机地图服务显示地图。
324	GEOMARKLATLONG
	将位置标记放置在由纬度和经度定义的位置上。
325	GEOMARKME
	将位置标记放置在绘图区域中与当前位置相对应的坐标上。
326	GEOMARKPOINT
	将位置标记放置在模型空间中的指定点处。
327	GEOMARKPOSITION
	将位置标记放置在指定的位置。
328	GEOMCONSTRAINT
	维持对象之间或对象上的点之间的几何约束关系。
329	GEOREMOVE
	从图形文件中删除所有地理位置信息。

No	命　令
330	GEOREORIENTMARKER
	更改模型空间中地理标记的北向和位置，而不更改其纬度和经度。
331	GETSEL
	基于图层和对象类型过滤器，创建对象的选择集。
332	GOTOSTART
	从当前图形切换到"开始"选项卡。
333	GOTOURL
	打开文件或与附加到对象的超链接关联的 Web 页。
334	GRADIENT
	使用渐变填充填充封闭区域或选定对象。
335	GRAPHICSCONFIG
	将硬件加速设置为开或关，并提供对显示性能选项的访问。
336	GRAPHSCR
	将文本窗口显示在应用程序窗口的后面。
337	GRID
	在当前视口中显示栅格图案。
338	GROUPEDIT
	将对象添加到选定的组，从选定组中删除对象，或重命名选定的组。
339	GROUP
	创建和管理已保存的对象集（称为编组）。
	H
340	HATCHEDIT
	修改现有的图案填充或填充。
341	HATCHGENERATEBOUNDARY
	围绕选定的图案填充创建非关联多段线。
342	HATCHSETBOUNDARY
	重新定义选定的图案填充或填充，以符合不同的闭合边界。
343	HATCHSETORIGIN
	控制选定填充图案生成的起始位置。

No	命 令
344	HATCHTOBACK
	将图形中所有图案填充的绘图次序设定为在所有其他对象之后。
345	HATCH
	使用填充图案、实体填充或渐变填充来填充封闭区域或选定对象。
346	HELIX
	创建二维螺旋或三维弹簧。
347	HELP
	显示联机或脱机帮助系统。
348	HIDEOBJECTS
	暂时不显示选定对象。
349	HIDEPALETTES
	隐藏所有显示的选项板、功能区和图形选项卡。
350	HIDE
	在二维线框视觉样式中不显示隐藏线的情况下，显示三维模型。
351	HIGHLIGHTNEW
	控制是否使用橙色点在用户界面中亮显产品更新中新增和改进的功能。
352	HLSETTINGS
	设置类似隐藏线的特性的显示。
353	HYPERLINKOPTIONS
	控制超链接光标、工具提示和快捷菜单的显示。
354	HYPERLINK
	将超链接附着到对象或修改现有超链接。
	I
355	ID
	显示指定位置的 UCS 坐标值。
356	IGESEXPORT
	将当前图形中的选定对象保存为新的 IGES（*.igs 或 *.iges）文件。
357	IGESIMPORT
	将数据从 IGES（*.igs 或 *.iges）文件输入到当前图形中。

No	命 令
358	IMAGEADJUST
	控制图像的亮度、对比度和淡入度值。
359	IMAGEAPP
	为 IMAGEEDIT 指定图像编辑程序。
360	IMAGEATTACH
	将参照插入到图像文件中。
361	IMAGECLIP
	根据指定边界修剪选定图像的显示。
362	IMAGEEDIT
	启动通过 IMAGEAPP 为选定图像指定的图像编辑程序。
363	IMAGEQUALITY
	控制图像的显示质量。
364	IMAGE
	显示"外部参照"选项板。
365	IMPORT
	将不同格式的文件输入到当前图形中。
366	IMPRINT
	压印三维实体或曲面上的二维几何图形，从而在平面上创建其他边。
367	INPUTSEARCHOPTIONS
	打开一个对话框，用于控制命令、系统变量和命名对象的命令行建议列表的显示设置。
368	INSERTOBJ
	插入链接或内嵌对象。
369	INSERT
	显示"块"选项板，可用于将块和图形插入到当前图形中。
370	INTERFERE
	通过检查两组选定的三维实体之间的干涉，来创建临时三维实体（干涉的部分）。
371	INTERSECT
	通过重叠实体、曲面或面域创建三维实体、曲面或二维面域。
372	ISODRAFT
	启用或禁用等轴测草图设置，然后指定当前二维等轴测草图平面。

No	命 令
373	ISOLATEOBJECTS
	暂时不显示选定对象之外的所有对象。
374	ISOPLANE
	指定二维等轴测图形的当前平面。
	J
375	JOIN
	合并线性对象和弯曲对象的端点，以便创建单个对象。
376	JPGOUT
	将选定对象以 JPEG 格式保存到文件中。
377	JULIAN
	包含 DATE 工具和多个 AutoCAD 公历日期和日历日期转化例程。
378	JUSTIFYTEXT
	更改选定文字对象的对正点而不更改其位置。
	L
379	LAYCUR
	将选定对象的图层特性更改为当前图层的特性。
380	LAYDEL
	删除图层上的所有对象并清理该图层。
381	LAYERCLOSE
	关闭图层特性管理器。
382	LAYERPALETTE
	打开无模式图层特性管理器。
383	LAYERPMODE
	打开和关闭追踪 LAYERP 命令对使用的图层设置所做的更改。
384	LAYERP
	放弃图层设置的上一个或上一组更改。
385	LAYERSTATESAVE
	显示"要保存的新图层状态"对话框，从中可以获得新图层状态的名称和说明。
386	LAYERSTATE
	保存、恢复和管理称为图层状态的图层设置的集合。

No	命 令
387	LAYER
	管理图层和图层特性。
388	LAYFRZ
	冻结选定对象所在的图层。
389	LAYISO
	隐藏或锁定除选定对象所在图层外的所有图层。
390	LAYLCK
	锁定选定对象所在的图层。
391	LAYMCH
	更改选定对象所在的图层，以使其匹配目标图层。
392	LAYMCUR
	将当前图层设定为选定对象所在的图层。
393	LAYMRG
	将选定图层合并为一个目标图层，并从图形中将它们删除。
394	LAYOFF
	关闭选定对象所在的图层。
395	LAYON
	打开图形中的所有图层。
396	LAYOUTMERGE
	将指定的布局组合为单个布局。
397	LAYOUTWIZARD
	创建新的布局选项卡并指定页面和打印设置。
398	LAYOUT
	创建和修改图形布局。
399	LAYTHW
	解冻图形中的所有图层。
400	LAYTRANS
	将当前图形中的图层转换为指定的图层标准。
401	LAYULK
	解锁选定对象所在的图层。

No	命　令
402	LAYUNISO
	恢复使用 LAYISO 命令隐藏或锁定的所有图层。
403	LAYVPI
	冻结除当前视口外的所有布局视口中的选定图层。
404	LAYWALK
	显示选定图层上的对象并隐藏所有其他图层上的对象。
405	LEADER
	创建连接注释与特征的线。
406	LENGTHEN
	更改对象的长度和圆弧的包含角。
407	LIGHTLISTCLOSE
	关闭"模型中的光源"选项板。
408	LIGHTLIST
	显示用于列出模型中所有光源的"模型中的光源"选项板。
409	LIGHT
	创建光源。
410	LIMITS
	在绘图区域中设置不可见的矩形边界，该边界可以限制栅格显示并限制单击或输入点位置。
411	LINETYPE
	加载、设置和修改线型。
412	LINE
	创建一系列连续的直线段。每条线段都是可以单独编辑的对象。
413	LIST
	为选定对象显示特性数据。
414	LIVESECTION
	打开选定截面对象的活动截面。
415	LOAD
	加载 SHX 文件为 SHAPE 命令使用。
416	LOFT
	在若干横截面之间的空间中创建三维实体或曲面。

No	命 令
417	LOGFILEOFF
	关闭通过 LOGFILEON 命令打开的命令历史记录日志文件。
418	LOGFILEON
	将命令历史记录的内容写入文件中。
419	LSP
	显示所有可用 AutoLISP 命令、函数和变量的列表。
420	LSPSURF
	按单个函数显示 AutoLISP 文件的内容。
421	LTSCALE
	设定全局线型比例因子。
422	LWEIGHT
	设置当前线宽、线宽显示选项和线宽单位。
	M
423	MAKELISPAPP
	将一个或多个 AutoLISP（LSP）源文件编译到可分发给用户并保护代码的应用程序（VLX）文件。
424	MARKUPASSIST
	分析输入的标记，有助于以较少的手动操作更快地放置文字标注和修订云线。
425	MARKUPCLOSE
	关闭标记集管理器。
426	MARKUPIMPORT
	加载图像文件或 PDF 文件的标记符号到当前 DWG 文件作为标记。
427	MARKUP
	打开标记集管理器。
428	MASSPROP
	计算选定二维面域或三维实体的质量特性。
429	MATBROWSERCLOSE
	关闭材质浏览器。
430	MATBROWSEROPEN
	打开材质浏览器。

No	命　令
431	MATCHCELL
	将选定表格单元的特性应用于其他表格单元。
432	MATCHPROP
	将选定对象的特性应用于其他对象。
433	MATEDITORCLOSE
	关闭材质编辑器。
434	MATEDITOROPEN
	打开材质编辑器。
435	MATERIALASSIGN
	将 CMATERIAL 系统变量中定义的材质指定给所选择的对象。
436	MATERIALATTACH
	将材质与图层关联。
437	MATERIALMAP
	调整将纹理贴图到面或对象的方式。
438	MATERIALSCLOSE
	关闭材质浏览器。
439	MATERIALS
	打开材质浏览器。
440	MEASUREGEOM
	测量选定对象的距离、半径、角度、面积和体积，以及测量一系列点或进行动态测量。
441	MEASURE
	沿对象的长度或周长按测定间隔创建点对象或块。
442	MENU
	加载自定义文件。此为早期版本命令，以更改为 CUILOAD 命令。
443	MESHCAP
	创建用于连接开放边的网格面。
444	MESHCOLLAPSE
	合并选定网格面或边的顶点。
445	MESHCREASE
	锐化选定网格子对象的边。

No	命　令
446	MESHEXTRUDE
	将网格面延伸到三维空间。
447	MESHMERGE
	将相邻面合并为单个面。
448	MESHOPTIONS
	显示"网格镶嵌选项"对话框，此对话框用于控制现有对象转换为网格对象时的默认设置。
449	MESHPRIMITIVEOPTIONS
	显示"网格图元选项"对话框，此对话框用于设置图元网格对象的镶嵌默认值。
450	MESHREFINE
	成倍增加选定网格对象或面中的面数。
451	MESHSMOOTHLESS
	将网格对象的平滑度降低一级。
452	MESHSMOOTHMORE
	将网格对象的平滑度提高一级。
453	MESHSMOOTH
	将三维对象（例如多边形网格、曲面和实体）转换为网格对象。
454	MESHSPIN
	旋转两个三角形网格面的相邻边。
455	MESHSPLIT
	将一个网格面拆分为两个面。
456	MESHUNCREASE
	删除选定网格面、边或顶点的锐化。
457	MESH
	创建三维网格图元对象，例如长方体、圆锥体、圆柱体、棱锥体、球体、楔体或圆环体。
458	MIGRATEMATERIALS
	在工具选项板中查找所有传统材质，并将这些材质转换为常规类型。
459	MINSERT
	在矩形阵列中插入一个块的多个实例。
460	MIRROR3D
	创建镜像平面上选定三维对象的镜像副本。

No	命　令
461	MIRROR
	创建选定对象的镜像副本。
462	MKLTYPE（Express Tools）
	根据选择的对象创建自定义线型，并将其保存到指定的线型文件（LIN 文件）中。
463	MKSHAPE（Express Tools）
	基于选定对象创建形状定义。
464	MLEADERALIGN
	对齐并间隔排列选定的多重引线对象。
465	MLEADERCOLLECT
	将包含块的选定多重引线整理到行或列中，并通过单引线显示结果。
466	MLEADEREDIT
	将引线添加至多重引线对象，或从多重引线对象中删除引线。
467	MLEADERSTYLE
	创建和修改多重引线样式。
468	MLEADER
	创建多重引线对象。
469	MLEDIT
	编辑多线交点、打断点和顶点。
470	MLINE
	创建多条平行线。
471	MLSTYLE
	创建、修改和管理多线样式。
472	MOCORO（Express Tools）
	使用单个命令移动、复制、旋转和缩放选定的对象。
473	MODEL
	从命名的布局选项卡切换到"模型"选项卡。
474	MOVEBAK（Express Tools）
	更改图形备份（BAK）文件的目标文件夹。
475	MOVE
	在指定方向上按指定距离移动对象。

No	命 令
476	MPEDIT（Express Tools）
	编辑多个多段线；还可将多个直线和圆弧对象转换为多段线对象。
477	MREDO
	恢复之前几个用 UNDO 或 U 命令放弃的效果。
478	MSLIDE
	创建当前模型视口或当前布局的幻灯片文件。
479	MSPACE
	在布局中，从图纸空间切换到布局视口中的模型空间。
480	MSTRETCH（Express Tools）
	拉伸具有多个交叉窗口和交叉多边形的对象。
481	MTEDIT
	编辑多行文字。
482	MTEXT
	创建多行文字对象。
483	MULTIPLE
	重复指定下一条命令直至被取消。
484	MVIEW
	创建并控制布局视口。
485	MVSETUP
	设置图形规格。
	N
486	NAVBAR
	提供对通用界面中查看工具的访问。
487	NAVSMOTIONCLOSE
	关闭 ShowMotion 界面，可以在其中通过选择命名视图在图形中导航。
488	NAVSMOTION
	启动 SHOWMOTION 功能。可将快照缩略图在画面上以动画形式显示。
489	NAVSWHEEL
	提供对可通过光标快速访问的增强导航工具的访问。

No	命令
490	NAVVCUBE
	指示当前查看方向。拖动或单击 ViewCube 可旋转场景。
491	NCOPY
	复制包含在外部参照、块或 DGN 参考底图中的对象。
492	NETLOAD
	加载 .NET 应用程序。
493	NEWSHEETSET
	创建用于管理图形布局、文件路径和工程数据的新图纸集数据文件。
494	NEWSHOT
	创建包含运动的命名视图，该视图将在使用 ShowMotion 查看时回放
495	NEWVIEW
	通过当前视口中的显示或者定义矩形窗口，保存新的命名视图。
496	NEW
	创建新图形。
	O
497	OBJECTSCALE
	为注释性对象添加或删除支持的比例。
498	OFFSETEDGE
	创建闭合多段线或样条曲线对象，该对象在三维实体或曲面上从选定平整面的边以指定距离偏移。
499	OFFSET
	创建同心圆、平行线和平行曲线。
500	OLECONVERT
	为嵌入的 OLE 对象指定不同的源应用程序，并控制是否用图标来表示该 OLE 对象。
501	OLELINKS
	更新、更改和取消所选的链接 OLE 对象。
502	OLEOPEN
	在选定 OLE 对象的源应用程序中打开该对象。
503	OLERESET
	将所选的 OLE 对象恢复为其原始大小和形状。

No	命 令
504	OLESCALE
	控制选定的 OLE 对象的大小、比例和其他特性。
505	OOPS
	恢复删除的对象。
506	OPENDWFMARKUP
	打开包含标记的 DWF 或 DWFx 文件。
507	OPENFROMWEBMOBILE
	从联机 Autodesk Account 中打开图形文件。
508	OPENSHEETSET
	打开选定的图纸集。
509	OPEN
	打开现有的图形文件。
510	OPTIONS
	自定义程序设置。
511	ORTHO
	约束光标在水平方向或垂直方向移动。
512	OSNAP
	设置执行对象捕捉模式。
513	OVERKILL
	删除重复或重叠的直线、圆弧和多段线，同时合并局部重叠或连续的直线、圆弧和多段线。
	P
514	PAGESETUP
	控制每个新建布局的页面布局、打印设备、图纸尺寸和其他设置。
515	PAN
	改变视图而不更改查看方向或比例。
516	PARAMETERSCLOSE
	关闭"参数管理器"选项板。
517	PARAMETERS
	打开"参数管理器"选项板，它包括当前图形中的所有标注约束参数、参照参数和用户变量。

No	命 令
518	PARTIALOAD
	将附加几何图形加载到局部打开的图形中。
519	PARTIALOPEN
	将选定视图或图层中的几何图形和命名对象加载到图形中。
520	PASTEASHYPERLINK
	创建到文件的超链接，并将其与选定的对象关联。
521	PASTEBLOCK
	将剪贴板中的对象作为块粘贴到当前图形中。
522	PASTECLIP
	将剪贴板中的对象粘贴到当前图形中。
523	PASTEORIG
	使用原坐标将剪贴板中的对象粘贴到当前图形中。
524	PASTESPEC
	将剪贴板中的对象粘贴到当前图形中，并控制数据的格式。
525	PCEXTRACTCENTERLINE
	穿过点云中的圆柱段中心轴创建一条线。
526	PCEXTRACTCORNER
	在点云中三个平面线段的交点处创建点对象。
527	PCEXTRACTEDGE
	类推两个相邻平面线段的交点，然后沿着边创建一条线。
528	PCEXTRACTSECTION
	通过点云从截面生成二维几何图形。
529	PCINWIZARD
	显示向导，将 PCP 和 PC2 配置文件打印设置输入到模型或当前布局中。
530	PDFADJUST
	调整 PDF 参考底图的淡入度、对比度和单色设置。
531	PDFATTACH
	将 PDF 文件作为参考底图插入到当前图形中。

No	命 令
532	PDFCLIP
	根据指定边界修剪选定 PDF 参考底图的显示。
533	PDFIMPORT
	从指定的 PDF 文件输入几何图形、填充、光栅图像和 TrueType 文字对象。
534	PDFLAYERS
	控制 PDF 参考底图中图层的显示。
535	PDFSHXTEXT
	将 PDF 文件输入的 SHX 几何图形转换为单个多行文字对象。
536	PEDIT
	编辑多段线、要合并到多段线的对象以及相关对象。
537	PERFANALYZERCLOSE
	关闭"性能分析器"选项板。
538	PERFANALYZER
	打开"性能分析器"选项板，在其中可以诊断 AutoCAD 中看似缓慢或无响应的操作。
539	PFACE
	逐个顶点创建三维多面网格。
540	PLANESURF
	创建平面曲面。
541	PLAN
	显示指定用户坐标系的 XY 平面的正交视图。
542	PLINE
	创建二维多段线，它是由直线段和圆弧段组成的单个对象。
543	PLOTSTAMP
	将打印戳记和类似日期、时间和比例的信息一起放在每个图形的指定角，并将其记录到文件中。
544	PLOTSTYLE
	控制附着到当前布局并可指定给对象的命名打印样式。
545	PLOTTERMANAGER
	显示绘图仪管理器，从中可以添加或编辑绘图仪配置。
546	PLOT
	将图形打印到绘图仪、打印机或文件。

No	命 令
547	PLT2DWG（Express Tools）
	将传统 HPGL 文件输入当前图形中，并保留所有颜色。
548	PMTOGGLE
	控制性能录制器处于打开还是关闭状态。
549	PNGOUT
	将选定对象以便携式网络图形格式保存到文件中。
550	POINTCLOUDATTACH
	将点云扫描（RCS）或项目文件（RCP）插入当前图形中。
551	POINTCLOUDCOLORMAP
	显示"点云颜色映射"对话框，用于定义强度、标高和分类点云样式化的设置。
552	POINTCLOUDCROPSTATE
	保存、恢复和删除点云裁剪状态。
553	POINTCLOUDCROP
	将选定的点云裁剪为指定的多边形、矩形或圆形边界。
554	POINTCLOUDMANAGERCLOSE
	关闭点云管理器。
555	POINTCLOUDMANAGER
	显示"点云管理器"选项板，用于控制点云项目、面域和扫描的显示。
556	POINTCLOUDSTYLIZE
	控制点云的颜色。
557	POINTCLOUDUNCROP
	从选定的点云删除所有修剪区域。
558	POINTLIGHT
	创建可从所在位置向所有方向发射光线的点光源。
559	POINT
	创建点对象。
560	POLYGON
	创建等边闭合多段线。
561	POLYSOLID
	创建墙或一系列墙形状的三维实体。

No	命　令
562	PRESSPULL
	通过拉伸和偏移动态修改对象。
563	PREVIEW
	要打印图形时显示此图形。
564	PROJECTGEOMETRY
	从不同方向将点、直线或曲线投影到三维实体或曲面上。
565	PROPERTIESCLOSE
	关闭"特性"选项板。
566	PROPERTIES
	控制现有对象的特性。
567	PROPULATE（Express Tools）
	更新、列出或清除"图形特性"数据。
568	PSBSCALE（Express Tools）
	指定或更新块对象相对于图纸空间的比例。
569	PSETUPIN
	将用户定义的页面设置输入到新的图形布局中。
570	PSOUT
	从 DWG 文件创建 PostScript 文件。
571	PSPACE
	从布局视口中的模型空间切换到图纸空间。
572	PSTSCALE（Express Tools）
	指定或更新文字对象相对于图纸空间的比例。
573	PTYPE
	指定点对象的显示样式及大小。
574	PUBLISH
	将图形发布为 DWF、DWFx 和 PDF 文件，或发布到打印机或绘图仪。
575	PURGEAECDATA
	在命令提示下删除图形中不可见的 AEC 数据。
576	PURGE
	删除图形中未使用的项目，例如块定义和图层。

No	命　令
577	PUSHTODOCSCLOSE
	打开"推送到 Autodesk Docs"选项板。
578	PUSHTODOCSOPEN
	打开"推送到 Autodesk Docs"选项板，从中可以选择要作为 PDF 上载到 Autodesk Docs 的 AutoCAD 布局。
579	PYRAMID
	创建三维实体棱锥体。
	Q
580	QCCLOSE
	关闭"快速计算器"计算器。
581	QDIM
	从选定对象快速创建一系列标注。
582	QLATTACH（Express Tools）
	将引线附着到多行文字、公差或块参照对象。
583	QLATTACHSET（Express Tools）
	将引线全局附着到多行文字、公差或块参照对象。
584	QLDETACHSET（Express Tools）
	从多行文字、公差或块参照对象拆离引线。
585	QLEADER
	创建引线和引线注释。
586	QNEW
	从指定的图形样板文件启动新图形。
587	QQUIT（Express Tools）
	关闭所有打开的图形，然后退出。
588	QSAVE
	使用指定的默认文件格式保存当前图形。
589	QSELECT
	根据过滤条件创建选择集。
590	QTEXT
	控制文字和属性对象的显示和打印。

No	命令
591	QUICKCALC
	打开"快速计算器"计算器。
592	QUICKCUI
	以收拢状态显示自定义用户界面编辑器。
593	QUICKPROPERTIES
	为选定的对象显示快捷特性数据。
594	QUIT
	退出程序
595	QVDRAWINGCLOSE
	关闭打开的图形及其布局的预览图像。
596	QVDRAWING
	使用预览图像显示打开的图形和图形中的布局。
597	QVLAYOUTCLOSE
	关闭当前图形中模型空间和布局的预览图像。
598	QVLAYOUT
	显示当前图形中模型空间和布局的预览图像。
	R
599	RAY
	创建始于一点并无限延伸的线性对象。
600	RECOVERALL
	修复损坏的图形文件以及所有附着的外部参照。
601	RECOVER
	修复损坏的图形文件，然后重新打开。
602	RECTANG
	创建矩形多段线。
603	REDEFINE
	恢复被 UNDEFINE 替代的 AutoCAD 内部命令。
604	REDIR（Express Tools）
	重定义外部参照、图像、形状、样式和 rtext 中硬编码的路径。

No	命 令
605	REDIRMODE（Express Tools）
	通过指定包含哪些对象类型，设置 REDIR Express Tool 的选项。
606	REDO
	恢复上一个用 UNDO 或 U 命令放弃的效果。
607	REDRAWALL
	刷新所有视口中的显示。
608	REDRAW
	刷新当前视口中的显示。
609	REFCLOSE
	保存或放弃在位编辑参照（外部参照或块定义）时所做的更改。
610	REFEDIT
	直接在当前图形中编辑外部参照或块定义。
611	REFSET
	在位编辑参照（外部参照或块定义）时从工作集添加或删除对象。
612	REGEN3
	在图形中重新生成视图，以修复三维实体和曲面显示中的异常问题。
613	REGENALL
	重生成整个图形并刷新所有视口。
614	REGENAUTO
	是旧式命令，用于控制图形的自动重生成。
615	REGEN
	在当前视口内重新生成图形。
616	REGION
	将封闭区域的对象转换为二维面域对象。
617	REINIT
	重新初始化数字化仪、数字化仪的输入 / 输出端口和程序参数文件。
618	RENAME
	更改指定给项目（例如图层和标注样式）的名称。
619	RENDERCROP
	渲染视口内指定的矩形区域（称为修剪窗口）。

No	命 令
620	RENDERENVIRONMENTCLOSE
	关闭"渲染环境和曝光"选项板。
621	RENDERENVIRONMENT
	控制与渲染环境相关的设置。
622	RENDEREXPOSURECLOSE
	关闭"渲染环境和曝光"选项板。
623	RENDEREXPOSURE
	控制与渲染环境相关的设置。
624	RENDERONLINE
	使用 Autodesk 联机资源来创建三维实体或曲面模型的图像。
625	RENDERPRESETSCLOSE
	关闭"渲染预设管理器"选项板。
626	RENDERPRESETS
	指定渲染预设和可重复使用的渲染参数，以便渲染图像。
627	RENDERWINDOWCLOSE
	关闭"渲染"窗口。
628	RENDERWINDOW
	显示"渲染"窗口而不启动渲染操作。
629	RENDERWIN
	是旧式命令，用于显示"渲染"窗口，但不会启动实际的渲染操作。
630	RENDER
	创建三维实体或曲面模型的真实照片级图像或真实着色图像。
631	REPURLS（Express Tools）
	在附着到所有选定对象的超链接里使用的 URL 中，查找和替换指定的文本字符串。
632	RESETBLOCK
	将一个或多个动态块参照重置为块定义的默认值。
633	RESUME
	继续执行被中断的脚本文件。
634	REVCLOUDPROPERTIES
	控制选定修订云线中圆弧的近似弦长。

No	命 令
635	REVCLOUD
	创建或修改修订云线。
636	REVERSE
	反转选定直线、多段线、样条曲线和螺旋的顶点，对于具有包含文字的线型或具有不同起点宽度和端点宽度的宽多段线，此操作非常有用。
637	REVERT（Express Tools）
	关闭并重新打开当前图形。
638	REVOLVE
	通过绕轴扫掠对象创建三维实体或曲面。
639	REVSURF
	通过绕轴旋转轮廓来创建网格。
640	RIBBONCLOSE
	隐藏功能区。
641	RIBBON
	显示功能区。
642	ROTATE3D
	绕三维轴移动对象。
643	ROTATE
	绕基点旋转对象。
644	RPREFCLOSE
	关闭"渲染设置管理器"选项板。
645	RPREF
	显示用于配置渲染设置的"渲染预设管理器"选项板。
646	RSCRIPT
	重复执行脚本文件。
647	RTEDIT（Express Tools）
	编辑现有的远程文本（rtext）对象。
648	RTEXT（Express Tools）
	创建远程文本（rtext）对象。
649	RTUCS（Express Tools）
	使用定点设备动态旋转 UCS。

No	命 令
650	RULESURF
	创建用于表示两条直线或曲线之间的曲面的网格。
	S
651	SAVEALL（Express Tools）
	保存所有打开的图形。
652	SAVEAS
	使用新文件名或位置保存当前图形的副本。
653	SAVEIMG
	将渲染图像保存到文件中。
654	SAVETOWEBMOBILE
	将当前图形的副本保存到 Autodesk Account。
655	SAVE
	使用不同的文件名或位置保存当前图形，而不更改当前图形文件。
656	SCALELISTEDIT
	控制可用于布局视口、页面布局和打印的缩放比例的列表。
657	SCALETEXT
	增大或缩小选定文字对象而不更改其位置。
658	SCALE
	放大或缩小选定对象，使缩放后对象的比例保持不变。
659	SCRIPTCALL
	从脚本文件执行一系列命令和嵌套脚本。
660	SCRIPT
	从脚本文件执行一系列命令。
661	SECTIONPLANEJOG
	将折弯线段添加至截面对象。
662	SECTIONPLANESETTINGS
	设置选定截面平面的显示选项。
663	SECTIONPLANETOBLOCK
	将选定截面平面保存为二维或三维块。

No	命 令
664	SECTIONPLANE
	以通过三维对象和点云创建剪切平面的方式创建截面对象。
665	SECTIONSPINNERS
	显示对话框，以便为"截面平面"功能区上下文选项卡中的"截面对象偏移"和"切片厚度"控件设置增量值。
666	SECTION
	使用平面与三维实体、曲面或网格的交点创建二维面域对象。
667	SECURITYOPTIONS
	控制在 AutoCAD 中运行可执行文件的安全性限制。
668	SELECTCOUNT
	在当前计数内查找与选定对象的特性匹配的所有对象，然后将它们添加到选择集中。
669	SELECTSIMILAR
	查找当前图形中与选定对象特性匹配的所有对象，然后将它们添加到选择集中。
670	SELECT
	将选定对象置于"上一个"选择集中。
671	SETBYLAYER
	将选定对象的特性替代更改为 ByLayer。
672	SETVAR
	列出或更改系统变量的值。
673	SHADEMODE
	控制三维对象的显示。
674	SHAPE
	从已加载的 SHX 文件中插入预定义的形状，如符号、图标或特殊字符。
675	SHAREDVIEWSCLOSE
	关闭"共享视图"选项板。
676	SHAREDVIEWS
	打开"共享视图"选项板。
677	SHAREVIEW
	发布当前工作空间或整个图形的视图，以便在线查看和共享。

No	命 令
678	SHARE
	共享指向当前图形副本的链接，以在 AutoCAD Web 应用程序中进行查看或编辑。图形副本包含所有外部参照和图像。
679	SHEETSETHIDE
	关闭图纸集管理器。
680	SHEETSET
	打开图纸集管理器。
681	SHELL
	访问操作系统命令。
682	SHOWPALETTES
	恢复隐藏的选项板、功能区和图形选项卡的显示。
683	SHOWRENDERGALLERY
	显示在 Autodesk 账户中渲染和存储的图像。
684	SHOWURLS（Express Tools）
	显示包含在图形中的所有附着的 URL，并允许对它们进行编辑。
685	SHP2BLK（Express Tools）
	使用等效的块转换选定形状对象的所有实例。
686	SIGVALIDATE
	显示有关附着到图形文件的数字签名的信息。
687	SKETCH
	创建一系列徒手绘制的线段。
688	SLICE
	通过剖切或分割现有对象，创建新的三维实体和曲面。
689	SNAP
	限制光标按指定的间距移动。
690	SOLDRAW
	在用 SOLVIEW 命令创建的布局视口中生成轮廓和截面。
691	SOLIDEDIT
	编辑三维实体对象的面和边。

No	命　令
692	SOLID
	创建实体填充的三角形和四边形。
693	SOLPROF
	创建三维实体的二维轮廓图，以显示在布局视口中。
694	SOLVIEW
	自动为三维实体创建正交视图、图层和布局视口。
695	SPACETRANS
	计算布局中等效的模型空间和图纸空间距离。
696	SPELL
	检查图形中的拼写。
697	SPHERE
	创建三维实体球体。
698	SPLINEDIT
	修改样条曲线的参数或将样条拟合多段线转换为样条曲线。
699	SPLINE
	创建经过或靠近一组拟合点或由控制框的顶点定义的平滑曲线。
700	SPOTLIGHT
	创建可发射定向圆锥形光柱的聚光灯。
701	SSX（Express Tools）
	基于选定的对象创建选择集。
702	STANDARDS
	管理标准文件与图形之间的关联性
703	STATUS
	显示图形的统计信息、模式和范围。
704	STLOUT
	将三维实体和无间隙网格存储为适合 3D 打印设备使用的 STL 文件格式。
705	STRETCH
	在图形中拉伸选定的对象部分，从而改变其形状或尺寸。
706	STYLESMANAGER
	显示打印样式管理器，从中可以修改打印样式表。

No	命　令
707	STYLE
	创建、修改或指定文字样式。
708	SUBTRACT
	通过从一个对象减去一个重叠面域或三维实体来创建为新对象。
709	SUNPROPERTIESCLOSE
	关闭"阳光特性"选项板。
710	SUNPROPERTIES
	显示"阳光特性"选项板。
711	SUPERHATCH（Express Tools）
	使用选定的图像、块、外部参照或区域覆盖对象对区域进行图案填充。
712	SURFBLEND
	在两个现有曲面之间创建连续的过渡曲面。
713	SURFEXTEND
	按指定的距离拉长曲面。
714	SURFEXTRACTCURVE
	在曲面和三维实体上创建曲线。
715	SURFFILLET
	在两个其他曲面之间创建圆角曲面。
716	SURFNETWORK
	在 U 方向和 V 方向（包括曲面和实体边子对象）的几条曲线之间的空间中创建曲面。
717	SURFOFFSET
	创建与原始曲面相距指定距离的平行曲面。
718	SURFPATCH
	通过在形成闭环的曲面边上拟合一个封口来创建新曲面。
719	SURFSCULPT
	修剪和合并完全封闭体积的一组曲面或网格以创建三维实体。
720	SURFTRIM
	修剪与其他曲面或其他类型的几何图形相交的曲面部分。
721	SURFUNTRIM
	替换由 SURFTRIM 命令删除的曲面区域。

No	命 令
722	SWEEP
	通过沿开放或闭合路径扫掠二维对象或子对象来创建三维实体或三维曲面。
723	SYSVARMONITOR
	监视系统变量的列表，并在列表中任何一个系统变量发生更改时发送通知。
724	SYSVDLG（Express Tools）
	查看、编辑、保存和恢复系统变量设置。
725	SYSWINDOWS
	应用程序窗口与外部应用程序共享时，排列窗口和图标。
	T
726	TABLEDIT
	编辑表格单元中的文字。
727	TABLEEXPORT
	以 CSV 格式从表格对象中输出数据。
728	TABLESTYLE
	创建、修改或指定表格样式。
729	TABLET
	校准、配置、打开和关闭已连接的数字化仪。
730	TABLE
	创建空的表格对象。
731	TABSURF
	从沿直线路径扫掠的直线或曲线创建网格。
732	TARGETPOINT
	创建目标点光源。
733	TASKBAR
	控制多个打开的图形在 Windows 任务栏上是单独显示还是被编组显示。
734	TCASE
	更改选定文字、多行文字、属性和标注文字的大小写。
735	TCIRCLE
	围绕每个选定的文字对象、多行文字对象创建圆长孔形或矩形。
736	TCOUNT
	将连续编号作为前缀、后缀或替换文字添加到文字和多行文字对象。

No	命 令
737	TEXTALIGN
	垂直、水平或倾斜对齐多个文字对象。
738	TEXTEDIT
	编辑选定的多行文字对象、单行文字对象或标注对象上的文字。
739	TEXTFIT
	基于新的起点和终点，展开或收拢文字对象的宽度。
740	TEXTMASK
	在选定文字或多行文字对象的后面创建空白区域。
741	TEXTSCR
	打开一个文本窗口，该窗口将显示当前任务的提示和命令行条目的历史记录。
742	TEXTTOFRONT
	将文字、引线和标注置于图形中其他所有对象之前。
743	TEXTUNMASK
	从通过 TEXTMASK 进行遮罩的选定文字或多行文字中删除遮罩。
744	TEXT
	创建单行文字对象。
745	TFRAMES
	切换所有区域覆盖和图像对象的边框显示。
746	THICKEN
	以指定的厚度将曲面转换为三维实体。
747	TIFOUT
	将选定对象以 TIFF 文件格式保存到文件中。
748	TIME
	显示图形的日期和时间统计信息。
749	TINSERT
	将块插入到表格单元中。
750	TJUST
	更改文字对象的对正点而不移动文字。适用于单行文字、多行文字和属性定义对象。
751	TOLERANCE
	创建包含在特征控制框中的形位公差。

No	命　令
752	TOOLBAR
	显示、隐藏和自定义工具栏。
753	TOOLPALETTESCLOSE
	关闭工具选项板。
754	TOOLPALETTES
	打开工具选项板。
755	TORIENT
	旋转文字、多行文字、属性定义和具有属性的块，以提高可读性。
756	TORUS
	创建圆环形的三维实体。
757	TPNAVIGATE
	显示指定的工具选项板或选项板组。
758	TRACEBACK
	将活动跟踪更改为查看模式，以便在跟踪可见时仍然可以编辑父图形。
759	TRACEEDIT
	将活动跟踪更改为编辑模式，以便可以参与跟踪。
760	TRACEFRONT
	将活动跟踪更改为编辑模式，以便可以参与跟踪。
761	TRACEPALETTECLOSE
	关闭"跟踪"选项板。
762	TRACEPALETTEOPEN
	打开"跟踪"选项板，从中可以查看和管理当前图形中的跟踪。
763	TRACEVIEW
	将活动跟踪更改为查看模式，以便在跟踪可见时仍然可以编辑父图形。
764	TRACE
	从命令行窗口中打开和管理跟踪。
765	TRANSPARENCY
	控制图像的背景像素是否透明。
766	TRAYSETTINGS
	控制状态栏托盘中图标和通知的显示方式。

No	命 令
767	TREESTAT
	显示有关图形当前空间索引的信息。
768	TREX
	结合 TRIM 和 EXTEND 的命令。
769	TRIM
	修剪对象以与其他对象的边相接。
770	TSCALE
	缩放文字、多行文字、属性和属性定义。
771	TXT2MTXT
	将单行或多行文字对象转换或者合并为一个或多个多行文字对象。
772	TXTEXP
	将文字或多行文字对象分解为多段线对象。
	U
773	UCSICON
	控制 UCS 图标的可见性、位置、外观和可选性。
774	UCSMAN
	管理 UCS 定义。
775	UCS
	设置当前用户坐标系（UCS）的原点和方向。
776	ULAYERS
	控制 DWF、DWFx、PDF 或 DGN 参考底图中图层的显示。
777	UNDEFINE
	允许应用程序定义的命令替代内部命令。
778	UNDO
	撤销命令。
779	UNGROUP
	解除组中对象的关联。
780	UNION
	将两个或多个三维实体、曲面或二维面域合并为一个复合三维实体、曲面或面域。
781	UNISOLATEOBJECTS
	显示通过 ISOLATEOBJECTS 或 HIDEOBJECTS 命令隐藏的对象。

No	命 令
782	UNITS
	控制坐标、距离和角度的精度和显示格式。
783	UPDATEFIELD
	更新选定对象中的字段。
784	UPDATETHUMBSNOW
	手动更新命名视图、图形和布局的缩略图预览。
785	U
	撤销最近一次操作。
	V
786	VBAIDE
	显示 Visual Basic 编辑器。
787	VBALOAD
	将全局 VBA 工程加载到当前工作任务中。
788	VBAMAN
	使用对话框管理 VBA 工程操作。
789	VBAPREF
	提供对某些 VBA 环境设置的访问。
790	VBARUN
	运行 VBA 宏。
791	VBASTMT
	在 AutoCAD 命令行提示下执行 VBA 语句。
792	VBAUNLOAD
	卸载全局 VBA 工程。
793	VIEWBACK
	在更改视图后，向后恢复连续视图。
794	VIEWBASE
	从模型空间或 Autodesk Inventor 模型创建基础视图。
795	VIEWCOMPONENT
	从模型文档工程视图中选择部件进行编辑。

No	命 令
796	VIEWDETAILSTYLE
	创建和修改局部视图样式。
797	VIEWDETAIL
	创建模型文档工程视图部分的局部视图。
798	VIEWEDIT
	编辑现有的模型文档工程视图。
799	VIEWFORWARD
	在使用 VIEWBACK 或"缩放上一个"显示上一个视图后，向前恢复顺序视图。
800	VIEWGO
	恢复命名视图。
801	VIEWPLAY
	播放与命名视图关联的动画。
802	VIEWPLOTDETAILS
	显示有关完成的打印和发布作业的信息。
803	VIEWPROJ
	从现有的模型文档工程视图创建一个或多个投影视图。
804	VIEWRES
	如果关闭硬件加速，可设置当前视口中对象的分辨率。
805	VIEWSECTIONSTYLE
	创建和修改截面视图样式。
806	VIEWSECTION
	创建在 AutoCAD 或 Autodesk Inventor 中创建的三维模型的截图视图。
807	VIEWSETPROJ
	从 Inventor 模型中指定包含模型文档工程视图的活动项目文件。
808	VIEWSKETCHCLOSE
	退出符号草图模式。
809	VIEWSTD
	为模型文档工程视图定义默认设置。
810	VIEWSYMBOLSKETCH
	打开一个编辑环境，以便将剖切线或详图边界约束到工程视图几何图形。

No	命　令
811	VIEWUPDATE
	更新由于源模型已更改而过期的工程视图。
812	VIEW
	保存和恢复命名模型空间视图、布局视图和预设视图。
813	VISUALSTYLESCLOSE
	关闭视觉样式管理器。
814	VISUALSTYLES
	创建和修改视觉样式，并将视觉样式应用于视口。
815	VLISP
	显示 AutoLISP 开发环境。
816	VPCLIP
	重定义布局视口对象，同时保留其特性。
817	VPLAYER
	设置视口中图层的可见性。
818	VPMAX
	展开当前布局视口以进行编辑。
819	VPMIN
	恢复当前布局视口。
820	VPOINT
	设置图形的三维可视化观察方向。
821	VPORTS
	在模型空间或布局（图纸）空间中创建多个视口。
822	VPSCALE
	在布局中，显示当前视口或选定布局视口的比例。
823	VPSYNC
	将一个或多个相邻布局视口中的视图与主布局视口对齐。
824	VSCURRENT
	设置当前视口的视觉样式。
825	VSLIDE
	在当前视口中显示图像幻灯片文件。

No	命 令
826	VSSAVE
	使用新名称保存当前视觉样式。
827	VTOPTIONS
	将视图中的更改显示为平滑过渡。
	W
828	WALKFLYSETTINGS
	控制漫游和飞行导航设置。
829	WBLOCK
	将选定对象保存到指定的图形文件或将块转换为指定的图形文件。
830	WEBLIGHT
	创建光源灯光强度分布的精确三维表示。
831	WEBLOAD
	从 URL 加载 JavaScript 文件，然后执行包含在该文件中的 JavaScript 代码。
832	WEDGE
	创建三维实体楔体。
833	WHOHAS
	显示关于打开的图形文件的信息。
834	WIPEOUT
	创建区域覆盖对象，并控制是否将区域覆盖框架显示在图形中。
835	WMFIN
	输入 Windows 图元文件。
836	WMFOPTS
	设置 WMFIN 选项。
837	WMFOUT
	将对象保存为 Windows 图元文件。
838	WORKSPACE
	创建、修改和保存工作空间，并将其设定为当前工作空间。
839	WSSAVE
	保存工作空间。

No	命 令
840	WSSETTINGS
	设置工作空间选项。
	X
841	XCLIP
	根据指定边界修剪选定外部参照或块参照的显示。
842	XCOMPARECLOSE
	关闭"外部参照比较"工具栏并结束比较。
843	XCOMPARERCNEXT
	缩放到外部参照比较结果的下一更改集。
844	XCOMPARERCPREV
	缩放到外部参照比较结果的上一更改集。
845	XCOMPARE
	将附着的外部参照与参照图形文件的最新状态相比较，在修订云线内使用颜色亮显差异。
846	XDATA
	将扩展对象数据（xdata）附着到选定对象。
847	XDLIST
	列出附着到对象的扩展数据。
848	XEDGES
	从三维实体、曲面、网格、面域或子对象的边创建线框几何图形。
849	XLINE
	创建无限长的构造线。
850	XLIST
	列出块或外部参照中嵌套对象的类型、块名称、图层名称、颜色和线型。
851	XEDGES
	从三维实体、曲面、网格、面域或子对象的边创建线框几何图形。
852	XLINE
	创建无限长的构造线。
853	XLIST
	列出块或外部参照中嵌套对象的类型、块名称、图层名称、颜色和线型。

No	命 令
854	XOPEN
	在新窗口中打开选定的图形参照。
855	XPLODE
	将复合对象分解为其部件对象，而且生成的对象具有指定的特性。
856	XREF
	启动 EXTERNALREFERENCES 命令。
	Z
857	ZOOM
	增大或减小当前视口中视图的比例。
	3D
858	3DALIGN
	在二维和三维空间中将对象与其他对象对齐。
859	3DARRAY
	创建非关联三维矩形或环形阵列。
860	3DCLIP
	打开"调整剪裁平面"窗口，在其中指定要显示三维模型的哪些部分。
861	3DCORBIT
	在三维空间中连续旋转视图。
862	3DDISTANCE
	启动交互式三维视图并使对象显示得更近或更远。
863	3DDWF
	创建三维模型的三维 DWF 文件或三维 DWFx 文件，并将其显示在 DWF Viewer 中。
864	3DEDITBAR
	重塑样条曲线和 NURBS 曲面，包括其相切特性。
865	3DFACE
	在三维空间中创建三侧面或四侧面的曲面。
866	3DFLY
	交互式地更改图形中的三维视图，以实现在模型中飞行。

No	命 令
867	3DFORBIT
	在三维空间中自由旋转视图。
868	3DMESH
	创建自由形式的多边形网格。
869	3DMOVE
	在三维视图中显示三维移动小控件，以帮助在指定方向上按指定距离移动三维对象。
870	3DORBITCTR
	在三维动态观察视图中设置旋转的特定中心。
871	3DORBIT
	允许使用鼠标在三维空间中旋转、平移和缩放模型，右键单击可显示"查看"选项。
872	3DOSNAP
	设定三维对象的对象捕捉模式。
873	3DPAN
	改变视图而不更改查看方向或比例。
874	3DPOLY
	创建三维多段线。
875	3DPRINTSERVICE
	创建可以发送到三维打印服务的 STL 文件。
876	3DPRINT
	指定三维打印设置，并为三维打印准备图形。
877	3DROTATE
	在三维视图中，显示三维旋转小控件以协助绕基点旋转三维对象。
878	3DSCALE
	在三维视图中，显示三维缩放小控件以协助调整三维对象的大小。
879	3DSIN
	输入 3ds Max（3DS）文件。
880	3DSWIVEL
	在拖动方向上更改视图的目标。

No	命　令
881	3DWALK
	交互式地更改三维视图，实现在模型中漫游。
882	3DZOOM
	在透视视图中放大和缩小。
883	?
	AutoCAD 帮助文件启动。

附录 4

AutoCAD 系统变量一览表

按照字母顺序排列的 AutoCAD 所有系统变量一览表（截至 AutoCAD 2023.1 版本）。

No	系统变量	说　明
	A	
1	ACADLSPASDOC	控制是将 acad.lsp 文件加载到每个图形中，还是仅加载到任务中打开的第一个图形中。
2	ACADPREFIX	列出"选项"对话框中指定的"支持文件搜索"路径。
3	ACADVER	返回产品的版本号。
4	ACTPATH	指定可从其中加载用于回放的动作宏的其他路径。
5	ACTRECORDERSTATE	指定动作录制器的当前状态。
6	ACTRECPATH	指定存储新动作宏的路径。
7	ACTUI	控制录制和回放宏时动作录制器的行为。
8	ADCSTATE	指示"设计中心"窗口处于打开状态还是关闭状态。
9	AFLAGS	设置属性选项。
10	ANGBASE	将相对于当前 UCS 的基准角设定为 0（零）。
11	ANGDIR	设置正角度的方向。
12	ANNOALLVISIBLE	隐藏或显示不支持当前注释比例的注释性对象。
13	ANNOAUTOSCALE	更改注释比例时，将更新注释性对象。
14	ANNOMONITOR	打开或关闭注释监视器。当注释监视器打开时，所有非关联标注和引线上会显示黄色警告标记。
15	ANNOSCALEZOOM	确定图纸空间视口中的鼠标滚轮缩放是由特定缩放比例控制还是独立于视口比例（传统行为）。
16	ANNOTATIVEDWG	指定图形插入其他图形时是否表现为注释性块。
17	APBOX	打开或关闭自动捕捉靶框的显示。

No	系统变量	说　明
18	APERTURE	控制对象目标框的大小。
19	APPAUTOLOAD	控制何时加载插件应用程序。
20	APPLYGLOBALOPACITIES	将透明度设置应用到所有选项板。
21	APSTATE	指示块编辑器中的"块编写选项板"窗口处于打开还是关闭状态。
22	AREA	记忆由 AREA 命令计算的最后一个面积。
23	ARRAYASSOCIATIVITY	设置要成为关联或非关联的新阵列的默认行为。
24	ARRAYEDITSTATE	指示图形是否处于阵列编辑状态，该状态在编辑关联阵列的源对象时会被激活。
25	ARRAYTYPE	指定默认的阵列类型。
26	ATTDIA	控制 INSERT 命令是否使用对话框来输入属性值。
27	ATTIPE	控制修改多行属性时随在位编辑器一起显示的文字格式工具栏。
28	ATTMODE	控制属性的显示。
29	ATTMULTI	控制是否可创建多行文字属性。
30	ATTREQ	在插入块过程中控制 INSERT 是否使用默认属性设置。
31	AUDITCTL	控制 AUDIT 命令是否创建核查报告（ADT）文件。
32	AUNITS	设定角度单位。
33	AUPREC	设定角度单位和坐标的显示精度。
34	AUTODWFPUBLISH	控制保存或关闭图形（DWG）文件时是否自动创建 DWF（Web 图形格式）文件。
35	AUTOMATICPUB	控制保存或关闭图形（DWG）文件时是否自动创建电子文件（DWF/PDF）。
36	AUTOSNAP	控制自动捕捉标记、工具提示和磁吸的显示方式。
	B	
37	BACKGROUNDPLOT	控制是否开启后台打印。
38	BACKZ	设置以图形单位存储当前视口后向剪裁平面到目标平面的偏移值。
39	BACTIONBARMODE	指示块编辑器中是否显示动作栏或传统动作对象。
40	BACTIONCOLOR	设置块编辑器中动作的文字颜色。
41	BCONSTATUSMODE	打开或关闭约束显示状态，基于约束级别控制对象着色。
42	BDEPENDENCYHIGHLIGHT	控制在块编辑器中选定参数、动作或夹点时是否亮显相应的依赖对象。

No	系统变量	说　明
43	BGCOREPUBLISH	控制后台发布是使用单核还是多核。
44	BGRIPOBJCOLOR	设置块编辑器中夹点的颜色。
45	BGRIPOBJSIZE	设置块编辑器中相对于屏幕显示的自定义夹点的尺寸。
46	BINDTYPE	对外部参照中的"命名对象"执行绑定或在位编辑时，指定要应用于外部参照中"命名对象"的默认命名行为或控制该命名行为。
47	BLOCKCREATEMODE	在使用 BLOCK 和 -BLOCK 命令创建块后，设置选定对象的行为，如对象将被删除、保留或替换为块的实例。
48	BLOCKEDITLOCK	禁止打开块编辑器以及编辑动态块定义。
49	BLOCKEDITOR	指示块编辑器是否处于打开状态。
50	BLOCKMRULIST	控制在"块"选项板的"最近使用"选项卡中显示的最近使用块的数量。
51	BLOCKNAVIGATE	控制"块"选项板的"库"选项卡中显示的文件夹、文件和块。
52	BLOCKREDEFINEMODE	控制从"块"选项板插入名称与现有块定义相同的块时，是否显示对话框或在命令行进行提示。
53	BLOCKSRECENTFOLDER	设置存储最近插入或创建的块的路径。
54	BLOCKSTATE	报告"块"选项板处于打开状态还是关闭状态。
55	BLOCKSYNCFOLDER	设置存储最近使用块和收藏块的路径。
56	BLOCKTESTWINDOW	指示某个测试块窗口是否为当前窗口。
57	BPARAMETERCOLOR	设置块编辑器中参数的颜色。
58	BPARAMETERFONT	设置块编辑器中的参数和动作所用的字体。
59	BPARAMETERSIZE	设置块编辑器中相对于屏幕显示的参数文字和部件的尺寸。
60	BPTEXTHORIZONTAL	强制块编辑器中为动作参数和约束参数显示的文字以水平方式显示。
61	BTMARKDISPLAY	控制是否为动态块参照显示数值集标记。
62	BVMODE	控制当前可见性状态下可见的对象在块编辑器中的显示方式。
	C	
63	CACHEMAXFILES	设置可以保留在产品图形缓存中的图形文件条目数量上限。
64	CACHEMAXTOTALSIZE	针对产品图形缓存中的所有图形文件条目以兆字节（Mbs）设置上限。
65	CALCINPUT	控制是否计算文字中以及窗口和对话框的数字输入框中的数学表达式和全局常量。
66	CAMERADISPLAY	打开或关闭相机对象的显示。

No	系统变量	说　明
67	CAMERAHEIGHT	为新相机对象指定默认高度。
68	CANNOSCALEVALUE	显示当前注释比例。
69	CANNOSCALE	为当前空间设置当前注释比例的名称。
70	CAPTURETHUMBNAILS	指定是否及何时为回放工具捕捉缩略图。
71	CBARTRANSPARENCY	控制约束栏的透明度。
72	CCONSTRAINTFORM	控制是将注释性约束还是动态约束应用于对象。
73	CDATE	以编码的小数格式存储当前的日期和时间。
74	CECOLOR	在创建新对象时设置它们的颜色。
75	CELTSCALE	设置当前对象的线型比例缩放因子。
76	CELTYPE	设置新对象的线型。
77	CELWEIGHT	设置新对象的线宽。
78	CENTERCROSSGAP	确定中心标记与其中心线之前的间隙。
79	CENTERCROSSSIZE	确定关联中心标记的尺寸。
80	CENTEREXE	控制中心线延伸的长度。
81	CENTERLAYER	为新中心标记或中心线指定默认图层。
82	CENTERLTSCALE	设置中心标记和中心线所使用的线型比例。
83	CENTERLTYPEFILE	指定用于创建中心标记和中心线的已加载的线型库文件。
84	CENTERLTYPE	指定中心标记和中心线所使用的线型。
85	CENTERMARKEXE	确定中心线是否会自动从新的中心标记延伸。
86	CENTERMT	控制通过夹点拉伸多行水平居中文字的方式。
87	CETRANSPARENCY	设定新对象的透明度级别。
88	CGEOCS	存储指定给图形文件的 GIS 坐标系的名称。
89	CHAMFERA	当 CHAMMODE 设定为 0 时，设置第一个倒角距离。
90	CHAMFERB	当 CHAMMODE 设定为 0 时，设置第二个倒角距离。
91	CHAMFERC	当 CHAMMODE 设定为 1 时，设置倒角长度。
92	CHAMFERD	当 CHAMMODE 设定为 1 时，设置倒角角度。
93	CHAMMODE	设置 CHAMFER 的输入方法。
94	CIRCLERAD	设置默认的圆半径。
95	CLAYER	设置当前图层。

No	系统变量	说　明
96	CLAYOUT	设置当前布局。
97	CLEANSCREENSTATE	指示全屏显示状态是处于打开状态还是处于关闭状态。
98	CLIPROMPTLINES	设置在命令行窗口上方显示单个命令的临时提示行数。
99	CLIPROMPTUPDATE	控制命令行是否显示执行 AutoLISP 或脚本文件时生成的消息和提示。
100	CLISTATE	指示命令行处于打开状态还是关闭状态。
101	CLOUDCOLLABMODIFIEDOPTION	控制文档（DWG 和 DWT 文件）在 AutoCAD 中关闭后何时在 BIM 360 中解锁。
102	CMATERIAL	设置新对象的材质。
103	CMDACTIVE	指示处于激活状态的是普通命令、透明命令、脚本还是对话框。
104	CMDDIA	控制执行 DIMEDIT 和 QLEADER 命令时在位文字编辑器的显示，以及基于 AutoCAD 的产品中某些对话框的显示。
105	CMDECHO	控制在 AutoLISP 命令函数运行时是否回显提示和输入。
106	CMDINPUTHISTORYMAX	设定命令提示中存储的历史输入值的最大数量。
107	CMDNAMES	显示活动命令和透明命令的名称。
108	CMFADECOLOR	控制附加到模型上的黑色混合程度。
109	CMFADEOPACITY	通过透明度控制附加模型变暗的程度。
110	CMLEADERSTYLE	设置当前多重引线样式的名称。
111	CMLJUST	指定多行对正。
112	CMLSCALE	控制多行的全局宽度。
113	CMLSTYLE	设置用于控制多行外观的多行样式。
114	CMOSNAP	决定是否为附着至图形的协调模型中的几何图形激活对象捕捉。
115	COLORTHEME	将功能区、选项板和若干其他界面元素的颜色主题设置为深色或浅色。
116	COMMANDMACROSSTATE	指示"命令宏"选项板是处于打开状态还是关闭状态。
117	COMMANDPREVIEW	控制是否显示特定命令的可能结果预览。
118	COMPARECOLOR1	设置比较结果图形文件中仅在第一个图形中存在的对象的颜色。
119	COMPARECOLOR2	设置比较结果图形文件中仅在第二个图形中存在的对象的颜色。
120	COMPARECOLORCOMMON	设置进行比较的两个图形中相同对象的颜色。

No	系统变量	说　明
121	COMPAREFRONT	控制比较图形中重叠对象的默认显示次序。
122	COMPAREHATCH	控制是否在图形比较中包含图案填充对象。
123	COMPAREPROPS	控制是否将对象特性的更改也包含在图形比较中。
124	COMPARERCMARGIN	指定比较结果图形中更改集边界与矩形 / 多边形修订云线之间的偏移距离。
125	COMPARERCSHAPE	控制是否在比较结果图形中将附近的单个更改合并为一个较大的矩形或一系列较小的矩形。
126	COMPARESHOW1	显示仅在第一个图形中存在的对象。
127	COMPARESHOW2	显示仅在第二个图形中存在的对象。
128	COMPARESHOWCOMMON	显示进行比较的两个图形中相同的对象。
129	COMPARESHOWCONTEXT	控制外部参照比较中未使用对象的可见性。
130	COMPARESHOWRC	控制比较图形中差异（更改集）周围修订云线的显示。
131	COMPARETEXT	控制是否在图形比较中包含文字对象。
132	COMPARETOLERANCE	比较两个图形文件时，指定使用的公差。如果对象低于或等于指定的小数点值，则认为它们是相同的。
133	COMPASS	控制三维指南针在当前视口中打开还是关闭。
134	COMPLEXLTPREVIEW	控制是否在交互式操作期间显示复杂线型的预览。
135	CONSTRAINTBARDISPLAY	控制在应用几何约束的时候，是自动隐藏约束栏还是显示约束栏。
136	CONSTRAINTBARMODE	控制约束栏上几何约束的显示。
137	CONSTRAINTINFER	控制在绘制和编辑图形时是否自动添加几何约束。
138	CONSTRAINTNAMEFORMAT	控制标注约束的文字格式。
139	CONSTRAINTSOLVEMODE	控制应用或编辑约束时的约束行为。
140	COORDS	控制状态栏上的光标位置是连续进行更新还是仅在特定时间更新，它也控制坐标的显示格式。
141	COPYMODE	控制是否自动重复 COPY 命令。
142	COUNTCHECK	控制在计数时要检查的错误类型。
143	COUNTCOLOR	设置计数中对象的亮显颜色。
144	COUNTERRORCOLOR	对在计数中可能造成潜在错误的对象设置亮显颜色。
145	COUNTERRORNUM	显示当前计数中的错误数量。
146	COUNTNUMBER	显示当前计数的数量。

No	系统变量	说　明
147	COUNTPALETTESTATE	报告"计数"选项板处于打开状态还是关闭状态。
148	COUNTSERVICE	控制计数的后台索引。
149	CPLOTSTYLE	控制新对象的当前打印样式。
150	CPROFILE	显示当前配置的名称。
151	CROSSINGAREACOLOR	控制窗交选择时选择区域的颜色。
152	CTABLESTYLE	设置当前表格样式的名称。
153	CTAB	确定绘图区域显示"模型"选项卡还是指定的布局选项卡。
154	CULLINGOBJSELECTION	控制是否可以亮显或选择视图中隐藏的三维对象。
155	CULLINGOBJ	控制是否可以亮显或选择视图中隐藏的三维子对象。
156	CURSORBADGE	确定某些光标是否显示在绘图区域中。
157	CURSORSIZE	按屏幕大小的百分比确定十字光标的大小。
158	CURSORTYPE	确定定点设备显示的光标。
159	CVIEWDETAILSTYLE	设置当前局部视图样式的名称。当前局部视图样式可控制创建的所有新模型文档局部视图、详图边界和引线的外观。
160	CVIEWSECTIONSTYLE	设置当前截面视图样式的名称。当前截面视图样式可控制创建的所有新模型文档截面视图和剖切线的外观。
161	CVPORT	显示当前视口的标识码。
	D	
162	DATALINKNOTIFY	控制关于已更新数据链接或缺少数据链接的通知。
163	DATE	以 UTI 日期格式来记忆当前的日期和时间。
164	DBCSTATE	指示数据库连接管理器处于打开状态还是关闭状态。
165	DBLCLKEDIT	控制绘图区域中的双击编辑操作。
166	DBMOD	指示图形的修改状态。
167	DCTCUST	显示当前自定义拼写词典的路径和文件名。
168	DCTMAIN	显示当前主拼写词典的三字母关键字。
169	DEFAULTGIZMO	选择子对象过程中，将三维移动小控件、三维旋转小控件或三维缩放小控件设定为默认小控件。
170	DEFAULTLIGHTINGTYPE	指定默认光源的类型（原有类型或新的类型）。
171	DEFAULTLIGHTING	打开或关闭代替其他光源的默认光源。

No	系统变量	说　明
172	DEFLPLSTYLE	指定在 AutoCAD 2000 之前的版本中创建的图形时，图形中所有图层的默认打印样式；或指定在不使用图形模板创建新图形时，图层 0 的默认打印样式。
173	DEFPLSTYLE	指定在 AutoCAD 2000 之前的版本中创建的图形或不使用图形模板创建新图形时，图形中新对象的默认打印样式。
174	DELOBJ	控制保留还是删除用于创建其他对象的几何图形。
175	DEMANDLOAD	指定是否以及何时按需加载某些应用程序。
176	DGNFRAME	确定 DGN 参考底图边框在当前图形中是否可见或是否打印。
177	DGNIMPORTMAX	设置输入 DGN 文件时转换元素的最大数目。
178	DGNIMPORTMODE	控制 DGNIMPORT 命令的默认行为。
179	DGNMAPPINGPATH	指定用于存储 DGN 映射设置的 dgnsetups.ini 文件的位置。
180	DGNOSNAP	确定是否为附着在图形中的 DGN 参考底图中的几何图形激活对象捕捉。
181	DIASTAT	存储最近使用的对话框的退出方式。
182	DIGITIZER	标识连接到系统的数字化仪。
183	DIMADEC	控制角度标注中显示的小数位数。
184	DIMALTD	控制换算单位中的小数位数。
185	DIMALTF	控制单位换算时使用的倍数值，比如将英寸转换为毫米时使用 25.4 倍。
186	DIMALTRND	舍入换算标注单位。
187	DIMALTTD	设置换算标注单位中公差值的小数位数。
188	DIMALTTZ	控制公差值的消零处理。
189	DIMALTU	为所有标注子样式（角度标注除外）的换算单位设定格式。
190	DIMALTZ	控制换算单位标注值的消零处理。
191	DIMALT	控制标注中换算单位的显示。
192	DIMANNO	指示当前标注样式是否为注释性样式。
193	DIMAPOST	指定用于所有标注类型（角度标注除外）的换算标注测量值的文字前缀或后缀（或两者都指定）。
194	DIMARCSYM	控制弧长标注中圆弧符号的显示。
195	DIMASSOC	控制标注对象的关联性以及是否分解标注。
196	DIMASZ	控制尺寸线和引线箭头的大小，并控制基线的大小。
197	DIMATFIT	尺寸界线内的空间不足以同时放下标注文字和箭头时，此系统变量将确定两者的排列方式。

No	系统变量	说　明
198	DIMAUNIT	为角度标注设定单位格式。
199	DIMAZIN	对角度标注进行消零处理。
200	DIMBLK1	为尺寸线的第一个端点设置箭头（当 DIMSAH 处于打开状态时）。
201	DIMBLK2	为尺寸线的第二个端点设置箭头（当 DIMSAH 处于打开状态时）。
202	DIMBLK	设置尺寸线末端显示的箭头块。
203	DIMCEN	控制通过 DIMCENTER、DIMDIAMETER 和 DIMRADIUS 命令绘制的圆或圆弧的圆心标记和中心线。
204	DIMCLRD	为尺寸线、箭头和标注引线指定颜色。
205	DIMCLRE	为尺寸界线、圆心标记和中心线指定颜色。
206	DIMCLRT	为标注文字指定颜色。
207	DIMCONSTRAINTICON	控制标注约束的锁定图标的显示。
208	DIMCONTINUEMODE	确定连续标注或基线标注的标注样式和图层是否继承自正在连续使用的标注。
209	DIMDEC	设置标注主单位中显示的小数位数。
210	DIMDLE	当使用小斜线代替箭头进行标注时，设置尺寸线超出尺寸界线的距离。
211	DIMDLI	控制基线标注中尺寸线的间距。
212	DIMDSEP	指定创建单位格式为小数的标注时要使用的单字符小数分隔符。
213	DIMEXE	指定尺寸界线超出尺寸线的距离。
214	DIMEXO	指定尺寸界线偏离原点的距离。
215	DIMFRAC	设置分数格式（当 DIMLUNIT 设定为 4 [建筑] 或 5 [分数] 时）。
216	DIMFXLON	控制是否将尺寸界线设定为固定长度。
217	DIMFXL	设置起始于尺寸线，直至标注原点的尺寸界线总长度。
218	DIMGAP	设置打断尺寸线以符合标注文字时，标注文字周围的边距。
219	DIMJOGANG	指定折弯半径标注中，尺寸线的横向线段的角度。
220	DIMJUST	控制标注文字的水平位置。
221	DIMLAYER	为新标注指定默认图层。
222	DIMLDRBLK	指定引线箭头的类型。

No	系统变量	说　明
223	DIMLFAC	为线性标注测量值设置比例因子。
224	DIMLIM	生成标注界限作为默认文字。
225	DIMLTEX1	设置第一条尺寸界线的线型。
226	DIMLTEX2	设置第二条尺寸界线的线型。
227	DIMLTYPE	设置尺寸线的线型。
228	DIMLUNIT	为所有标注类型（角度标注除外）设置单位。
229	DIMLWD	为尺寸线指定线宽。
230	DIMLWE	为尺寸界线指定线宽。
231	DIMPICKBOX	在 DIM 命令中设置对象选择目标高度（以像素为单位）。
232	DIMPOST	为标注测量值指定文字前缀或后缀（或两者）。
233	DIMRND	将所有标注的距离值四舍五入到指定的数值。
234	DIMSAH	控制尺寸线箭头块的显示。
235	DIMSCALE	设置应用于标注变量（用于指定尺寸、距离或偏移量）的全局比例因子。
236	DIMSD1	控制是否隐去第一条尺寸线和箭头。
237	DIMSD2	控制是否隐去第二条尺寸线和箭头。
238	DIMSE1	控制是否隐去第一条尺寸界线。
239	DIMSE2	控制是否隐去第二条尺寸界线。
240	DIMSOXD	如果尺寸界线内没有足够的空间，则隐去箭头。
241	DIMSTYLE	显示图形中的标注使用的单位类型（英制 / 标准或 iso-25/ 公制）。
242	DIMTAD	控制文字相对于尺寸线的垂直位置。
243	DIMTDEC	设置标注主单位的公差值中显示的小数位数。
244	DIMTFAC	与通过 DIMTXT 系统变量设置一样，指定分数和公差值的文字高度相对于标注文字高度的比例因子。
245	DIMTFILLCLR	为标注中的文字背景设置颜色。
246	DIMTFILL	控制标注文字的背景。
247	DIMTIH	控制所有标注类型（坐标标注除外）的标注文字在尺寸界线内的位置。
248	DIMTIX	在尺寸界线之间绘制文字。
249	DIMTMOVE	设置标注文字的移动规则。

No	系统变量	说　明
250	DIMTM	为标注文字设置最小（即最低）公差限制（当 DIMTOL 或 DIMLIM 设定为开时）。
251	DIMTOFL	控制是否在尺寸界线之间绘制尺寸线（即使标注文字被放置在尺寸界线之外）。
252	DIMTOH	控制标注文字在尺寸界线外的位置。
253	DIMTOLJ	设置公差值相对于表面标注文字的垂直对正方式。
254	DIMTOL	将公差附在标注文字中。
255	DIMTP	为标注文字设置最大（即最高）公差限制（当 DIMTOL 或 DIMLIM 设定为开时）。
256	DIMTSZ	指定线性标注、半径标注以及直径标注中绘制的代替箭头的小斜线的尺寸。
257	DIMTVP	控制标注文字在尺寸线上方或下方的垂直位置。
258	DIMTXSTY	指定标注文字的样式。
259	DIMTXTDIRECTION	指定标注文字的阅读方向。
260	DIMTXTRULER	在编辑标注文字时，控制标尺的显示。
261	DIMTXT	指定标注文字的高度（除非当前文字样式具有固定的高度）。
262	DIMTZIN	控制对公差值的消零处理。
263	DIMUPT	控制用户定位文字的选项。
264	DIMZIN	控制针对主单位值的消零处理。
265	DISPSILHBLOCKS	控制块中三维实体轮廓在二维线框视觉样式中的显示。
266	DISPSILH	控制三维实体对象和曲面对象轮廓边在线框或二维线框视觉样式中的显示。
267	DISTANCE	存储 DIST 命令计算出的距离。
268	DIVMESHBOXHEIGHT	为网格长方体沿 Z 轴的高度设置细分数目。
269	DIVMESHBOXLENGTH	为网格长方体沿 X 轴的长度设置细分数目。
270	DIVMESHBOXWIDTH	为网格长方体沿 Y 轴的宽度设置细分数目。
271	DIVMESHCONEAXIS	设置绕网格圆锥体底面周长的细分数目。
272	DIVMESHCONEBASE	设置网格圆锥体底面圆周与圆心之间的细分数目。
273	DIVMESHCONEHEIGHT	设置网格圆锥体底面与顶点之间的细分数目。
274	DIVMESHCYLAXIS	设置绕网格圆柱体底面圆周的细分数目。
275	DIVMESHCYLBASE	设置从网格圆柱体底面圆心到其圆周的半径细分数目。

No	系统变量	说　明
276	DIVMESHCYLHEIGHT	设置网格圆柱体的底面与顶面之间的细分数目。
277	DIVMESHPYRBASE	设置网格棱锥体底面圆心与其圆周之间的半径细分数目。
278	DIVMESHPYRHEIGHT	设置网格棱锥体的底面与顶面之间的细分数目。
279	DIVMESHPYRLENGTH	设置沿网格棱锥体底面每个标注的细分数目。
280	DIVMESHSPHEREAXIS	设置网格球体两个轴端点的半径细分数目。初始值为 12。
281	DIVMESHSPHEREHEIGHT	设置网格球体两个轴端点之间的细分数目。
282	DIVMESHTORUSPATH	设置由网格圆环体轮廓扫掠的路径的细分数目。
283	DIVMESHTORUSSECTION	设置扫掠网格圆环体路径的轮廓中的细分数目。
284	DIVMESHWEDGEBASE	设置网格楔体的周长中点与三角形标注之间的细分数目。
285	DIVMESHWEDGEHEIGHT	为网格楔体沿 Z 轴的高度设置细分数目。
286	DIVMESHWEDGELENGTH	设置网格楔体沿 X 轴的长度细分数目。
287	DIVMESHWEDGESLOPE	设置从楔体顶点到底面的边之间斜度的细分数目。
288	DIVMESHWEDGEWIDTH	设置网格楔体沿 Y 轴的宽度细分数目。
289	DONUTID	设置圆环的默认内径。
290	DONUTOD	设置圆环的默认外径。
291	DRAGMODE	控制拖动对象的显示方式。
292	DRAGP1	当使用硬件加速时，控制从鼠标检查新输入样例之前，当用户拖动二维视口中的对象时，系统将绘制多少矢量。
293	DRAGP2	当使用软件加速时，控制从鼠标检查新输入样例之前，当用户拖动二维视口中的对象时，系统将绘制多少矢量。
294	DRAGVS	设置在创建三维实体、网格图元，以及拉伸实体、曲面和网格时显示的视觉样式。
295	DRAWORDERCTL	控制创建或编辑重叠对象时这些对象的默认显示行为。
296	DRSTATE	指示"图形修复管理器"窗口处于打开状态还是关闭状态。
297	DTEXTED	指定编辑单行文字时显示的用户界面。
298	DWFFRAME	指定 DWF 或 DWFx 参考底图边框在当前图形中是否可见或是否打印。
299	DWFOSNAP	指定是否为附加到图形的 DWF 或 DWFx 参考底图中的几何图形激活对象捕捉。
300	DWGCHECK	打开图形时检查图形中是否存在潜在问题。
301	DWGCODEPAGE	与 SYSCODEPAGE 系统变量存储相同的值（由于兼容性）。

No	系统变量	说　明
302	DWGHISTORYSTATE	报告"图形历史"选项板处于打开还是关闭状态。
303	DWGNAME	存储当前图形的名称。
304	DWGPREFIX	存储当前图形的驱动器和文件夹路径。
305	DWGTITLED	指示当前图形是否已命名。
306	DXEVAL	控制数据提取处理表何时与数据源相比较，如果数据不是当前数据，则显示更新通知。
307	DYNCONSTRAINTMODE	选定受约束的对象时显示隐藏的标注约束。
308	DYNDIGRIP	控制在夹点拉伸编辑期间显示哪些动态标注。
309	DYNDIVIS	控制在夹点拉伸编辑期间显示的动态标注数量。
310	DYNINFOTIPS	控制在使用夹点进行编辑时是否显示使用 Shift 键和 Ctrl 键的提示。
311	DYNMODE	打开或关闭动态输入功能。
312	DYNPICOORDS	控制指针输入是使用相对坐标格式，还是使用绝对坐标格式。
313	DYNPIFORMAT	控制指针输入是使用极轴坐标格式，还是使用笛卡儿坐标格式。
314	DYNPIVIS	控制何时显示指针输入。
315	DYNPROMPT	控制"动态输入"工具中提示的显示。
316	DYNTOOLTIPS	控制动态输入提示是否显示所有的工具提示。
	E	
317	EDGEMODE	控制 TRIM 和 EXTEND 命令确定边界的边和剪切边的方式。
318	ELEVATION	存储新对象相对于当前 UCS 的标高。
319	ENABLEDSTLOCK	控制从 BIM 360 打开图纸集（DST）文件后是否自动锁定该文件。
320	ENTERPRISEMENU	存储企业自定义文件名（如果已定义），其中包括文件路径。
321	ERHIGHLIGHT	控制在"外部参照"选项板或图形窗口中选择参照的对应内容时，是亮显参照名还是参照对象。
322	ERRNO	AutoLISP 函数调用导致 AutoCAD 检测到错误时，显示相应错误代码的编号。
323	ERSTATE	指示"外部参照"选项板处于打开状态还是关闭状态。
324	EXPERT	控制是否显示某些特定提示。
325	EXPLMODE	控制 EXPLODE 命令是否支持按非统一比例缩放（NUS）的块。

No	系统变量	说　明
326	EXPORTEPLOTFORMAT	设置功能区上显示的默认电子文件输出格式为 PDF、DWF 或 DWFx。
327	EXPORTMODELSPACE	指定要将图形中的哪些内容从模型空间中输出为 DWF、DWFx 或 PDF 文件。
328	EXPORTPAGESETUP	指定是否按照当前页面设置输出为 DWF、DWFx 或 PDF 文件。
329	EXPORTPAPERSPACE	指定要将图形中的哪些内容从图纸空间中输出为 DWF、DWFx 或 PDF 文件。
330	EXPVALUE	指定渲染期间要应用的曝光值。
331	EXPWHITEBALANCE	指定渲染期间要应用的开尔文颜色温度（白平衡）。
332	EXTMAX	存储图形范围右上角点的值。
333	EXTMIN	存储图形范围左下角点的值。
334	EXTNAMES	控制图块、标注样式、图层以及其他物件名称所能使用的文字。
	F	
335	FACETERDEVNORMAL	设置曲面法线与相邻网格面之间的最大角度。
336	FACETERDEVSURFACE	设置经转换的网格对象与实体或曲面的原始形状的相近程度。
337	FACETERGRIDRATIO	为转换为网格的实体和曲面创建的网格细分设置最大宽高比。
338	FACETERMAXEDGELENGTH	为通过从实体和曲面转换创建的网格对象设置边的最大长度。
339	FACETERMAXGRID	设置内部参数，它会在使用 MESHSMOOTH 命令将对象转换为网格对象时，影响 U 和 V 栅格线的最大数量。
340	FACETERMESHTYPE	设置要创建的网格类型。
341	FACETERMINUGRID	设置内部参数，它会在使用 MESHSMOOTH 命令将对象转换为网格对象时，影响 U 栅格线的最小数量。
342	FACETERMINVGRID	设置内部参数，它会在使用 MESHSMOOTH 命令将对象转换为网格对象时，影响 V 栅格线的最小数量。
343	FACETERPRIMITIVEMODE	指定转换为网格对象的平滑度设置是来自"网格镶嵌选项"对话框还是来自"网格图元选项"对话框。
344	FACETERSMOOTHLEV	设置转换为网格的对象的默认平滑度。
345	FACETRATIO	控制圆柱和圆锥实体镶嵌面的宽高比。
346	FACETRES	调整着色和渲染对象、渲染阴影以及删除了隐藏线的对象的平滑度。
347	FASTSHADEDMODE	指定新的跨平台三维图形系统是处于打开状态还是关闭状态。

No	系统变量	说 明
348	FIELDDISPLAY	控制字段显示时是否带有灰色背景。
349	FIELDEVAL	控制字段的更新方式。
350	FILEDIA	不显示"文件导航"对话框。
351	FILETABPREVIEW	控制将光标悬停在图形文件选项卡上方时的预览类型。
352	FILETABSTATE	指示位于绘图区域顶部的文件选项卡的显示状态。
353	FILETABTHUMBHOVER	指定将光标悬停在文件选项卡缩略图上时，是否在图形窗口中加载相应的模型或布局。
354	FILLETPOLYARC	确定多段线（包括当前圆弧或旧圆弧）的圆角行为。
355	FILLETRAD3D	存储三维对象的当前圆角半径。
356	FILLETRAD	存储二维对象的当前圆角半径。
357	FILLMODE	指定是否填充图案、二维实体以及宽多段线。
358	FONTALT	指定找不到指定的字体文件时要使用的替换字体。
359	FONTMAP	指定要用于替换字体的字体映射文件。
360	FRAMESELECTION	控制是否可以选择图像、参考底图、剪裁外部参照或区域覆盖对象的隐藏边框。
361	FRAME	控制所有图像、贴图图像、参考底图、剪裁外部参照和区域覆盖对象的边框的显示。
362	FRONTZ	记忆当前视口，从目标的平面到裁剪平面的偏移距离。默认值为 0.0000。
363	FULLOPEN	指示当前图形是否局部打开。
364	FULLPLOTPATH	控制是否将图形文件的完整路径发送到后台打印。
	G	
365	GALLERYVIEW	控制功能区下拉库中的预览类型。
366	GEOLATLONGFORMAT	控制"地理位置"对话框和状态栏中纬度值及经度值的格式。
367	GEOLOCATEMODE	指示位置追踪是处于打开状态还是关闭状态。
368	GEOMAPMODE	控制用于当前视口联机地图的样式。
369	GEOMARKERVISIBILITY	控制地理标记的可见性。
370	GEOMARKPOSITIONSIZE	指定在创建位置标记时，用于点对象和多行文字对象的比例因子。
371	GFANG	指定渐变填充的角度。
372	GFCLR1	指定单色渐变填充的颜色或双色渐变填充的第一种颜色。
373	GFCLR2	指定双色渐变填充的第二种颜色。

No	系统变量	说　明
374	GFCLRLUM	控制单色渐变填充中的明级别或暗级别。
375	GFCLRSTATE	指定渐变填充是使用单色还是使用双色。
376	GFNAME	指定渐变填充的图案。
377	GFSHIFT	指定渐变填充中的图案是居中，还是向上和向左偏移。
378	GLOBALOPACITY	控制所有选项板的透明度级别。
379	GRIDDISPLAY	用来控制在绘图时栅格的显示方式和显示范围。
380	GRIDMAJOR	用来设置每隔多少个普通的栅格线会显示一个明显的主栅格线。
381	GRIDMODE	指定栅格处于打开状态还是关闭状态。
382	GRIDSTYLE	控制是将栅格显示为点还是显示为线。
383	GRIDUNIT	指定当前视口的栅格间距（X 和 Y 方向）。
384	GRIPBLOCK	控制块中夹点的显示。
385	GRIPCOLOR	控制未选定夹点的颜色。
386	GRIPCONTOUR	控制夹点轮廓的颜色。
387	GRIPDYNCOLOR	控制动态块中自定义夹点的颜色。
388	GRIPHOT	控制选定夹点的颜色。
389	GRIPHOVER	控制光标暂停在未选定夹点上时该夹点的填充颜色。
390	GRIPMULTIFUNCTIONAL	指定多功能夹点选项的访问方法。
391	GRIPOBJLIMIT	指定选择集包括的对象多于指定数量时，不显示夹点。
392	GRIPSIZE	设置夹点框的尺寸（以设备独立像素为单位）。
393	GRIPSUBOBJMODE	控制在选定子对象时是否自动使夹点成为活动夹点。
394	GRIPS	控制夹点在选定对象上的显示。
395	GRIPTIPS	控制当光标悬停在支持夹点提示的动态块和自定义对象的夹点上时，夹点提示的显示。
396	GROUPDISPLAYMODE	控制在组选择打开并且选定组中的对象时如何显示夹点。
397	GTAUTO	控制在具有三维视觉样式的视口中启动命令之前选择对象时，是否自动显示三维小控件。
398	GTDEFAULT	控制在具有三维视觉样式的视口中启动 MOVE、ROTATE 或 SCALE 命令时，是自动启动三维移动操作、三维旋转操作，还是三维缩放操作。

No	系统变量	说　明
399	GTLOCATION	控制在具有三维视觉样式的视口中启动命令之前选择对象时，三维移动小控件、三维旋转小控件或三维缩放小控件的初始位置。
	H	
400	HALOGAP	指定一个对象被另一个对象遮挡时显示的间隙。
401	HANDLES	报告应用程序是否可以访问对象句柄。
402	HELPPREFIX	设定帮助系统的文件路径。
403	HIDETEXT	指定执行 HIDE 命令时是否处理由 TEXT 或 MTEXT 命令创建的文字对象。
404	HIGHLIGHT	控制对象的亮显，它不影响使用夹点选定的对象。
405	HPANG	设置新填充图案的默认角度。
406	HPANNOTATIVE	控制新填充图案是否为注释性。
407	HPASSOC	控制图案填充和填充是否为注释性。
408	HPBACKGROUNDCOLOR	为当前图形中的新填充图案设置默认背景颜色。
409	HPBOUNDRETAIN	控制是否为新图案填充和填充创建边界对象。
410	HPBOUND	控制由 HATCH 和 BOUNDARY 创建的对象类型。
411	HPCOLOR	设置当前图形中新图案填充的默认颜色。
412	HPDLGMODE	控制"图案填充和渐变色"对话框以及"图案填充编辑"对话框的显示。
413	HPDOUBLE	控制是否对自定义的图案进行翻倍填充。
414	HPDRAWORDER	控制新添加的填充图案是绘制在当前图形的前面还是背面。
415	HPGAPTOL	控制在填充图案时，一个几乎闭合的边界的间隙大小，只要间隙不超过设定的值，仍可以执行图案填充。
416	HPINHERIT	控制在当前图形中使用 HATCH 和 HATCHEDIT 中的"继承特性"选项时是否继承图案填充原点。
417	HPISLANDDETECTIONMODE	控制是否检测新图案填充和填充内的孤岛。
418	HPISLANDDETECTION	控制如何处理新图案填充边界中的孤岛。
419	HPLAYER	指定当前图形中新图案填充和填充的默认图层。
420	HPLINETYPE	控制非连续性线型在填充图案中的显示方式。
421	HPMAXAREAS	设置单个图案填充对象可以拥有且仍可以在缩放操作过程中自动切换实体和图案填充的封闭区域的最大数量。
422	HPMAXLINES	设置在图案填充操作中生成的图案填充线的最大数目。

No	系统变量	说　明
423	HPNAME	设置默认的填充图案名称。
424	HPOBJWARNING	设定可以选择的图案填充边界对象的数量（超过此数量将显示警告消息）。
425	HPORIGINMODE	控制默认图案填充原点的确定方式。
426	HPORIGIN	在当前图形中相对于当前用户坐标系为新填充图案设置图案填充原点。
427	HPPICKMODE	控制用于指定图案填充区域的默认方法是在封闭位置中单击，还是选择边界对象。
428	HPQUICKPREVIEW	控制在指定填充区域是否显示填充图案的预览。
429	HPQUICKPREVTIMEOUT	设置预览在自动取消之前生成填充图案预览的最长时间。
430	HPSCALE	设置新填充图案的默认缩放因子。
431	HPSEPARATE	控制在几个闭合边界上进行操作时，是创建单个图案填充对象，还是创建独立的图案填充对象。
432	HPSPACE	为用户定义的新填充图案设置默认行距。
433	HPTRANSPARENCY	设置新创建的图案填充和填充的透明度默认值。
434	HYPERLINKBASE	指定图形中用于所有相对超链接的路径。
	I	
435	IBLENVIRONMENT	启用基于图像的照明并指定当前图像贴图。
436	IMAGEFRAME	控制是否显示和打印图像及贴图图像边框。
437	IMAGEHLT	控制是亮显整个光栅图像还是仅亮显光栅图像边框。
438	IMPLIEDFACE	控制隐含面的检测。
439	INDEXCTL	控制是否创建图层和空间索引并将其保存到图形文件中。
440	INETLOCATION	存储 BROWSER 命令和"浏览 Web"对话框所使用的 Internet 网址。
441	INPUTHISTORYMODE	控制用户输入历史记录的内容和保存位置。
442	INPUTSEARCHDELAY	设置显示命令行建议列表之前要延迟的毫秒数。
443	INSBASE	存储 BASE 命令设置的插入基点，用当前空间的 UCS 坐标表示。
444	INSNAME	为 INSERT 命令设置默认块名。
445	INSUNITSDEFSOURCE	当 INSUNITS 设定为 0 时，设置源内容单位。
446	INSUNITSDEFTARGET	当 INSUNITS 设定为 0 时，设置目标图形单位。
447	INSUNITS	指定插入或附着到图形时，块、图像或外部参照进行自动缩放所使用的图形单位。

No	系统变量	说 明
448	INTELLIGENTUPDATE	控制图形的刷新率。
449	INTERFERECOLOR	为干涉对象设置颜色。
450	INTERFEREOBJVS	为干涉对象设置视觉样式。
451	INTERFEREVPVS	指定检查干涉时视口的视觉样式。
452	INTERSECTIONCOLOR	控制视觉样式设定为"二维线框"时,三维曲面交线处的多段线的颜色。
453	INTERSECTIONDISPLAY	控制当视觉样式设置为"二维线框"以及执行 HIDE 时,三维实体和曲面相交处的显示。
454	ISAVEBAK	控制保存图形文件时是否创建 BAK 文件。
455	ISAVEPERCENT	控制在 DWG 文件中分配的用于增量保存的空间量,这会影响在要求完全保存之前可以执行的快速保存操作数。
456	ISOLINES	指定显示在三维实体曲面上的等高线数量。
	J	
457	JIGZOOMMAX	控制块范围在插入时必须适配的视图标注的最大百分比。
458	JIGZOOMMIN	控制块范围在插入时必须适配的视图标注的最小百分比。
	L	
459	LARGEOBJECTSUPPORT	控制打开和保存图形时大型对象的大小限制。
460	LASTANGLE	存储相对于当前 UCS 的 XY 平面输入的最后一个圆弧、直线或多段线的端点切向的角度。
461	LASTPOINT	存储指定的最后一点,用当前空间的 UCS 坐标表示。
462	LASTPROMPT	存储回显到命令行提示的上一个字符串。
463	LATITUDE	指定地理标记的纬度。
464	LAYERDLGMODE	控制打开传统的还是当前的图层特性管理器。
465	LAYEREVALCTL	控制图层特性管理器中针对新图层计算的"未协调的新图层"过滤器列表。
466	LAYEREVAL	指定将新图层添加至图形或附着的外部参照时,是否计算新图层的图层列表。
467	LAYERFILTERALERT	删除多余的图层过滤器,可提高性能。
468	LAYERMANAGERSTATE	指定图层特性管理器处于打开状态还是关闭状态。
469	LAYERNOTIFY	指定如果找到未协调的新图层,何时显示警告。
470	LAYEROVERRIDEHIGHLIGHT	控制当图层属性被修改时是否会用不同的背景色突出显示。
471	LAYLOCKFADECTL	控制锁定图层上对象的淡入程度。

No	系统变量	说　明
472	LAYOUTCREATEVIEWPORT	控制是否在添加到图形的每个新布局中自动创建视口。
473	LAYOUTREGENCTL	指定"模型"选项卡和"布局"选项卡中显示列表的更新方式。
474	LAYOUTTAB	切换"模型"和"布局"选项卡的可见性。
475	LEGACYCODESEARCH	控制搜索可执行文件是否包括启动程序所在的文件夹。
476	LEGACYCTRLPICK	指定用于循环选择和子对象选择的 Ctrl 键的行为。
477	LENSLENGTH	存储透视视图中使用的焦距（以毫米为单位）。
478	LIGHTGLYPHDISPLAY	打开和关闭光线轮廓的显示。
479	LIGHTINGUNITS	指定图形的光源单位。
480	LIGHTLISTSTATE	指示"模型中的光源"选项板处于打开状态还是关闭状态。
481	LIGHTSINBLOCKS	控制渲染时是否使用块中包含的光源。
482	LIMCHECK	控制是否可以在栅格界限外创建对象。
483	LIMMAX	存储当前空间的右上方栅格界限，用世界坐标系坐标表示。
484	LIMMIN	存储当前空间的左下角的栅格界限，用世界坐标系坐标表示。
485	LINEFADINGLEVEL	启用硬件加速后，控制线淡入效果的强度。
486	LINEFADING	控制当硬件加速处于启用状态且已超出线密度限制时，是否以淡入线显示。
487	LINESMOOTHING	控制是否对二维视图中的线条进行平滑处理。
488	LISPSYS	控制使用 VLISP 命令启动的默认 AutoLISP 开发环境和编辑器。
489	LOCALE	显示用于指示当前语言的代码。
490	LOCALROOTPREFIX	存储根文件夹的完整路径，该文件夹中安装了本地自定义文件。
491	LOCKUI	锁定工具栏、面板及可固定窗口（例如"设计中心"和"特性"选项板）的位置和大小。
492	LOFTANG1	设置放样操作中通过第一个横截面的拔模斜度。
493	LOFTANG2	设置放样操作中通过最后一个横截面的拔模斜度。
494	LOFTMAG1	设置放样操作中通过第一个横截面的拔模斜度的幅值。
495	LOFTMAG2	设置放样操作中通过最后一个横截面的拔模斜度的幅值。
496	LOFTNORMALS	控制放样对象通过横截面处的法线。
497	LOFTPARAM	控制放样实体和曲面的形状。
498	LOGFILEMODE	指定是否将命令历史记录的内容写入日志文件。
499	LOGFILENAME	指定当前图形的命令历史记录日志文件的路径和名称。

No	系统变量	说　明
500	LOGFILEPATH	指定任务中所有图形的命令历史记录日志文件的路径。
501	LOGINNAME	显示当前用户的登录名，并随 DWG 文件和相关文件的特性统计信息一起保存。
502	LONGITUDE	指定地理标记的经度。
503	LTGAPSELECTION	控制是否可以在使用非连续性线型定义的对象上选择或捕捉到间隙。
504	LTSCALE	设定全局线型比例因子。
505	LUNITS	设定用于创建对象的线性单位格式。
506	LUPREC	设定线性单位和坐标的显示精度。
507	LWDEFAULT	设定默认线宽值。
508	LWDISPLAY	控制是否显示对象的线宽。
509	LWUNITS	控制线宽单位是以英寸显示还是以毫米显示。
	M	
510	MACROINSIGHTSSUPPORT	控制是否可以根据我们执行的命令序列接收宏提示。
511	MACRONOTIFY	控制是否接收宏见解的通知。
512	MARKUPASSISTMODE	控制是否亮显识别的标记。
513	MARKUPPAPERDISPLAY	指示数字标记当前是否处于活动状态。
514	MARKUPPAPERTRANSPARENCY	控制数字标记处于活动状态时的透明度级别。
515	MATBROWSERSTATE	指示材质浏览器是处于打开状态还是关闭状态。
516	MATEDITORSTATE	指示材质编辑器是处于打开状态还是关闭状态。
517	MAXACTVP	设置布局中可同时激活的视口的最大数目。
518	MAXSORT	设置项目的最大数目，例如，在对话框、下拉列表和选项板中按字母顺序进行排序的文件名、图层名和块名称的数目。
519	MAXTOUCHES	标识所连接数字化仪支持的触点数。
520	MBUTTONPAN	控制定点设备上的第三个按钮或滚轮的行为。
521	MEASUREINIT	控制从头创建的图形是使用英制还是使用公制默认设置。
522	MEASUREMENT	控制当前图形是使用英制还是公制填充图案和线型文件。
523	MENUBAR	控制菜单栏的显示。
524	MENUECHO	设置是否显示菜单操作的提示信息。
525	MENUNAME	存储自定义文件名，包括文件名的路径。

No	系统变量	说　明
526	MESHTYPE	控制通过 REVSURF、TABSURF、RULESURF 和 EDGESURF 命令创建的网格类型。
527	MILLISECS	存储自系统启动后已经过的毫秒数。
528	MIRRHATCH	控制 MIRROR 反映填充图案的方式。
529	MIRRTEXT	控制 MIRROR 反映文字的方式。
530	MLEADERSCALE	设置应用到多重引线对象的全局比例因子。
531	MODEMACRO	在状态栏中显示文字字符串，例如当前图形的名称、时间 / 日期戳记或特殊模式。
532	MSLTSCALE	按注释比例缩放"模型"选项卡中显示的线型。
533	MSMSTATE	指定标记集管理器处于打开状态还是关闭状态。
534	MSOLESCALE	控制具有粘贴到模型空间中文字的 OLE 对象的大小。
535	MTEXTAUTOSTACK	控制 MTEXT 命令的自动堆叠。
536	MTEXTCOLUMN	为多行文字对象进行默认分栏设置。
537	MTEXTDETECTSPACE	控制是否在 MTEXT 命令中将键盘上的空格键用于创建列表项。
538	MTEXTEDENCODING	设置在编辑多行文字的同时从外部编辑器读取输出时要使用的编码。
539	MTEXTED	设置用于编辑多行文字对象的应用程序。
540	MTEXTFIXED	为多行文字设置在位文字编辑器的大小和方向行为。
541	MTEXTTOOLBAR	控制"文字格式"工具栏的显示。
542	MTJIGSTRING	设置启动 MTEXT 命令时显示在光标位置的样例文字内容。
543	MVIEWPREVIEW	控制添加新的布局视口时是否显示预览。
544	MYDOCUMENTSPREFIX	存储用户当前登录的"我的文档"文件夹的完整路径。
	N	
545	NAVBARDISPLAY	控制导航栏在所有视口中的显示。
546	NAVSWHEELMODE	指定 SteeringWheel 的当前模式。
547	NAVSWHEELOPACITYBIG	控制大型 SteeringWheels 的不透明度。
548	NAVSWHEELOPACITYMINI	控制小型 SteeringWheels 的不透明度。
549	NAVSWHEELSIZEBIG	指定大型 SteeringWheels 的大小。
550	NAVSWHEELSIZEMINI	指定小型 SteeringWheels 的大小。
551	NAVVCUBEDISPLAY	控制 ViewCube 工具在当前视觉样式和当前视口中的显示。

No	系统变量	说　明
552	NAVVCUBELOCATION	标识显示 ViewCube 工具的视口中的角点。
553	NAVVCUBEOPACITY	控制 ViewCube 工具处于未激活状态时的不透明度。
554	NAVVCUBEORIENT	控制 ViewCube 工具是反映当前 UCS 还是反映 WCS。
555	NAVVCUBESIZE	指定 ViewCube 工具的大小。
556	NOMUTT	不显示通常情况下显示的消息（即不进行消息反馈）。
557	NORTHDIRECTION	指定 WCS 的 Y 轴和栅格北向之间的角度。
	O	
558	OBJECTISOLATIONMODE	控制隐藏的对象在绘图任务之间是否保持隐藏状态。
559	OBSCUREDCOLOR	指定遮挡线的颜色。
560	OBSCUREDLTYPE	指定遮挡线的线型。
561	OFFSETDIST	设置默认的偏移距离。
562	OFFSETGAPTYPE	控制偏移多段线时处理线段之间潜在间隙的方式。
563	OLEFRAME	控制是否显示和打印图形中所有 OLE 对象的边框。
564	OLEHIDE	控制 OLE 对象的显示和打印。
565	OLEQUALITY	为所有 OLE 对象设置默认打印质量。
566	OLESTARTUP	控制打印时是否加载嵌入 OLE 对象的源应用程序。
567	ONLINEUSERID	显示与当前已登录到此产品的用户的 Autodesk 账户关联的用户 ID。
568	ONLINEUSERNAME	显示当前已登录到此产品的用户的 Autodesk 账户名称。
569	OPMSTATE	指示"特性"选项板处于打开、关闭还是隐藏状态。
570	ORBITAUTOTARGET	控制为 3DORBIT 命令获取目标点的方式。
571	ORTHOMODE	限定光标在垂直方向移动。
572	OSMODE	设置执行对象捕捉。
573	OSNAPCOORD	控制在命令行中输入的坐标是否替代运行的对象捕捉。
574	OSNAPNODELEGACY	控制"节点"对象捕捉是否可用于捕捉多行文字对象。
575	OSNAPOVERRIDE	防止替代默认对象捕捉设置。
576	OSNAPZ	控制绘图时是否将对象捕捉点自动放置到与当前工作的 XY 平面平行的平面上。
577	OSOPTIONS	控制是否在图案填充对象、使用动态 UCS 时具有负 Z 值的几何图形或者尺寸界线上禁用对象捕捉。

No	系统变量	说　明
	P	
578	PALETTEOPAQUE	控制是否可以令选项板透明。
579	PAPERUPDATE	当尝试以不同于为绘图仪配置文件默认指定的图纸尺寸打印布局时，控制警告对话框的显示。
580	PARAMETERCOPYMODE	在图形、模型空间和布局以及块定义之间复制约束对象时，控制处理约束和参照的用户参数的方式。
581	PARAMETERSSTATUS	指示"参数管理器"是处于显示状态还是隐藏状态。
582	PASTESPECMODE	将 PASTESPEC 命令与"AutoCAD 图元"选项一起使用时，控制 Microsoft Excel 数据的单元格格式设置。
583	PCMSTATE	显示点云管理器是开启状态还是关闭状态。
584	PDFFRAME	确定 PDF 参考底图边框是否可见。
585	PDFIMPORTFILTER	控制哪些数据类型要从 PDF 文件中输入并转换为 AutoCAD 对象。
586	PDFIMPORTIMAGEPATH	指定在输入 PDF 文件后用于提取和保存参照图像文件的文件夹。
587	PDFIMPORTLAYERS	控制将哪些图层指定给输入自 PDF 文件的对象。
588	PDFIMPORTMODE	控制从 PDF 文件输入对象时的默认处理。
589	PDFOSNAP	决定是否为附着在图形中的 PDF 参考底图的几何图形激活对象捕捉。
590	PDFSHXBESTFONT	在将输入的 PDF 几何图形转换为文字时，控制 PDFSHXTEXT 命令使用最佳匹配字体或使用超过识别阈值的第一个选定字体。
591	PDFSHXLAYER	在将 SHX 几何图形转换为文字对象时，控制指定给新创建文字对象的图层。
592	PDFSHXTHRESHOLD	设置所选几何图形在转换为文字对象之前必须匹配某个字体的百分比。
593	PDFSHX	在将图形输出为 PDF 文件时，控制是否将使用 SHX 字体的文字对象存储在 PDF 文件中作为注释。
594	PDMODE	控制点对象的显示方式。
595	PDSIZE	设置点对象的显示大小。
596	PEDITACCEPT	自动将选定对象转换为多段线，而在使用 PEDIT 时不显示提示。
597	PELLIPSE	控制通过 ELLIPSE 命令创建的椭圆类型。
598	PERIMETER	存储由 AREA 和 LIST 命令计算的最后一个周长值。

No	系统变量	说 明
599	PERSPECTIVECLIP	决定视点剪裁的位置。
600	PERSPECTIVE	指定当前视口是否显示透视视图。
601	PFACEVMAX	设置多面网格中面顶点的最大数量。
602	PICKADD	控制后续选择项是替换当前选择集还是添加到其中。
603	PICKAUTO	控制用于对象选择的自动窗口。
604	PICKBOX	设置对象选择目标的高度（以设备独立像素为单位）。
605	PICKDRAG	控制绘制选择窗口的方法。
606	PICKFIRST	控制是否可以在启动命令之前选择对象。
607	PICKSTYLE	控制组选择和关联图案填充选择的使用。
608	PLATFORM	显示正在使用的操作系统。
609	PLINECONVERTMODE	指定将样条曲线转换为多段线时使用的拟合方法。
610	PLINEGCENMAX	设置多段线可以拥有的最大线段数量，以便计算其几何中心点。
611	PLINEGEN	绘图时，控制绕二维多段线的顶点生成线型图案的方式。
612	PLINEREVERSEWIDTHS	反转多段线的方向时控制多段线的外观。
613	PLINETYPE	指定是否使用优化的二维多段线。
614	PLINEWID	存储默认的多段线宽度。
615	PLOTOFFSET	控制打印偏移是相对于可打印区域还是相对于图纸边。
616	PLOTROTMODE	控制打印方向。
617	PLOTTRANSPARENCYOVERRIDE	控制是否打印对象透明度。
618	PLQUIET	控制可选的打印相关对话框和非致命脚本错误的显示。
619	POINTCLOUD2DVSDISPLAY	在使用二维线框视觉样式查看点云时，切换边界框和文字消息的显示。
620	POINTCLOUDAUTOUPDATE	仅适用于传统（2015 版本之前）点云对象，控制在操作、平移、缩放或动态观察后是否自动重新生成点云。
621	POINTCLOUDBOUNDARY	控制是否显示点云边界框。
622	POINTCLOUDCACHESIZE	指定为显示点云而保留的内存量。
623	POINTCLOUDCLIPFRAME	控制传统点云上的剪裁边界是否显示在屏幕上和打印输出。
624	POINTCLOUDDENSITY	仅适用于传统（2015 版本之前）点云对象，控制工程视图中所有传统点云的点的百分比。
625	POINTCLOUDLIGHTING	控制点云光源的显示方式。

No	系统变量	说　明
626	POINTCLOUDLIGHTSOURCE	当光源处于打开状态时，确定点云的光源。
627	POINTCLOUDLOCK	控制是否可以操纵、移动、裁剪或旋转附着的点云。
628	POINTCLOUDLOD	为点云设置显示的细节级别。
629	POINTCLOUDPOINTMAXLEGACY	仅适用于传统（2015 版本之前）点云，设置可以为所有附着到图形的传统点云显示的最大点数。
630	POINTCLOUDPOINTMAX	设置为所有附着到图形的点云显示的最大点数；不会影响传统（2015 版本之前）点云。
631	POINTCLOUDPOINTSIZE	控制新点云对象的点的大小。
632	POINTCLOUDRTDENSITY	通过缩放、平移或动态观察期间减少显示的点数，可以提高性能。
633	POINTCLOUDSHADING	指定点云中的点的亮度是漫反射还是镜面反射。
634	POINTCLOUDVISRETAIN	控制旧版本的图形（比如 AutoCAD 2014）中点云的显示设置是否保持不变。
635	POLARADDANG	存储极轴追踪和极轴捕捉的附加角度。
636	POLARANG	设置极轴角增量。
637	POLARDIST	当 SNAPTYPE 设定为 1（PolarSnap）时，设置捕捉增量。
638	POLARMODE	控制极轴追踪和对象捕捉追踪的方式。
639	POLYSIDES	为 POLYGON 命令设置默认边数。
640	POPUPS	显示当前配置的显示驱动程序状态。
641	PREVIEWCREATIONTRANSPARENCY	控制在使用 SURFBLEND、SURFPATCH、SURFFILLET、FILLETEDGE、CHAMFEREDGE 和 LOFT 时生成的预览透明度。
642	PREVIEWFILTER	在选择预览时忽略指定类型的对象。
643	PREVIEWTYPE	控制要用于图形缩略图预览的视图。
644	PRODUCT	显示产品名称。
645	PROGRAM	显示程序名称。
646	PROJECTNAME	为当前图形指定工程名称。
647	PROJMODE	设置当前投影模式以进行修剪或延伸。
648	PROPERTYPREVIEW	控制将鼠标指针悬停在控制特性的下拉列表和库上时，是否可以预览当前选定对象的更改。
649	PROPOBJLIMIT	限制可以使用特性和快捷特性选项板每次更改的对象数。
650	PROPPREVTIMEOUT	设置生成特性属性预览的最大允许时间。

No	系统变量	说　明
651	PROXYGRAPHICS	指定是否将代理对象的图像保存在图形中。
652	PROXYNOTICE	创建代理时显示通知。
653	PROXYSHOW	控制代理对象在图形中的显示。
654	PSLTSCALE	控制在图纸空间视口中显示的对象的线型比例缩放。
655	PSOLHEIGHT	控制通过 POLYSOLID 命令创建的扫掠实体对象的默认高度。
656	PSOLWIDTH	控制使用 POLYSOLID 命令创建的扫掠实体对象的默认宽度。
657	PSTYLEMODE	指示当前图形处于颜色相关打印样式模式还是命名打印样式模式。
658	PSTYLEPOLICY	控制打开 AutoCAD 2000 之前的版本中创建的图形或不使用图形模板从头创建新图形时，使用的打印样式模式（颜色相关打印样式模式或命名打印样式模式）。
659	PSVPSCALE	为所有新创建的视口设置视图比例因子。
660	PUBLISHALLSHEETS	指定在"发布"对话框中是加载激活文档的内容还是加载所有打开文档的内容。
661	PUBLISHCOLLATE	控制打印图纸集、多页文件或后台文件时是否可以被其他打印作业中断。
662	PUBLISHHATCH	控制是否将发布为 DWF 或 DWFx 格式的填充图案视为单个对象。
663	PUCSBASE	存储定义正交 UCS 设置（仅用于图纸空间）原点和方向的 UCS 名称。
664	PUSHTODOCSSTATE	指示"推送到 Autodesk Docs"选项板是处于打开状态还是关闭状态。
	Q	
665	QCSTATE	指示快速计算器是处于打开状态还是关闭状态。
666	QPLOCATION	设置快捷特性选项板的位置。
667	QPMODE	控制在选定对象时是否显示快捷特性选项板。
668	QTEXTMODE	控制文字的显示方式。
669	QVDRAWINGPIN	控制图形预览的默认显示状态。
670	QVLAYOUTPIN	控制图形中模型空间和布局预览图像的默认显示状态。
	R	
671	RASTERDPI	控制在标注输出设备和无标注输出设备之间切换时的图纸尺寸和打印比例。
672	RASTERPERCENT	设置允许用于打印每个光栅图像或 OLE 对象的最大可用虚拟内存百分比。

No	系统变量	说　明
673	RASTERPREVIEW	控制是否将缩略图预览随图形一起创建和保存。
674	RASTERTHRESHOLD	在打印时，为每个光栅图像或 OLE 对象指定阈值（以兆字节为单位）。
675	RE-INIT	重新初始化数字化仪、数字化仪端口和 acad.pgp 文件。
676	REBUILD2DCV	设定重新生成样条曲线时的控制点数量。
677	REBUILD2DDEGREE	设定重新生成样条曲线时的全局阶数。
678	REBUILD2DOPTION	控制重新生成样条曲线时是否删除原始曲线。
679	REBUILDDEGREEU	设定重新生成 NURBS 曲面时 U 方向上的阶数。
680	REBUILDDEGREEV	设定重新生成 NURBS 曲面时 V 方向上的阶数。
681	REBUILDOPTIONS	控制重新生成 NURBS 曲面时的删除和修剪选项。
682	REBUILDU	设定重新生成 NURBS 曲面时 U 方向上的栅格线数量。
683	REBUILDV	设定重新生成 NURBS 曲面时 V 方向上的栅格线数量。
684	RECOVERAUTO	控制在打开损坏的图形文件之前或之后恢复通知的显示。
685	RECOVERYMODE	控制系统出现故障后是否记录图形修复信息。
686	REFEDITNAME	显示正在编辑的参照名称。
687	REFPATHTYPE	控制当参照文件第一次附着到宿主图形文件时是使用完整路径、相对路径还是无路径。
688	REGENMODE	旧式的。控制图形的自动重生成。
689	REMEMBERFOLDERS	控制显示在标准文件选择对话框中的默认路径。
690	RENDERENVSTATE	指示"环境和曝光"选项板处于打开状态还是关闭状态。
691	RENDERLEVEL	指定渲染引擎为创建渲染图像执行的层级数或迭代数。
692	RENDERLIGHTCALC	控制光源和材质的渲染精度。
693	RENDERPREFSSTATE	指示"渲染预设管理器"选项板是处于打开状态还是关闭状态。
694	RENDERTIME	指定渲染引擎用于反复细化渲染图像的分钟数。
695	RENDERUSERLIGHTS	控制是否在渲染过程中替代视口光源的设置。
696	REPORTERROR	控制程序异常关闭时是否可以向 Autodesk 发送错误报告。
697	REVCLOUDAPPROXARCLEN	存储修订云线的当前近似弧长。
698	REVCLOUDARCVARIANCE	控制在创建修订云线圆弧时是使用不同弦长还是使用大致均匀的弦长。
699	REVCLOUDCREATEMODE	指定用于创建修订云线的默认输入。

No	系统变量	说　明
700	REVCLOUDGRIPS	控制修订云线上显示的夹点数。
701	REVCLOUDMAXARCLENGTH	旧式的。指定存储修订云线的最大弧长。
702	REVCLOUDMINARCLENGTH	旧式的。指定存储修订云线的最小弧长。
703	RIBBONBGLOAD	控制功能区选项卡是否在处理器空闲时间由后台进程加载到内存中。
704	RIBBONCONTEXTSELLIM	限制可以使用功能区特性控件或上下文选项卡一次性更改的对象数。
705	RIBBONDOCKEDHEIGHT	确定将水平固定的功能区设定为当前选项卡的高度还是预先定义的高度。
706	RIBBONICONRESIZE	控制是否将功能区上的图标调整为标准大小。
707	RIBBONSELECTMODE	确定在调用功能区上下文选项卡并完成命令后，预先选择的对象是否保持选中状态。
708	RIBBONSTATE	指示功能区选项板处于打开状态还是关闭状态。
709	ROAMABLEROOTPREFIX	存储根文件夹的完整路径，该文件夹中安装了可漫游的自定义文件。
710	ROLLOVEROPACITY	控制光标移动到选项板上时选项板的透明度。
711	ROLLOVERTIPS	控制当光标悬停在对象上时鼠标悬停工具提示的显示。
712	RTDISPLAY	控制执行实时 ZOOM 或 PAN 命令时光栅图像和 OLE 对象的显示。
713	RTREGENAUTO	控制实时平移和缩放操作中的自动重新生成。
714	RenderTarget	控制渲染引擎要使用的渲染持续时间类型。
	S	
715	SAFEMODE	指示是否可在当前 AutoCAD 任务中加载和执行可执行代码。
716	SAVEFIDELITY	在 AutoCAD 2007 及更早版本中，控制注释性对象的视觉逼真度。
717	SAVEFILEPATH	指定当前任务中所有自动保存文件的文件夹路径。
718	SAVEFILE	存储当前自动保存的文件名。
719	SAVENAME	显示最近保存的图形的文件名和文件夹路径。
720	SAVETIME	设置自动保存时间间隔，以分钟为单位。
721	SCREENMODE	指示显示的状态。
722	SCREENSIZE	以像素为单位存储当前视口大小（X 和 Y）。
723	SECTIONOFFSETINC	设定单击控件时截面对象到截面平面的偏移距离。

No	系统变量	说　明
724	SECTIONTHICKNESSINC	设置截面切片厚度控件增加或减少的点数。
725	SECURELOAD	控制可执行文件是否限于仅从受信任文件夹加载。
726	SECUREREMOTEACCESS	控制是否限制 ObjectARX 程序访问 Internet 位置或远程服务器。
727	SELECTIONANNODISPLAY	控制选定注释性对象后，备用比例图示是否暂时以暗显状态显示。
728	SELECTIONAREAOPACITY	控制进行窗口选择和窗交选择时选择区域的透明度。
729	SELECTIONAREA	控制选择区域的显示效果。
730	SELECTIONCYCLING	控制与重叠对象和选择循环相关联的显示选项。
731	SELECTIONEFFECTCOLOR	设置对象选择时光晕亮显效果的颜色。
732	SELECTIONEFFECT	指定对象处于选中状态时所使用的视觉效果。
733	SELECTIONOFFSCREEN	控制屏幕外对象的选择。
734	SELECTIONPREVIEWLIMIT	限制在窗口或窗交选择期间可以预览亮显的对象数。
735	SELECTIONPREVIEW	控制选择预览的显示。
736	SELECTSIMILARMODE	控制将使用 SELECTSIMILAR 选择的同类型对象，必须匹配哪些特性。
737	SETBYLAYERMODE	控制为 SETBYLAYER 命令选择哪些特性。
738	SHADEDGE	控制边的着色。
739	SHADEDIF	设置漫反射光与环境光的比率。
740	SHADOWPLANELOCATION	控制用于显示阴影的不可见地平面的位置。
741	SHAREDVIEWSTATE	指示"共享视图"选项板处于打开状态还是关闭状态。
742	SHAREVIEWPROPERTIES	控制共享视图是否包含图形特性。
743	SHAREVIEWTYPE	控制是从当前视图、模型空间或某一布局中创建共享视图，还是从整个图形中创建共享视图。
744	SHORTCUTMENUDURATION	指定必须按下定点设备的右键多长时间才会在绘图区域中显示快捷菜单。
745	SHORTCUTMENU	控制"默认""编辑"和"命令"模式的快捷菜单在绘图区域是否可用。
746	SHOWHIST	控制图形中实体的"显示历史记录"特性。
747	SHOWLAYERUSAGE	在图层特性管理器中显示图标以指示图层是否处于使用状态。
748	SHOWMOTIONPIN	控制缩略图图像的默认状态。
749	SHOWNEWSTATE	指示更新中亮显的新功能是否处于活动状态。

No	系统变量	说　明
750	SHOWPAGESETUPFORNEWLAYOUTS	指定在创建新布局时是否显示页面设置管理器。
751	SHOWPALETTESTATE	指示是否通过 HIDEPALETTES 命令隐藏选项板，或通过 SHOWPALETTES 命令恢复选项板。
752	SHPNAME	设置默认的形状名称，必须遵守符号命名规则。
753	SIGWARN	控制打开附着数字签名的文件时是否发出警告。
754	SKETCHINC	设置用于 SKETCH 命令的记录增量。
755	SKPOLY	确定 SKETCH 命令生成的是直线、多段线还是样条曲线。
756	SKTOLERANCE	确定样条曲线布满手画线草图的紧密程度。
757	SKYSTATUS	确定渲染时是否计算天空照明。
758	SMOOTHMESHCONVERT	控制对转换为三维实体或曲面的网格对象是进行平滑处理还是进行镶嵌，以及是否合并它们的面。
759	SMOOTHMESHGRID	设置底层网格镶嵌面栅格显示在三维网格对象中时的最大平滑度。
760	SMOOTHMESHMAXFACE	设置网格对象允许使用的最大面数。
761	SMOOTHMESHMAXLEV	设置网格对象的最大平滑度。
762	SNAPANG	相对于当前 UCS 设置当前视口的捕捉和栅格旋转角度。
763	SNAPBASE	相对于当前 UCS 设置当前视口的捕捉和栅格原点。
764	SNAPGRIDLEGACY	控制光标是否只在操作时才吸附到栅格上。
765	SNAPISOPAIR	控制当前视口的等轴测平面。
766	SNAPMODE	在当前视口中打开或关闭捕捉模式。
767	SNAPSTYL	将栅格和栅格捕捉设置为当前视口的矩形或等轴测。
768	SNAPTYPE	为当前视口设置捕捉类型（矩形或环形）。
769	SNAPUNIT	设置当前视口的捕捉间距。
770	SOLIDCHECK	为当前任务打开和关闭三维实体校验。
771	SOLIDHIST	控制新复合实体是否保留其原始零部件的历史记录。
772	SORTENTS	控制对象排序，以支持若干操作的绘图次序。
773	SORTORDER	指定是使用自然排序顺序还是 ASCII 值来排序图层列表。
774	SPACESWITCH	控制是否可以通过在布局视口内双击来访问模型空间。
775	SPLDEGREE	存储最近使用的样条曲线阶数设置，并设定在指定控制点时 SPLINE 命令的默认阶数设置。
776	SPLFRAME	控制螺旋和平滑处理的网格对象的显示。

No	系统变量	说　明
777	SPLINESEGS	设置通过 PEDIT 命令的"样条曲线"选项生成的多段线中每条样条曲线要分成的线段数量。
778	SPLINETYPE	设置由 PEDIT 命令的"样条曲线"选项生成的曲线类型。
779	SPLKNOTS	当指定拟合点时，存储 SPLINE 命令的默认节点选项。
780	SPLMETHOD	存储用于 SPLINE 命令的默认方法是拟合点还是控制点。
781	SPLPERIODIC	控制是否生成具有周期性特性的闭合样条曲线和 NURBS 曲面，以保持在闭合点或接合口处最平滑的连续性。
782	SSFOUND	如果搜索图纸集成功，则显示图纸集路径和文件名。
783	SSLOCATE	控制打开图形时是否找到并打开与该图形相关联的图纸集。
784	SSMAUTOOPEN	控制打开与图纸相关联的图形时图纸集管理器的显示行为。
785	SSMDETECTMODE	确定打开基于云的 DST 文件时显示的图纸集管理器。
786	SSMPOLLTIME	控制图纸集中状态数据的自动刷新时间间隔。
787	SSMSHEETSTATUS	控制图纸集中状态数据的刷新方式。
788	SSMSTATE	指示"图纸集管理器"窗口处于打开状态还是关闭状态。
789	STANDARDSVIOLATION	指定创建或修改非标准对象时，是否通知用户当前图形中存在标准冲突。
790	STARTINFOLDER	记忆启动程序时所在的文件夹和驱动器的位置。
791	STARTMODE	控制"开始"选项卡的显示。
792	STARTUP	控制在应用程序启动时或打开新图形时显示的内容。
793	STATUSBAR	控制状态栏的显示。
794	STEPSIZE	指定在三维模型中漫游或飞行模式时，每一步移动距离的多少。
795	STEPSPERSEC	指定漫游或飞行模式中每秒执行的步数。
796	STUDENTDRAWING	报告当前图形是否已与 Autodesk 学生版产品一起保存。
797	SUBOBJSELECTIONMODE	指定将光标悬停于面、边、顶点或实体历史记录子对象上时是否亮显它们。
798	SUNPROPERTIESSTATE	指示"阳光特性"窗口处于打开状态还是关闭状态。
799	SUNSTATUS	打开和关闭当前视口中阳光的光源效果。
800	SUPPRESSALERTS	控制在早期版本的产品中打开和保存新图形时可能会丢失数据的警告。
801	SURFACEASSOCIATIVITYDRAG	设置关联曲面的拖动预览行为。
802	SURFACEASSOCIATIVITY	控制曲面是否保留与从中创建了曲面的对象的关系。

No	系统变量	说 明
803	SURFACEAUTOTRIM	设定在将几何图形投影到曲面上时是否自动修剪曲面。
804	SURFACEMODELINGMODE	控制将曲面创建为程序曲面还是 NURBS 曲面。
805	SURFTAB1	为 RULESURF 和 TABSURF 命令设置要生成的表格数目。
806	SURFTAB2	为 REVSURF 和 EDGESURF 命令设置在 N 方向的网格密度。
807	SURFTYPE	控制 PEDIT 命令的"平滑"选项要执行的曲面拟合类型。
808	SURFU	为 PEDIT 命令的"平滑"选项设置在 M 方向的曲面密度以及曲面对象上的 U 素线密度。
809	SURFV	为 PEDIT 命令的"平滑"选项设置在 N 方向的曲面密度以及曲面对象上的 V 素线密度。
810	SYSCODEPAGE	指示由操作系统决定的系统代码页。
811	SYSFLOATING	控制图形文件选项卡的固定状态。
812	SYSMON	控制是否监视定义的系统变量列表。
	T	
813	TABLEINDICATOR	控制当打开在位文字编辑器以编辑表格单元时,行编号和列字母的显示。
814	TABLETOOLBAR	控制表格工具栏的显示。
815	TABMODE	控制数字化仪输入设备的使用。
816	TARGET	存储目标点的 UCS 坐标以用于当前视口中的透视投影。
817	TBCUSTOMIZE	控制是否可以自定义工具选项板组。
818	TBSHOWSHORTCUTS	指定使用 Ctrl 键和 Alt 键的快捷键是否显示在工具栏的工具提示上。
819	TDCREATE	存储创建图形时的本地时间和日期。
820	TDINDWG	存储总的编辑时间,即在两次保存当前图形之间花费的总时间。
821	TDUCREATE	存储创建图形时的通用时间和日期。
822	TDUPDATE	存储上次更新/保存时的本地时间和日期。
823	TDUSRTIMER	存储用户花费时间计时器。
824	TDUUPDATE	存储上次更新或保存时的世界标准时间和日期。
825	TEMPOVERRIDES	打开或关闭用于绘图辅助的临时替代键。
826	TEMPPREFIX	存储为临时文件指定的文件夹名称,附带路径分隔符。
827	TEXTALIGNMODE	存储对齐文字的对齐选项。
828	TEXTALIGNSPACING	存储对齐文字的间距选项。

No	系统变量	说　明
829	TEXTALLCAPS	将通过 TEXT 或 MTEXT 命令创建的所有新文字转换为大写。
830	TEXTAUTOCORRECTCAPS	更正因意外启用 Caps Lock 而导致的常见文本错误。
831	TEXTEDITMODE	控制是否自动重复 TEXTEDIT 命令。
832	TEXTED	指定创建和编辑单行文字时显示的用户界面。
833	TEXTEVAL	控制如何判定用 TEXT（使用 AutoLISP）或 -TEXT 输入的文字字符串。
834	TEXTFILL	控制是否填充 TrueType 字体以用于打印。
835	TEXTGAPSELECTION	控制是否可以在字符之间的间隙或空格内选择文字对象或多行文字对象。
836	TEXTJUSTIFY	显示 TEXT 命令在创建单行文字时使用的默认对正方式。
837	TEXTLAYER（系统变量）	为当前图形中新的文字对象和多行文字对象指定默认图层。
838	TEXTOUTPUTFILEFORMAT	提供日志文件的 Unicode 选项。
839	TEXTQLTY	设置打印和渲染时 TrueType 文字的分辨率。
840	TEXTSIZE	设置创建新文字对象时默认的文字高度。
841	TEXTSTYLE	设置当前文字样式的名称。
842	THICKNESS	在创建二维几何对象时，设置默认的三维厚度特性。
843	THUMBSAVE	控制是否将缩略图预览图像保存在图形中。
844	THUMBSIZE2D	指定二维线框缩略图预览的大小是否由 THUMBSIZE 系统变量进行控制。如果禁用，则使用二维线框视觉样式的图形预览的显示分辨率将设置为 256 像素 × 256 像素。
845	THUMBSIZE	为所有缩略图预览图像指定显示分辨率（以像素为单位）。
846	TILEMODE	确定"模型"选项卡或最近访问的命名布局选项卡是否处于活动状态。
847	TIMEZONE	设置图形中阳光的时区。
848	TOOLTIPMERGE	将草图工具提示合并为单个工具提示。
849	TOOLTIPSIZE	设定绘图工具提示和动态输入文字的大小。
850	TOOLTIPS	控制工具提示在功能区、工具栏及其他用户界面元素中的显示。
851	TOOLTIPTRANSPARENCY	设置绘图工具提示的透明度。
852	TOUCHMODE	对于那些使用支持触摸的屏幕或界面的用户，可以控制功能区上"触摸"面板的显示。
853	TPSTATE	指示工具选项板处于打开状态还是关闭状态。

No	系统变量	说　明
854	TRACECURRENT	当 TRACEMODE=1 或 2 时，显示活动跟踪的名称。
855	TRACEDISPLAYMODE	当跟踪处于活动状态时，指示跟踪图纸效果处于显示状态（前）还是不显示状态（后）。
856	TRACEFADECTL	控制在追踪模式下，不正在编辑的图形的透明度，是否让它们看起来再淡一些。
857	TRACEMODE	指示跟踪功能是否处于活动状态，以及当前是编辑模式还是查看模式。
858	TRACEOSNAP	控制在查看追踪图形时，是否可以对这些图形使用对象捕捉功能。
859	TRACEPALETTESTATE	报告"跟踪"选项板是处于打开状态还是关闭状态。
860	TRACEPAPERCTL	控制跟踪图纸效果的不透明度。
861	TRACKPATH	控制极轴追踪和对象捕捉追踪对齐路径的显示。
862	TRANSPARENCYDISPLAY	控制指定给单个对象或 ByLayer 的透明度特性是可见还是被禁用。
863	TRAYICONS	控制是否在状态栏上显示状态托盘。
864	TRAYNOTIFY	控制是否在状态栏托盘中显示服务通知。
865	TRAYTIMEOUT	控制服务通知显示的时间长度（以秒为单位）。
866	TREEDEPTH	指定最大深度，即树状结构的空间索引可以分出分支的次数。
867	TREEMAX	通过限制空间索引（八分树）中的节点数目，限制重生成图形时占用的内存。
868	TRIMEDGES	控制使用"快速"模式修剪和延伸到图案填充的操作是限于图案填充的边缘，还是包括填充图案内的对象。
869	TRIMEXTENDMODE	控制 TRIM 和 EXTEND 命令是否使用简化的输入。
870	TRIMMODE	控制是否为倒角和圆角修剪选定边。
871	TRUSTEDDOMAINS	指定域名或 URL，以便 AutoCAD 可从其运行 JavaScript 代码。
872	TRUSTEDPATHS	指定哪些文件夹具有加载并执行包含代码文件的权限。
873	TSPACEFAC	控制多行文字的行间距（按文字高度的因子测量）。
874	TSPACETYPE	控制多行文字中使用的行间距类型。
875	TSTACKALIGN	控制堆叠文字的垂直对齐。
876	TSTACKSIZE	控制堆叠分数的高度占所选文字高度的百分比。
	U	
877	UCS2DDISPLAYSETTING	在二维线框视觉样式设置为当前时显示 UCS 图标。

No	系统变量	说　明
878	UCS3DPARADISPLAYSETTING	在透视视图处于禁用状态且三维视觉样式设置为当前时显示 UCS 图标。
879	UCS3DPERPDISPLAYSETTING	在透视视图处于启用状态且三维视觉样式设置为当前时显示 UCS 图标。
880	UCSAXISANG	使用 UCS 命令的 X、Y 或 Z 选项绕其一个轴旋转 UCS 时，存储默认角度。
881	UCSBASE	用于记忆 UCS 坐标系设置的原点和方向的名称。
882	UCSDETECT	控制三维实体表面绘图时，是否激活动态 UCS 来适应那个表面。
883	UCSFOLLOW	从一个 UCS 转换为另一个 UCS 时生成平面视图。
884	UCSICON	控制 UCS 图标的可见性和位置。
885	UCSNAME	存储在当前空间中用于当前视口的当前用户坐标系的名称。
886	UCSORG	存储在当前空间中用于当前视口的当前用户坐标系的原点。
887	UCSORTHO	决定 UCS 的 XY 平面在正交视图恢复时是否自动与当前视图的平面对齐。
888	UCSSELECTMODE	控制是否可以使用夹点选择和操纵 UCS 图标。
889	UCSVIEW	指定当前 UCS 是否随命名视图一起保存。
890	UCSVP	确定在其他视口中的 UCS 是从属于还是独立于当前视口的 UCS。
891	UCSXDIR	为当前空间中当前视口存储当前 UCS 的 X 方向。
892	UCSYDIR	为当前空间中当前视口存储当前 UCS 的 Y 方向。
893	UNDOCTL	控制"撤销"命令可以使用哪些选项。
894	UNDOMARKS	显示放置在 UNDO 控制流中的标记数。
895	UNITMODE	控制单位的显示格式。
896	UOSNAP	确定对象捕捉是否可用于 DWF、DWFx、PDF 和 DGN 参考底图中的几何图形。
897	UPDATETHUMBNAIL	控制视图和布局的缩略图预览的更新。
898	USERI1-5	提供整数值的存储和检索功能。
899	USERR1-5	提供实数的存储和检索功能。
900	USERS1-5	提供文字字符串数据的存储和检索功能。
	V	
901	VIEWBACKSTATUS	存储上一个视图是否可用于 VIEWBACK 命令。
902	VIEWCTR	存储当前视口中视图的中心。

No	系统变量	说　明
903	VIEWDIR	存储当前视口中的观察方向（用 UCS 坐标表示）。
904	VIEWFWDSTATUS	存储上一个视图是否可用于 VIEWFORWARD 命令。
905	VIEWMODE	存储当前视口的视图设置。
906	VIEWSIZE	存储当前视口中显示的视图的高度（按图形单位测量）。
907	VIEWSKETCHMODE	指示系统是否在符号草图模式中。
908	VIEWTWIST	存储相对于 WCS 测量的当前视口的视图旋转角度。
909	VIEWUPDATEAUTO	控制在更改源模型时模型文档工程视图是否会自动更新。
910	VISRETAINMODE	当 VISRETAIN 系统变量设置为 1 时，控制其行为。
911	VISRETAIN	控制外部参照相关图层的特性。
912	VPCONTROL	控制每个视口的左上角是否显示视口、视图和视觉样式的选项。
913	VPLAYEROVERRIDESMODE	控制是否在显示和打印时对图层属性的修改。
914	VPLAYEROVERRIDES	指示对于当前图层视口是否存在任何具有视口（VP）特性替代的图层。
915	VPMAXIMIZEDSTATE	指示是否将视口最大化。
916	VPROTATEASSOC	控制旋转视口时视口内的视图是否随视口一起旋转。
917	VSACURVATUREHIGH	设定在曲率分析（ANALYSISCURVATURE）过程中使曲面显示为绿色。
918	VSACURVATURELOW	设定在曲率分析（ANALYSISCURVATURE）过程中使曲面显示为蓝色。
919	VSACURVATURETYPE	控制使用 ANALYSISCURVATURE 命令时进行哪种类型的曲率分析。
920	VSADRAFTANGLEHIGH	设定在拔模分析（ANALYSISDRAFT）过程中使模型显示为绿色。
921	VSADRAFTANGLELOW	设定在拔模分析（ANALYSISDRAFT）过程中使模型显示为蓝色。
922	VSAZEBRACOLOR1	设定在斑纹分析（ANALYSISZEBRA）过程中所显示的斑纹条纹的第一种颜色。
923	VSAZEBRACOLOR2	设定在斑纹分析（ANALYSISZEBRA）过程中所显示的斑纹条纹的第二种（对比）颜色。
924	VSAZEBRADIRECTION	控制在斑纹分析（ANALYSISBRA）过程中斑纹条纹是水平显示、竖直显示，还是以某一角度显示。
925	VSAZEBRASIZE	控制在斑纹分析（ANALYSISZEBRA）过程中所显示的斑纹条纹的宽度。

No	系统变量	说　明
926	VSAZEBRATYPE	设定在使用斑纹分析（ANALYSISZEBRA）时斑纹显示的类型。
927	VSBACKGROUNDS	控制是否以应用于当前视口的视觉样式显示背景。
928	VSEDGECOLOR	设置当前视口视觉样式中边的颜色。
929	VSEDGEJITTER	使对象的边看起来具有多个线性笔画，就像它们是用铅笔绘制的。
930	VSEDGELEX	控制线和边延伸至其端点之外的像素数，以产生手绘效果。
931	VSEDGEOVERHANG	旧式的。替换为 VSOCCLUDEDCOLOR 系统变量。
932	VSEDGESMOOTH	指定折缝边的显示角度。
933	VSEDGES	控制显示在视口中的边的类型。
934	VSFACECOLORMODE	控制如何计算面的颜色。
935	VSFACEHIGHLIGHT	控制在三维实体中没有材质的面上，是否像镜子一样亮光显示。
936	VSFACEOPACITY	为三维对象打开和关闭透明度预设级别。
937	VSFACESTYLE	控制面、实体填充图案和渐变在当前视口中的显示方式。
938	VSHALOGAP	设置应用于当前视口的视觉样式中的光晕间隔。
939	VSHIDEPRECISION	旧式的。控制应用于当前视口的视觉样式中的隐藏和着色精度。
940	VSINTERSECTIONCOLOR	设置独立三维实体、曲面和网格的相交边颜色以实现某种视觉样式。
941	VSINTERSECTIONEDGES	控制独立三维实体、曲面和网格的相交边显示以实现某种视觉样式。
942	VSINTERSECTIONLTYPE	设置独立三维实体、曲面和网格的交点线型以实现某种视觉样式。
943	VSISOONTOP	设置三维实体视觉样式中边缘线始终清晰可见。
944	VSLIGHTINGQUALITY	设置当前视口中的光源质量。
945	VSMATERIALMODE	控制当前视口中材质的显示。
946	VSMAX	存储当前视口虚拟屏幕的右上角。
947	VSMIN	存储当前视口虚拟屏幕的左下角。
948	VSMONOCOLOR	为应用于当前视口的视觉样式中面的单色和染色显示设置颜色。
949	VSOBSCUREDCOLOR	旧式的。替换为 VSOCCLUDEDCOLOR 系统变量。
950	VSOBSCUREDEDGES	旧式的。替换为 VSOCCLUDEDEDGES 系统变量。
951	VSOBSCUREDLTYPE	旧式的。替换为 VSOCCLUDEDLTYPE 系统变量。

No	系统变量	说　明
952	VSOCCLUDEDCOLOR	为视觉样式显示的隐藏线指定颜色。
953	VSOCCLUDEDEDGES	控制是否为视觉样式显示隐藏的边。
954	VSOCCLUDEDLTYPE	指定为视觉样式显示的隐藏线的线型。
955	VSSHADOWS	控制视觉样式是否显示阴影。
956	VSSILHEDGES	控制应用于当前视口的视觉样式中实体对象轮廓边的显示。
957	VSSILHWIDTH	以像素为单位指定当前视口中轮廓边的宽度。
958	VSSTATE	指示"视觉样式"窗口处于打开状态还是关闭状态。
959	VTDURATION	以毫秒为单位设置平滑视图转场的时长。
960	VTENABLE	控制何时使用平滑视图转场。
961	VTFPS	以"帧／秒"为单位设置平滑视图转场的最小速度。
	W	
962	WBLOCKCREATEMODE	在将块另存为文件后，使用 WBLOCK 和 -WBLOCK 命令设置选定对象的行为。
963	WHIPARC	旧式的。覆盖圆和圆弧显示的平滑度。
964	WHIPTHREAD	控制是否使用额外的处理器来提高特定操作的速度（例如用于重生成图形的操作）。
965	WINDOWAREACOLOR	控制窗口选择时透明选择区域的颜色。
966	WIPEOUTFRAME	控制区域覆盖对象的框架显示。
967	WMFBKGND	控制以 Windows 图元文件（WMF）格式插入对象时的背景。
968	WMFFOREGND	控制以 Windows 图元文件（WMF）格式插入对象时的前景色。
969	WORKINGFOLDER	存储开发人员可能关心的操作系统工作文件夹的驱动器和文件夹路径。
970	WORKSPACELABEL	控制是否在状态栏中显示当前工作空间的名称。
971	WORLDUCS	指示 UCS 是否应与 WCS 重合。
972	WORLDVIEW	确定响应 DVIEW 和 VPOINT 命令的输入是相对于 WCS（默认）还是相对于当前 UCS。
973	WRITESTAT	指示图形文件是只读的还是可修改的。
974	WSAUTOSAVE	切换到另一个工作空间时，将保存对工作空间所做的更改。
975	WSCURRENT	在命令行提示下显示当前工作空间名称并将指定的工作空间设置为当前。
	X	
976	XCLIPFRAME	决定外部参照剪裁边界在当前图形中是否可见或能否打印。

No	系统变量	说　明
977	XCOMPAREBAKPATH	指定存储备份外部参照文件的路径。
978	XCOMPAREBAKSIZE	设置存储备份外部参照文件的文件夹的大小。
979	XCOMPARECOLORMODE	在外部参照比较期间，切换对象在宿主图形中的视觉效果。
980	XCOMPAREENABLE	支持在外部参照和参照图形文件之间进行比较。
981	XDWGFADECTL	控制所有 DWG 外部参照对象的淡入度。
982	XEDIT	控制当前图形被其他图形参照时是否可以在位编辑。
983	XFADECTL	控制要在位编辑的参照中的淡入程度。此设置仅影响不在参照中编辑的对象。
984	XLOADCTL	打开或关闭外部参照的按需加载功能，并控制是打开参照的图形还是打开副本。
985	XLOADPATH	创建用于存储按需加载的外部参照文件临时副本的路径。
986	XREFCTL	控制是否创建外部参照日志（XLG）文件。
987	XREFLAYER	为新的外部参照指定默认图层。
988	XREFNOTIFY	控制关于已更新外部参照或缺少外部参照的通知。
989	XREFOVERRIDE	控制参照图层上对象特性的显示。
990	XREFREGAPPCTL	控制已注册应用程序（RegApp）记录（存储在正加载的外部参照中）是否复制到宿主图形。
991	XREFTYPE	控制附着或覆盖外部参照时的默认参照类型。
	Z	
992	ZOOMFACTOR	控制向前或向后滑动鼠标滚轮时比例的变化程度。
993	ZOOMWHEEL	滚动鼠标中间的滑轮时，切换透明缩放操作的方向。
	3D	
994	3DCONVERSIONMODE	用于将材质和光源定义转换为当前产品版本。
995	3DDWFPREC	控制三维 DWF 或三维 DWFx 发布的精度。
996	3DOSMODE	设置执行三维对象捕捉。
997	3DSELECTIONMODE	控制使用三维视觉样式时视觉上和实际上重叠的对象的选择优先级。
	#	
998	*_TOOLPALETTEPATH	控制工具选项板的路径。
999	_PKSER	返回产品序列号。
1000	_VERNUM	返回产品的内部版本号。

附录 5

AutoCAD 默认快捷键一览表

以下为 AutoCAD 软件默认的快捷键一览表。

快 捷 键	说 明
F1	显示帮助。
F2	当命令行窗口是浮动时，展开命令行历史记录；当命令行窗口是固定时，显示文本窗口。
F3	切换 OSNAP。
F4	切换 3DOSNAP 或切换 TABMODE。
F5	切换 ISOPLANE。
F6	切换 UCSDETECT（仅限于 AutoCAD）。
F7	切换 GRIDMODE。
F8	切换 ORTHOMODE。
F9	切换 SNAPMODE。
F10	切换"极轴追踪"。
F11	切换"对象捕捉追踪"。
F12	切换"动态输入"。
Alt+F4	关闭应用程序窗口。
Alt+F8	显示"宏"对话框（仅限于 AutoCAD）。
Alt+F11	显示 Visual Basic 编辑器（仅限于 AutoCAD）。
Ctrl+F2	显示文本窗口。
Ctrl+F4	关闭当前图形。
Ctrl+F6	移动到下一个文件选项卡。
Ctrl+0	切换"全屏显示"。
Ctrl+1	切换到特性选项板。

快 捷 键	说 明
Ctrl+2	切换到设计中心。
Ctrl+3	切换到工具选项板。
Ctrl+4	切换到图纸集管理器。
Ctrl+6	切换到数据库连接管理器（仅限于 AutoCAD）。
Ctrl+7	切换到标记集管理器。
Ctrl+8	切换到快速计算器选项板。
Ctrl+9	切换到命令行窗口。
Ctrl+A	选择图形中未锁定或冻结的所有对象。
Ctrl+B	切换捕捉。
Ctrl+C	将对象复制到 Windows 剪贴板。
Ctrl+D	切换动态 UCS（仅限于 AutoCAD）。
Ctrl+E	在等轴测平面之间循环。
Ctrl+F	切换执行对象捕捉。
Ctrl+G	切换栅格显示模式。
Ctrl+H	切换 PICKSTYLE。
Ctrl +I	切换坐标显示（仅限于 AutoCAD）。
Ctrl+J	重复上一个命令。
Ctrl+K	插入超链接。
Ctrl+L	切换正交模式。
Ctrl+M	重复上一个命令。
Ctrl+N	创建新图形。
Ctrl+O	打开现有图形。
Ctrl+P	打印当前图形。
Ctrl+Q	退出应用程序。
Ctrl+R	在"模型"选项卡的视口之间或当前命名的布局上的浮动视口之间循环。
Ctrl+S	保存当前图形。
Ctrl+T	切换数字化仪模式。
Ctrl+U	切换"极轴追踪"。
Ctrl+V	粘贴 Windows 剪贴板中的数据。

快 捷 键	说 明
Ctrl+W	切换选择循环。
Ctrl+X	将对象从当前图形剪切到 Windows 剪贴板中。
Ctrl+Y	取消前面的"放弃"动作。
Ctrl+Z	恢复上一个动作。
Shift+A	切换 OSNAP。（临时替代键）
Shift+C	对象捕捉替代：圆心。（临时替代键）
Shift+D	禁用所有捕捉和追踪。（临时替代键）
Shift+E	对象捕捉替代：端点。（临时替代键）
Shift+L	禁止所有捕捉和追踪。（临时替代键）
Shift+M	对象捕捉替代：中点。（临时替代键）
Shift+P	对象捕捉替代：端点。（临时替代键）
Shift+Q	切换对象捕捉追踪。（临时替代键）
Shift+S	启用强制对象捕捉。（临时替代键）
Shift+V	对象捕捉替代：中点。（临时替代键）
Shift+X	切换"极轴追踪"。（临时替代键）
Shift+Z	切换 UCSDETECT（仅限于 AutoCAD）。（临时替代键）
Ctrl+Shift+A	切换组。
Ctrl+Shift+C	使用基点将对象复制到 Windows 剪贴板。
Ctrl+Shift+E	支持使用隐含面，并允许拉伸选择的面。
Ctrl+Shift+H	使用 HIDEPALETTES 和 SHOWPALETTES 切换选项板的显示。
Ctrl+Shift+I	切换推断约束（仅限于 AutoCAD）。
Ctrl+Shift+L	选择以前选定的对象。
Ctrl+Shift+P	切换"快捷特性"界面。
Ctrl+Shift+S	显示"另存为"对话框。
Ctrl+Shift+V	将 Windows 剪贴板中的数据作为块进行粘贴。
Ctrl+Shift+Y	切换三维对象捕捉模式（仅限于 AutoCAD）。

附录 6

AutoLISP 函数一览表

No	命　令	含　义
	A	
1	abs	返回绝对值。
2	acad_colordlg	启动 AutoCAD 标准的颜色对话框。
3	acad_helpdlg	启动 AutoCAD 的帮助功能。
4	acad-pop-dbmod	恢复 acad-push-dbmod 函数最后保存的系统变量 DBMOD 的值。
5	acad-push-dbmod	保存系统变量 DBMOD 的当前值。
6	acad_strlsort	将字符串列表进行排序。
7	acad_truecolordlg	显示带有索引颜色、真彩色和配色系统选项卡的标准 AutoCAD 颜色选择对话框。
8	acdimenableupdate	控制关联标注的自动更新。
9	acet-layerp-mode	获取或设置图层恢复模式。
10	acet-layerp-mark	添加图层恢复的开始和结束标记。
11	acet-laytrans	将绘制的图层转换为其他图形或标准文件中定义的图层标准。
12	acet-ms-to-ps	将实际值从模型空间单位转换为图纸空间单位。
13	acet-ps-to-ms`	将实际值从图纸空间单位转换为模型空间单位。
14	action_tile	为对话框指定一个动作表达式。
15	add_list	在当前对话框中增加一个字符。
16	alert	显示错误或者警告对话框。
17	alloc	根据节点数设置 expand 函数使用的段的大小。
18	and	返回表达式逻辑与（AND）运算结果。
19	angle	计算两点的弧度值。
20	angtof	将角度的字符转换为实数。

No	命　令	含　义
21	angtos	将以弧度为单位的角度值转换为字符串。
22	append	将任意多个表组合为一个表。
23	apply	将参数表传给指定的函数。
24	arx	返回当前已加载的 ObjectARX 应用程序名表。
25	arxload	加载 ObjectARX 程序。
26	arxunload	卸载 ObjectARX 程序。
27	ascli	经字符串中的第一个字符转换成 ASCII 码后返回。
28	assoc	从关联表中搜索一个元素。
29	atan	返回一个数的反正切值。
30	atof	将字符串转换为实数并返回。
31	atoi	将字符串转换为整数并返回。
32	atom	调查当前项目是否为列表。
33	atoms-family	返回当前已经定义好的符号列表。
34	autoarxload	加载预先定义好的 arx 文件。
35	autoload	加载预先定义好的 LISP 文件。
	B	
36	boole	布尔运算用函数。
37	boundp	调查当前符号是否被设值。
	C	
38	car	返回列表里面的第一个函数。
39	caar	等同于 (car (car 要素))，即取列表的第一个元素，然后再取该元素的第一个元素。
40	cadar	按照 car → cdr → car 的顺序执行。
41	cadr	返回列表的第二个元素。
42	cdr	返回去掉了第一个元素的表。
43	cdar	按照 car → cdr 的顺序执行。
44	cddr	返回列表的第三个元素。
45	chr	将整数转换为 ASCII 码对应的数值。
46	client_data_tile	将特定应用数据与一个对话框控件相关联。
47	close	关闭已打开的一个文件。

No	命 令	含 义
48	command	执行 AutoCAD 中的命令。
49	cond	多条件、多处理结果函数。
50	cons	将新的对象和列表结合。
51	cos	显示角度的余弦数值。值的单位为弧度。
52	cvunit	切换单位。
	D	
53	defun	定义一个新的函数。
54	defun-q	将函数定义为表。
55	defun-q-list-ref	返回用 defun-q 定义的函数的表结构。
56	defun-q-list-set	将符号设置为以表形式定义的函数。
57	dictadd	在指定词典内添加非图形对象。
58	dictnext	查找词典中的下一个条目。
59	dictremove	从指定词典中删除一个条目。
60	dictrename	重命名词典条目。
61	dictsearch	在词典中搜索某项。
62	dimx_tile	返回控件的宽度。
63	dimy_tile	返回控件的高度。
64	distance	返回两个点之间的距离。
65	distof	将一个表示实数的字符串转换成一个实数。
66	done_dialog	中断对话框。
	E	
67	end_image	结束对当前激活对话框图像控件的操作。
68	end_list	结束对当前激活对话框列表的操作。
69	entdel	删除对象或恢复先前删除的对象。
70	entget	检索获得对象的定义数据。
71	entlast	返回图形中最后那个未删除的主对象名称。
72	entmake	在图形中创建一个新图元。
73	entmakex	创建一个新对象或图元，赋给它一个句柄和图元名。
74	entmod	修改对象的定义数据。

No	命　令	含　义
75	entnext	返回图形中的下一个对象名。
76	entsel	提示用户通过指定一个点来选择单个对象。
77	entupd	更新对象的屏幕显示。
78	eq	确定两个表达式是否具有相同的约束条件。
79	equal	确定两个表达式的值是否相等。
80	*error*	可由用户定义的错误处理函数。
81	eval	返回 AutoLISP 表达式的求值结果。
82	exit	强行使当前应用程序退出。
83	exp	返回常数 e 的指定次幂。
84	expand	为 AutoLISP 分配附加空间。
85	expt	返回以某指定数为底数的若干次幂的值。
	F	
86	fill_image	在当前激活的对话框图像控件中画一个填充矩形。
87	findfile	在 AutoCAD 库路径中搜索指定文件或目录。
88	fix	截去实数的小数部分，将它转换成整数后返回该整数。
89	float	将一个数转换为实数后返回。
90	foreach	将表中的所有成员以指定变量的身份带入表达式求值。
91	function	通知 VisualLISP 编译器将参数作为内置函数进行链接。
	G	
92	gc	强制收集无用数据，释放不再使用的节点。
93	gcd	返回两个整数的最大公约数。
94	get_attr	获取对话框指定控件的某个属性值。
95	get_tile	获取对话框指定控件当前的运行值。
96	getangle	暂停以等待用户输入角度，然后以弧度形式返回。
97	getcfg	从 acad.cfg 文件的 AppData 字段中检索应用数据。
98	getcname	获取 AutoCAD 命令的本地化名或英文名。
99	getcorner	暂停以等待用户输入矩形第二个角点的坐标。
100	getdist	暂停以等待用户输入距离。
101	getenv	以字符串方式返回指定环境变量的值。

No	命 令	含 义
102	getfiled	用标准的 AutoCAD 文件对话框提示用户输入文件名。
103	getint	暂停以等待用户输入一个整数并返回该整数。
104	getkword	暂停以等待用户输入一个关键字并返回该关键字。
105	getorient	暂停以等待用户输入角度并返回该角度。
106	getpoint	暂停以等待用户输入点并返回该点。
107	getreal	暂停以让用户输入一个实数并返回该实数。
108	getstring	暂停以等待用户输入字符串并返回该字符串。
109	getval	获取一个 AutoCAD 系统变量的值。
110	graphscr	显示 AutoCAD 图形屏幕。
111	grclear	清除当前视口。
112	grdraw	在当前视口中的两点之间显示一条矢量线。
113	grread	从 AutoCAD 的任何一种输入设备中读取数值。
114	grtext	将文本写到状态栏或屏幕菜单区。
115	grvecs	在图形屏幕上绘制多个矢量。
	H	
116	handent	根据对象的句柄返回它的对象名。
117	help	调用帮助工具。
	I	
118	if	根据条件的判断结果，对两个表达式求值。
119	initcommandversion	强制下一个命令以指定的版本运行。
120	initdia	强制显示下一个命令的对话框。
121	initget	为随后的用户输入函数。
122	inters	查找两条线段的交点。
123	itoa	将整数转换为字符串并返回。
	L	
124	lambda	定义一个匿名函数。
125	last	返回列表的最后一个元素。
126	layoutlist	返回当前图形中所有布局空间的列表。
127	layerstate-addlayers	将一组图层添加或更新到图层状态。

No	命 令	含 义
128	layerstate-compare	将图层状态和当前图形的图层进行比较。
129	layerstate-delete	删除图层状态。
130	layerstate-export	将图层状态导出到指定文件。
131	layerstate-getlastrestored	返回当前图形中最后保存的图层状态名称。
132	layerstate-getlayers	返回图层状态中保存的图层。
133	layerstate-getnames	返回图层状态名称列表。
134	layerstate-has	检查图层状态是否存在。
135	layerstate-import	从指定文件中读取图层状态。
136	layerstate-importfromdb	从指定图形文件中读取图层状态。
137	layerstate-removelayers	从图层状态中删除图层列表。
138	layerstate-rename	重命名图层状态。
139	layerstate-restore	将图层状态恢复到当前图形。
140	layerstate-save	在当前图形中保存图层状态。
141	length	返回一个整数来表示列表中元素的数量。
142	list	获取表达式并将它们组合到一个列表中。
143	listp	检查指定的项目是否为列表。
144	load	加载文件中的 AuotLISP 表达式。
145	load_dialog	加载 DCL。
146	log	将数字的自然对数作为实数返回。
147	logand	返回整数列表的按位与整数运算结果。
148	logior	返回整数列表中二进制位的"或"运算结果。
149	lsh	返回整数向左或向右移动指定位数后的结果。
	M	
150	mapcar	返回以给定列表的每个元素作为参数执行函数所产生的列表。
151	max	返回所有数值中的最大值。
152	mem	显示 AutoLISP 内存的当前状态。
153	member	在列表中搜索指定的表达式并返回以找到的第一个表达式开头的列表。
154	menucmd	发出菜单命令，设置或获取菜单项的状态。
155	menugruop	确保菜单组已加载。
156	min	返回所有数值中的最小值。

No	命　令	含　义
157	minusp	检查数字是否为负数。
158	mode_tile	设置对话框的平铺模式。
	N	
159	namedobjdict	返回当前绘图的命名对象字典中的实体名称。
160	nentsel	提示用户通过指定点来选择对象（几何），并允许访问包含在复合对象中的定义数据。
161	nentselp	提供类似于 nentsel 函数的功能，但不需要用户输入。
162	new_dialog	启动一个新对话框并显示它，还可以指定默认操作。
163	not	检查指定项的计算结果是否为零。
164	nth	返回列表的第 n 个元素。
165	null	检查指定项的内容是否为零。
166	numberp	检查指定项是实数还是整数。
	O	
167	open	打开文件以供 AutoLISP I/O 函数访问。
168	or	返回表达式列表中，如果任一表达式为真，则返回结果为真。
169	osnap	返回通过将对象捕捉模式应用于指定点而获得的 3D 点。
	P	
170	polar	返回距指定点指定角度和距离的 UCS 3D 点。
171	prin1	在命令行窗口显示表达式，并保留字符串的引号和转义字符。
172	princ	在命令行窗口显示表达式，不保留字符串的引号和转义字符。
173	print	在命令行窗口显示表达式，并在输出前后添加换行符。
174	progn	依次计算每个表达式并返回最后一个表达式的值。
175	prompt	在命令行窗口里显示文字。
	Q	
176	quit	强制关闭当前的程序。
177	quote	返回表达式但不演算。
	R	
178	read	返回从字符串中获得的第一个列表或原子。
179	read-char	返回表示从键盘输入缓冲区或打开的文件中读取的字符的十进制ASCII码。
180	read-line	从键盘或打开的文件读取字符串，直到遇到行尾标记。
181	redraw	重绘当前视口或当前视口中的指定对象（形状）。

No	命　令	含　义
182	regapp	将应用程序名称注册到当前 AutoCAD 图形，以便可以使用扩展对象数据。
183	rem	将第一个数字除以第二个数字并返回余数。
184	repeat	计算每个表达式指定的次数并返回最后一个表达式的值。
185	reverse	返回元素顺序颠倒的列表副本。
186	rtos	将数字转换为字符串。
	S	
187	set	将表达式分配给带单引号的符号名称的值。
188	set_tile	设置对话框图块的值。
189	setcfg	将应用程序数据写入 acad*.cfg 文件的 AppData 部分。
190	setenv	将指定值分配给系统环境变量。
191	setfunhelp	注册具有帮助功能的用户定义命令，以便在用户请求该命令的帮助时调用适当的帮助文件和主题。
192	setq	将表达式的值分配给符号。
193	setvar	将指定值分配给 AutoCAD 系统变量。
194	setview	将视图设置为指定的视口。
195	sin	返回以弧度为单位的实数表示的角度的正弦值。
196	slide_image	在当前活动的对话框图像块中显示 AutoCAD 幻灯片。
197	snvalid	检查给定的字符串是不是有效的符号表名称。
198	sqrt	返回数字的平方根。
199	ssadd	将对象（实体）添加到选择集中或创建新的选择集。
200	ssdel	从选择集中删除对象（实体）。
201	ssget	从选定的对象创建一个选择集。
202	ssgetfirst	检查是否选择并抓取了一个对象。
203	sslength	返回一个整数，指示选择集中对象（实体）的数量。
204	ssmemb	测试指定的对象（实体）是不是选择集的成员。
205	ssname	返回选择集中具有指定索引号的元素的对象（实体）名称。
206	ssnamex	获取有关如何创建选择集的信息。
207	sssetfirst	选择或夹住物体。
208	startapp	启动 Windows 应用程序。
209	start_dialog	显示一个对话框并开始接收用户输入。

No	命 令	含 义
210	start_image	开始在对话框图块中创建图像。
211	start_list	开始处理列表框或弹出列表。
212	strcase	返回所有字母字符都转换为大写或小写的字符串。
213	strcat	返回一个字符串，该字符串是多个字符串的串联。
214	strlen	返回一个整数，表示字符串中的字符数。
215	subst	在列表中搜索旧项目并返回列表的副本，每个旧项目都被新项目替换。
216	substr	返回字符串的子字符串。
	T	
217	tablet	获取和设置数字化仪（平板电脑）的对齐方式。
218	tblnext	获取符号表中的下一项。
219	tblobjname	返回指定符号表条目的实体名称。
220	tblsearch	在符号表中查找符号名称。
221	term_dialog	结束当前所有的对话框。
222	terpri	在命令行上打印换行符。
223	textbox	测量指定的文本对象并返回包围文本的框的对角线顶点的坐标。
224	textpage	将焦点从绘图区域切换到文本屏幕。
225	textscr	将焦点从绘图区域切换到文本屏幕（与 AutoCAD 的切换屏幕功能键相同）。
226	trace	用于辅助 AutoLISP 的调试。
227	trans	将一个点（或位移）从一个坐标系转换到另一个坐标系。
228	type	返回指定项的类型。
	U	
229	unload_dialog	卸载 DCL 文件。
230	untrace	清除指定函数的跟踪标志。
	V	
231	vector_image	在当前活动的对话框图像上绘制矢量。
232	ver	返回表示 AutoLISP 当前版本的字符串。
233	vports	返回当前视口设置的视口描述符列表。
	W	
234	wcmatch	使用通配符来模式匹配字符串。

No	命 令	含 义
235	while	如果测试表达式被求值而不是 nil，那么另一个表达式被求值。重复此过程，直到测试表达式的计算结果为 nil。
236	write-char	将单个字符写入屏幕或打开的文件。
237	write-line	将字符串写入屏幕或打开的文件。
	X	
238	xdroom	返回可用于对象（形状）的扩展数据（扩展数据）空间量。
239	xdsize	返回列表在作为扩展数据链接到对象（形状）时将占用的大小（以字节为单位）。
	Z	
240	zerop	判断计算数值是否为 0
	Symbol	
241	（*error*<STRING>）	用户可定义的错误处理函数。
242	（+<数值 1><数值 2>）	"数值 1" 和 "数值 2" 相加后返回结果。
243	（–<数值 1><数值 2>）	"数值 1" 和 "数值 2" 相减后返回结果。
244	（*<数值 1><数值 2>）	"数值 1" 和 "数值 2" 相乘后返回结果。
245	（/<数值 1><数值 2>）	"数值 1" 和 "数值 2" 相除后返回结果。
246	（=<数值 1><数值 2>）	比较数值，"数值 1" 和 "数值 2" 如果相等返回 T，否则返回 nil。
247	（/=<数值 1><数值 2>）	比较数值，"数值 1" 和 "数值 2" 不完全相等返回 T，否则返回 nil。
248	（<<数值 1><数值 2>）	比较数值，"数值 1" 小于 "数值 2" 返回 T，否则返回 nil。
249	（<=<数值 1><数值 2>）	比较数值，"数值 1" 大于或等于 "数值 2" 返回 nil，否则为 T。
250	（><数值 1><数值 2>）	比较数值，"数值 1" 大于 "数值 2" 返回 T，否则返回 nil。
251	（>=<数值 1><数值 2>）	比较数值，"数值 1" 小于或等于 "数值 2" 返回 nil，否则为 T。
252	（～<数值>）	自变量 NOT 运算符返回数值按位取反结果。
253	（1+<数值>）	"数值" 加 1 后返回结果。
254	（1-<数值>）	"数值" 减 1 后返回结果。